◆ 应用型人才培养"十三五"规划教材

工程造价基础与预算

◎ 贾莲英 主 编

◎ 叶晓容 郭晓松 田登琼 副主编

化学工业出版社

·北京·

本书是基于校企"双元"合作编写的工学结合教材。它是对原有的同类教材的理论传承与创新，适应"信息化＋现代职业教育"以及建筑业转型升级发展的需求，新增建筑业装配式结构新技术的消耗量定额等内容。本书使用灵活多样的形式，通过文字、图表、案例、视频等立体化资源，以理论与实际结合、动与静结合、图文并茂等方式介绍建筑工程造价的基础知识。

主要内容有：工程造价概论、工程造价的构成、工程造价定额原理、预算定额、其他定额、工程造价的计价、工程造价的计量等。

本书开发了配套的视频微课资源，可通过扫描书中二维码获取。

本书可作为应用型本科高校、成人教育、高职高专院校工程造价专业的教材和教学参考书，也可作为造价岗位从业人员的培训教材，还可供一级造价师、二级造价师职业资格考试人员学习参考。

图书在版编目（CIP）数据

工程造价基础与预算/贾莲英主编. —北京：化学工业出版社，2019.9（2024.2重印）
ISBN 978-7-122-34736-7

Ⅰ.①工… Ⅱ.①贾… Ⅲ.①工程造价②建筑预算定额 Ⅳ.①TU723.3②TU723.34

中国版本图书馆 CIP 数据核字（2019）第 123971 号

责任编辑：李仙华　　　　　　　　　　　装帧设计：王晓宇
责任校对：王　静

出版发行：化学工业出版社（北京市东城区青年湖南街 13 号　邮政编码 100011）
印　　装：北京虎彩文化传播有限公司
787mm×1092mm　1/16　印张 13¼　字数 323 千字　　2024 年 2 月北京第 1 版第 5 次印刷

购书咨询：010-64518888　　　　　　　售后服务：010-64518899
网　　址：http：//www.cip.com.cn
凡购买本书，如有缺损质量问题，本社销售中心负责调换。

定　　价：39.80 元

前言 —— Preface

目前，各高等职业院校以建设高水平高等职业学校和骨干专业（群）为目标，不断优化专业和课程建设，加大教材建设的投入。工程造价专业已成为土建类高职高专的热门和主干专业之一，着力培养服务区域发展的高素质劳动者和技术技能人才是一项重要的任务。本书围绕高职高专工程造价和工程管理专业的人才培养目标，依据国家和地方最新颁发的有关工程造价管理方面的政策、规范、标准、定额等，实施营改增和减税降费后工程计价依据调整的相关文件和通知等，从基础理论和实践应用入手，完整系统地介绍了工程造价的概念、构成，以及建设工程定额体系（施工定额、预算定额、概算定额、概算指标、投资估算指标、企业定额、消耗量定额、费用定额）的编制与应用。内容除具备一定的通用性外，更注重地域性、政策性、时效性和实用性。同时还配有一定数量的实例、视频和测试题，以扫描书中二维码的方式提高读者的自主学习和应用能力，为后续核心专业课程学习夯实基础。本书具有以下特点：

（1）将建筑业装配式结构新技术的消耗量定额内容引入，使教材具有创新性和与时俱进。

（2）理论与实际相结合，教材每单元附有思考与习题，学生学习完内容之后，可进行练习、情景扮演、案例分析等实践性演练，既加深对定额原理的理解，又加深对定额运用、换算等能力，便于学生掌握造价运用定额的基本功，以后活用于造价岗位工作。

（3）原有理论传承与创新相结合，把工程造价基础教材的经典知识传承下来，补充随时代发展而创新的有关理念，如装配式建筑、绿色建筑、BIM 技术等。

（4）教材与学情相结合，文本与视频资源相结合。教材针对高职高专学生特点，把理论知识通俗化、直观形象化。**每章引入案例和微课，二维码扫描看短视频**，补充提供更多的拓展材料指引，因学时有限，部分内容可由学生课后自学完成。

本书由湖北城市建设职业技术学院贾莲英担任主编；湖北城市建设职业技术学院叶晓容、郭晓松，武汉市建设工程造价管理站田登琼三人担任副主编；中南建筑设计股份有限公司造价事务所袁党军参编。编写具体分工如下：单元 1 由贾莲英编写；单元 2 由郭晓松编写；单元 3 由田登琼和贾莲英编写；单元 4 由郭晓松、田登琼与贾莲英合编；单元 5 由袁党军和贾莲英合编；单元 6 由郭晓松和贾莲英合编；单元 7 由叶晓容编写。全书由贾莲英完成统稿。

本书在编写过程中，有幸请到聂刚教授级高工（工料测量师）审阅，也得到了武汉天汇诚信工程造价咨询公司董事长张少宾、咸宁职业技术学院叶晓琼的关心与帮助，同时参考了同类专著和教材等文献资料，在此一并表示由衷的感谢！

本书开发了配套的视频微课资源，可通过扫描书中二维码获取。同时可登录 www.cipedu.com.cn 免费获取 PPT 电子课件。

由于时间紧迫、编者水平有限，书中难免会存在疏漏和不足之处，敬请读者提出宝贵意见，我们将认真改进，并希望得到读者一如既往的支持。

编者
2019 年 5 月

目录 —— Contents

二维码资源目录

序号	内容	类型	页码
二维码1	建设项目组成划分	视频	6
二维码2	工程造价的特点	视频	11
二维码3	单元1 测一测试题	图片	18
二维码4	总价措施费	视频	33
二维码5	其他项目费	视频	34
二维码6	单元2 测一测试题	图片	44
二维码7	测时法	视频	63
二维码8	单元3 测一测试题	图片	79
二维码9	人工消耗量的确定	视频	89
二维码10	(一)消耗量定额	视频	115
二维码11	(二)砂浆换算	视频	117
二维码12	单元4 测一测试题	图片	131
二维码13	概算定额的概念	视频	132
二维码14	单元5 测一测试题	图片	157
二维码15	工程造价计价的依据	视频	160
二维码16	费用定额取费案例	视频	180
二维码17	单元6 测一测试题	图片	182
二维码18	室内楼梯建筑面积计算	视频	193
二维码19	单元7 测一测试题	图片	201

单元1 工程造价概论

内容提要	本单元主要介绍三个方面的内容：一是建设工程概述；二是工程造价概述；三是工程造价管理概述。广义的工程造价就是指一切建设工程的建造价格。
学习目标	通过工程造价概论的学习，熟悉建设工程和建设项目的概念及分类；掌握工程造价的两种含义、特点、作用；熟悉工程造价管理的概念及内容；掌握项目建设程序及建设项目组成；了解我国工程造价管理现状和我国造价工程师执业资格制度。较全面地了解建设工程、工程造价、工程造价管理三者的关联。

任务1 建设工程概述

一、建设工程的概念

建设工程是指为人类生活、生产提供物质技术基础的各类建筑物和工程设施的统称。建设工程按照自然属性可分为建筑工程、土木工程和机电工程三类。建设工程是人类有组织、有目的、大规模的经济活动，是固定资产再生产过程中形成综合生产能力或发挥工程效益的工程项目。建设工程是指建造新的或改造原有的固定资产。

二、建设项目的概念

建设项目：是指具有设计任务书和总体设计，经济上实行独立核算，行政上具有独立组织形式的基本建设单位，也称为基本建设项目。基本建设项目是由若干个单项工程组成的。在我国，一般以一个企业、事业单位或行政单位作为一个建设项目。建设项目的实施单位一般称为建设单位（建设方或业主）。

例如，体育建设的奥运村建设项目、精神文明建设项目；工业建设的工厂、矿山；农林水利建设的农场、林场、水库工程；交通运输建设的一条铁路线路、一个港口；文教卫生建设的学校、报社、影剧院等。

特别提示

　　同一总体设计内分期进行建设的若干工程项目，均应合并算为一个建设项目；不属于同一总体设计范围内的工程，不得作为一个建设项目。

三、建设项目的分类

　　为了计划和管理的需要，建设项目可以从不同角度进行分类。

　　（一）按建设性质划分

　　建设性质，是指建设项目所采取的实现形式。按建设性质不同，分为新建项目、扩建项目、改建项目、迁建项目和恢复（重建）项目。

　　1. 新建项目

　　新建项目是指根据国民经济和社会发展的近远期规划，按照规定的程序立项，从无到有、"平地起家"建设的工程项目。或对原有项目重新进行总体规划和设计，扩大建设规模后，其新增固定资产价值超过原有固定资产价值三倍以上的建设项目，也属新建项目。

　　2. 扩建项目

　　扩建项目是指原有企业、事业单位，为扩大原有的产品生产能力、工作容量、效益或生产新式产品而扩建新的工程项目。如工厂增建的生产车间、生产线，行政机关增建的办公楼等。

　　即现有企业为扩大原有产品的生产能力或效益，以及为增加新的品种生产能力而增建的主要生产车间或工程项目；事业单位或行政单位增建业务用房等。

　　3. 改建项目

　　改建项目是指企业为提高生产效率，改进产品质量或改变产品方向，对现有设施或工艺条件进行技术改造或更新的项目。其中还包括企业所增建的一些附属、辅助车间或非生产性工程。根据1983年国家计委、国家经委、国家统计局《关于更新改造措施与基本建设划分的暂行规定》的精神，改建项目由更新改造措施计划安排。

　　为了提高生产效益，改进产品质量或产品方向，对原有设备、工艺流程进行技术改造的项目，或为提高综合生产能力增加一些附属和辅助车间或非生产性工程。

　　4. 迁建项目

　　迁建项目是指为改变生产力布局或由于环境保护和安全生产的需要等原因，将原有企业、事业单位迁移到另一地方重建的建设项目。不论其建设规模是维持原状还是扩大，都属迁建项目。从微观上看，迁建一般都会引起较大的损失浪费，应在服从宏观效益的前提下慎重安排此类项目。

　　即现有企、事业单位由于改变生产布局或环境保护、安全生产以及其他特殊需要，搬迁到其他地方进行建设的项目。

　　5. 恢复项目（重建）

　　是指企业、事业单位因自然灾害、战争等原因，使原有固定资产全部或部分报废，以后又投资按原有规模重新恢复起来的项目。在恢复的同时进行扩建的，应作为扩建项目。

　　工程项目按其性质分为上述五类，一个工程项目只能有一种性质，在项目按总体设计全部建成以前，其建设性质是始终不变的。

（二）按项目在国民经济中的作用划分

1. 生产性工程项目

生产性工程项目是指直接用于物质资料生产或直接为物质资料生产服务的工程项目。主要包括工业建设项目、农业建设项目、基础设施建设项目、商业建设项目。

2. 非生产性工程项目

非生产性工程项目是指用于满足人民物质和文化、福利需要的建设和非物质资料生产部门的建设项目。主要包括办公用房、居住建筑、公共建筑、其他工程项目。

（三）按项目规模划分

按建设规模和对国民经济的重要性，分为大型、中型、小型项目；更新改造项目分为限额以上项目、限额以下项目。基本建设大、中、小型项目是按项目的建设总规模或总投资来确定的。习惯上将大型和中型项目合称为大中型项目。但是，新建项目的规模是指经批准的可行性研究报告中规定的近期建设的总规模，而不是指远景规划所设想的长远发展规模。明确分期设计、分期建设的，应按分期规模来计算。

基本建设项目大、中、小型划分标准，是国家规定的。按总投资划分的项目，能源、交通、原材料工业项目 5000 万元以上，其他项目 3000 万元以上作为大中型，在此标准以下的为小型项目。

（四）按其投资效益划分

按其投资效益，可分为竞争性项目、基础性项目、公益性项目。

1. 竞争性项目

竞争性项目主要是指投资效益比较高、竞争性比较强的工程项目。其投资主体一般为企业，由企业自主决策、自担投资风险。

2. 基础性项目

基础性项目主要是指具有自然垄断性、建设周期长、投资额大而收益低的基础设施和需要政府重点扶持的一部分基础工业项目，以及直接增强国力的符合经济规模的支柱产业项目。政府应集中必要的财力、物力通过经济实体进行投资，同时，还应广泛吸收企业参与投资，有时还可吸收外商直接投资。

3. 公益性项目

公益性项目主要包括科技、文教、卫生、体育和环保等设施，公、检、法等政权机关以及政府机关、社会团体办公设施，国防建设等。公益性项目的投资主要由政府用财政资金安排。

（五）按项目的投资来源划分

1. 政府投资项目

政府投资项目在国外也称为公共工程，是指为了适应和推动国民经济或区域经济的发展，满足社会的文化、生活需要，以及出于政治、国防等因素的考虑，由政府通过财政投资、发行国债或地方财政债券、利用外国政府赠款以及国家财政担保的国内外金融组织的贷款等方式独资或合资兴建的工程项目。

按照其盈利性不同，政府投资项目又可分为经营性政府投资项目和非经营性政府投资项目。经营性政府投资项目是指具有盈利性质的政府投资项目，政府投资的水利、电力、铁路等项目基本都属于经营性项目。经营性政府投资项目应实行项目法人责任制，由项目法人对项目的策划、资金筹措、建设实施、生产经营、债务偿还和资产的保值增值，实行全过程负责，使项目的建设与建成后的运营实现一条龙管理。

非经营性政府投资项目一般是指非营利性的、主要追求社会效益最大化的公益性项目。学校、医院以及各行政、司法机关的办公楼等项目都属于非经营性政府投资项目。非经营性政府投资项目应推行"代建制"，即通过招标方式，选择专业化的项目管理单位负责建设实施，严格控制项目投资、质量和工期，待工程竣工验收后再移交给使用单位，从而使项目的"投资、建设、监管、使用"实现四分离。

2. 非政府投资项目

非政府投资项目是指企业、集体单位、外商和私人投资兴建的工程项目。这类项目一般均实行项目法人责任制，使项目的建设与建成后的运营实现一条龙管理。

（六）按项目的建设阶段划分

分为前期工作项目、筹建项目、施工项目、收尾项目、建成投产项目和停缓建项目。

1. 前期工作项目

指已批准项目建议书，正在做可行性研究或者进行初步设计（或扩初设计）的项目。

2. 筹建项目

指尚未开工，正在进行选址、规划、设计等施工前各项准备工作的建设项目。

3. 施工项目

指报告期内实际施工的建设项目，包括报告期内新开工的项目、上期跨入报告期续建的项目、以前停建而在本期复工的项目、报告期施工并在报告期建成投产或停建的项目。

4. 建成投产项目

指报告期内按设计规定的内容，形成设计规定的生产能力（或效益）并投入使用的建设项目，包括部分投产项目和全部投产项目。

5. 收尾项目

指已经建成投产和已经组织验收，设计能力已全部建成，但还遗留少量尾工需继续进行扫尾的建设项目。

6. 停缓建项目

指根据现有人财物力和国民经济调整的要求，在计划期内停止或暂缓建设的项目。

（七）按建设项目的组成划分

为了便于对工程项目的建设进行管理和费用的确定，建设项目按其组成内容，从大到小，可以划分为若干个单项工程、单位工程、分部工程和分项工程等项目。

1. 单项工程

单项工程是指具有独立的设计文件、竣工后可以独立发挥生产能力或效益的工程，广称为工程项目。一个建设项目可以由一个或几个单项工程组成。例如一座工厂中的各个主要车间、辅助车间、办公楼和住宅等。一所电影院或剧场往往是由一个工程项目组成的。

2. 单位工程

单位工程是指具有单独设计图纸，可以独立施工，但完工后一般不能独立发挥生产能力和效益的工程。一个单项工程通常都由若干个单位工程组成。例如一个工业车间通常由建筑工程、管道安装工程、设备安装工程、电气安装工程等单位工程组成。

3. 分部工程

分部工程一般是按单位工程的部位、构件性质、使用的材料或设备种类等不同，而划分的工程。例如房屋的土建单位工程，按其部位，可以划分为基础、主体、屋面和装修等分部工程；按其工种可划分为土石方工程、砌筑工程、钢筋混凝土工程、防水工程和抹灰工程等。

4. 分项工程

分项工程一般是按分部工程的施工方法、使用的材料、结构构件的规格等不同因素划分的，用简单的施工过程就能完成的工程。例如房屋的基础分部工程，可以划分为挖土、混凝土垫层、砌毛石基础和回填土等分项工程。

分项工程是工程量计算的基本元素，是工程项目划分的基本单位，所以工程量均按分项工程计算。分项工程是工程概预算分项中最小的分项，每个分项工程都能用最简单的施工过程去完成，都能用一定的计量单位计算（如基础或墙的计量单位为 $10m^3$，现浇构件钢筋的计量单位为 t），并能计算出某一定量分项工程所需耗用的人工、材料和机械台班的数量。

综上所述，一个建设项目是由一个或几个单项工程组成，一个单项工程是由几个单位工程组成，一个单位工程又由若干个分部工程组成，一个分部工程还可以划分为若干个分项工程。建设项目的组成和它们之间的关系如图 1.1 所示。

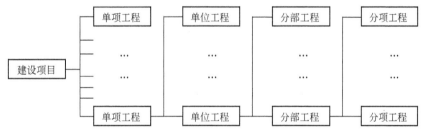

图 1.1　建设项目划分示意图

 导入案例

以某学院藏龙岛校区建设项目为例，其组成划分如图 1.2 所示。

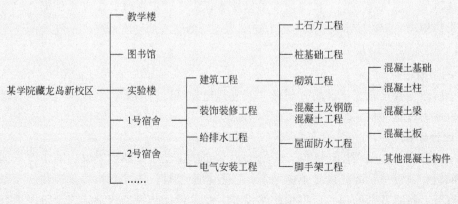

图 1.2　某学院建设项目的构成图

建设项目的划分与工程造价的组合有着密切的关系，它是一个从大到小，从总体到最基本单元的分解过程。各个分解单元都有与之对应的工程造价。建设项目的这种划分决定了建设项目造价确定的过程是一个逐步组合的工程，其组合顺序为：分部分项工程造价、单位工程造价、单项工程造价、工程总造价。其中分部分项工程造价是工程总造价的基础，它是可以用定额等技术经济参数测算价格的基本单元。只有将工程项目的各分部分项工程划分清楚，才能正确地反映工程总造价。

二维码1

扫码视频学习

四、基本建设程序

建设项目又称基本建设项目。建设项目是一种特殊的产品，耗资额巨大，而且贯穿于建设项目实施的全过程，因此必须严格遵循基本建设程序。所谓基本建设程序是"基本建设工作程序"的简称。基本建设程序是指基本建设项目从设想、选择、评估、决策、设计、施工到竣工验收、投入生产等的整个建设过程中各项工作必须遵循的先后顺序。也是建设项目必须遵循的法则，这个法则是人们在认识客观规律的基础上制定出来的，是建设项目科学决策和顺利进行的重要保证。我国基本建设程序一般可分为：项目决策阶段、勘察设计阶段、建设准备阶段、建设施工阶段、竣工验收交付使用阶段、项目后评价阶段六大环节。

（一）项目决策阶段

项目决策阶段包括项目建议书、可行性研究和组建建设单位三大阶段内容。

1. 项目建议书

项目建议书是业主单位根据区域发展或行业发展规划向国家提出要求建设某一建设项目的建议文件，是对建设项目的初步设想。

2. 可行性研究

可行性研究主要是对项目进行深入细致技术经济论证后进行多方案比选，提出结论性意见和重大措施建议，为决策部门提供科学依据。

3. 组建建设单位

按现行规定，大中型和限额以上项目的可行性研究报告经批准后，项目可根据具体情况组建筹建机构，即建设单位。目前建设单位形式很多，有董事会、工程指挥部、原有企业兼办和业主代表等。

（二）勘察设计阶段

1. 勘察阶段

这个阶段主要是根据批准的计划任务书进行建设项目的勘察，复杂工程分为初勘和详勘两个阶段，为设计提供实际依据。

2. 设计阶段

这个阶段主要是编制设计文件，设计文件是安排建设项目和组织施工的主要依据，通常由主管部门和建设单位委托设计单位编制。一般建设项目，按扩大初步设计和施工图设计两个阶段进行。技术复杂的项目，可按初步设计、技术设计和施工图设计三个阶段进行。根据初步设计编制设计概算，根据技术设计编制修正概算，根据施工图设计编制施工预算。

（三）建设准备阶段

建设准备阶段主要内容包括：组建项目法人、征地、拆迁、"三通一平"乃至"七通一平"；组织材料、设备订货；办理建设工程质量监督手续；委托工程监理；准备必要的施工图纸；组织施工招投标，择优选定施工单位；办理施工许可证等。按规定作好施工准备，具备开工条件后，建设单位申请开工，进入施工安装阶段。

特别提示

以下 6 类工程类型可以不用申请施工许可证：国务院建设行政主管部门确定的限额以下的小型工程（工程投资额在 30 万元以下或建筑面积在 300m² 以下的建筑工程），抢险救灾工程，临时性建筑及农民自建低层住宅工程，文物保护的纪念建筑和古建筑等的修缮工程，以及军用房屋的建筑工程，按照国务院规定的权限和程序批准开工报告的建筑工程。

拓 展 阅 读

《中华人民共和国建筑法》《建筑工程施工许可管理办法》

（四）建设施工阶段

建设项目经批准新开工建设，项目便进入建设施工阶段。这个阶段主要是根据设计图纸进行建筑安装工程施工和做好生产或使用的准备工作，是项目决策的实施、建成投产发挥效益的关键环节。开工时间是指设计文件中规定的任何一项永久工程第一次破土开槽正式开始施工的日期。不需要开槽的工程，以建筑物组成的正式打桩作为开工日。工程地质勘察、平整土地，临时建筑等施工不算正式开工。分期建设的项目，按各期工程开工的时间填报。

导入案例分析

背景材料

某商住楼工程，开工日期约定以总监理工程师签发的开工令为准，工期为 150 天，合同约定进度款按造价的 60% 三个月支付一次。合同于 4 月 3 日签订，施工方 4 月 15 日进场开始施工（已具备开工条件），6 月 5 日工程取得施工许可证，6 月 15 日施工方向总监申请开工令，但总监并未签发，也一直未要求施工方停工，7 月 17 日，施工方要求甲方支付第一期进度款，业主和总监未同意，施工方就于 7 月 23 日停工。

根据以上材料，回答下列问题：（1）工程开工日期如何认定？（2）施工方要求甲方支付第一期进度款是否合理？

解析

（1）该工程开工日期的确定，应符合法定和约定的要件，即一是要取得施工许可证，二是要符合合同约定的以总监理工程师签发的开工令为准。

（2）上述实例中，乙方在未取得施工许可证且未经总监签发开工令的情况下擅自开工应不予认定实际开工，即 4 月 15 日开工应不予认可。那么 7 月 17 日，施工方要求甲方支付第一期进度款，达不到合同约定三个月支付的要求，因此，施工方要求甲方支付第一期进度款是不合理的。

（五）竣工验收交付使用阶段

工程竣工验收是全面考核建设成果、检验设计和施工质量的重要步骤，也是建设项目转入生产和使用的标志。验收合格后，建设单位编制竣工决算，项目正式投入使用。

建设项目施工完成了设计文件所规定的内容，就可组织竣工验收。竣工验收程序一股分两步：单项工程已按设计要求建成全部施工内容，即可由建设单位组织验收；整个建设项目全部工程建成后，按有关规定，由建设单位组织施工和设计单位以及消防、环境保护和其他有关部门共同组成验收委员会进行验收。双方签署交工验收证书，办理交工验收手续，正式移交使用。

（六）项目后评价

建设项目后评价就是在项目建成投产或投入使用一段时间后，对项目的运行进行全面评价的一种技术活动，即对投资项目的实际成本和效益进行审计，将项目的预期效果与项目实施后的终期实际结果进行全面对比考核。对建设项目投资的财务、经济、社会和环境等方面的效益与影响进行全面科学的评价。建设项目的类型不同，后评价的内容也有所不同。

工程造价与基本建设程序有着极为密切而不可分割的关系，工程项目从筹建到竣工验收整个过程，工程造价不是固定的、唯一的、静止的，它是一个随着工程不断进展而逐步深化、逐步细化和逐渐接近工程实际造价的动态过程。现把它们的对应关系简单概括见图1.3。

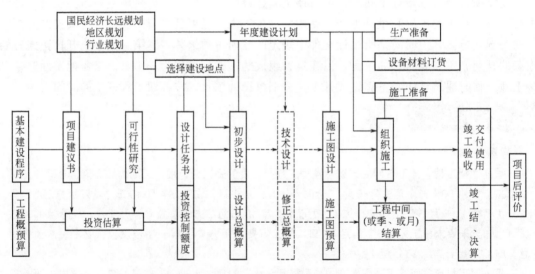

图 1.3　工程造价与项目建设过程的关系

任务2　工程造价概述

一、工程造价的概念

（一）工程造价的含义

工程造价就是工程的建造价格。这里所说的工程，泛指一切建设工程，它的范围内涵具有很大的不确定性。工程造价本质上属于价格范畴。在市场经济条件下，工程造价有两种含义。

　　工程造价的第一种含义，是从投资者或业主的角度来定义。工程造价是指进行某项工程建设花费的全部费用，即该工程项目有计划地进行固定资产再生产、形成相应无形资产和铺底流动资金的一次性费用总和（属于投资管理范畴）。显然，这一含义是从投资者——业主的角度来定义的。投资者选定一个项目后，就要通过项目评估进行决策，然后进行设计招标、工程招标，直到竣工验收等一系列投资管理活动。在投资活动中所支付的全部费用形成了固定资产和无形资产。所有这些开支就构成了工程造价。从这个意义上说，工程造价就是工程投资费用，建设项目工程造价就是建设项目固定资产投资。

　　工程造价的第二种含义，是从承包商、供应商、设计市场供给主体来定义。工程造价是指工程价格，即为建成一项工程，预计或实际在土地市场、设备市场、技术劳务市场等交易活动中所形成的建筑安装工程的价格和建设工程总价格（属于价格管理范畴）。显然，工程造价的第二种含义是以社会主义商品经济和市场经济为前提。它以工程这种特定的商品形成作为交换对象，通过招投标、承发包或其他交易形成，在进行多次性预估的基础上，最终由市场形成价格。通常是把工程造价的第二种含义认定为工程承发包价格。

　　上述工程造价的两种含义，一种是从项目建设角度提出的建设项目工程造价，它是一个广义的概念；另一种是从工程交易或工程承包、设计范围角度提出的建筑安装工程造价，它是一个狭义的概念。工程造价的两种含义是以不同角度把握同一事物的本质。以建设工程的投资者来说工程造价就是项目投资，是"购买"项目付出的价格；同时也是投资者在作为市场供给主体时"出售"项目时定价的基础。对于承包商来说，工程造价是他们作为市场供给主体出售商品和劳务的价格的总和，或是特指范围的工程造价，如建筑安装工程造价。

知识点滴

我国工程造价的起源

　　中华民族是对工程造价认识最早的民族之一。　据我国春秋战国时期科学技术名著《考工记》"匠人为沟洫"一节的记载，早在 2000 多年前中华民族的先人就已经规定："凡修筑沟渠堤防，一定要先以匠人一天修筑的进度为参照，再以一里工程所需的匠人数和天数来预算这个工程的劳动力，然后方可调配人力，进行施工。"这是人类最早的工程造价预算与工程施工控制和工程造价控制方法的文字记录之一。　另据《辑古篡经》的记载，我国唐代的时候就已经有了夯筑城台的定额——"功"。　我国北宋李诫（主管建筑的大臣）所著的《营造法式》一书，汇集了北宋以前建筑造价管理技术的精华。　该书中的"料例"和"功限"，就是现在所说的"材料消耗定额"和"劳动消耗定额"。　这是人类采用定额进行工程造价管理最早的明文规定和文字记录之一。　我国明代的工部（管辖官府建筑的政府部门）所编著的《工程做法》也是体现中华民族在工程项目造价管理理论与方法方面所作的历史贡献的一部伟大著作。

（二）工程造价的相关概念

1. 静态投资与动态投资

　　静态投资是以某一基准年、月的建设要素的价格为依据所计算出的建设项目投资的瞬时值。静态投资包括：建筑安装工程费、设备和工器具购置费、工程建设其他费用、基本预备费，以及因工程量误差而引起的工程造价的增减等。

　　动态投资是指为完成一个工程项目的建设，预计投资需要量的总和。它除了包括静态投资所含内容之外，还包括建设期贷款利息、投资方向调节税、涨价预备费等。

静态投资和动态投资的内容虽然有所区别，但二者有密切联系。动态投资包含静态投资，静态投资是动态投资最主要的组成部分，也是动态投资的计算基础。

2. 建设项目总投资与固定资产投资

建设项目总投资是指投资主体为获取预期收益，在选定的建设项目上所需投入的全部资金。建设项目按用途可分为生产性建设项目和非生产性建设项目。生产性建设项目总投资包括固定资产投资和流动资产投资两部分。而非生产性建设项目总投资只有固定资产投资，不包括流动资产投资。建设项目总造价是指项目总投资中的固定资产投资总额。

固定资产投资是投资主体为达到预期收益的资金垫付行为。我国的固定资产投资包括基本建设投资、更新改造投资、房地产开发投资和其他固定资产投资四种。

建设项目的固定资产投资也就是建设项目的工程造价，二者在量上是等同的。其中，建筑安装工程投资也就是建筑安装工程造价，二者在量上也是等同的。

3. 建筑安装工程造价

建筑安装工程造价亦称建筑安装产品价格。从投资的角度看，它是建设项目投资中的建筑安装工程投资，也是项目造价的组成部分。从市场交易的角度看，建筑安装工程实际造价是投资者和承包商双方共同认可的、由市场形成的价格。

二、工程造价的特点

由于工程建设的特点，工程造价具有以下 5 个特点。

1. 工程造价的大额性

能够发挥投资效用的任一项工程，不仅实物形体庞大，而且造价高昂。动辄数百万、数千万、数亿、十几亿人民币，特大型工程项目的造价可达百亿、千亿人民币。工程造价的大额性使其关系到有关各方面的重大经济利益，同时也会对宏观经济产生重大影响。这就决定了工程造价的特殊地位，也说明了造价管理的重要意义。

2. 工程造价的个别性、差异性

任何一项工程都有特定的用途、功能、规模。因此，对每一项工程的结构、造型、空间分割、设备配置和内外装饰都有具体的要求，因而使工程内容和实物形态都具有个别性、差异性。产品的差异性决定了工程造价的个别性差异。同时，每项工程所处地区、地段都不相同，使这一特点得到强化。

3. 工程造价的动态性

任何一项工程从决策到竣工交付使用，都有一个较长的建设期间，而且由于不可控因素的影响，在预计工期内，许多影响工程造价的动态因素，如工程变更，设备材料价格，工资标准以及费率、利率、汇率会发生变化。这种变化必然会影响到造价的变动。所以，工程造价在整个建设期中处于不确定状态，直至竣工决算后才能最终确定工程的实际造价。

4. 工程造价的层次性

造价的层次性取决于工程的层次性。一个建设项目往往含有多个能够独立发挥设计效能的单项工程（车间、写字楼、住宅楼等）。一个单项工程又是由能够各自发挥专业效能的多个单位工程（土建工程、电气安装工程等）组成。与此相适应，工程造价有三个层次：建设项目总造价、单项工程造价和单位工程造价。如果专业分工更细，单位工程（如土建工程）的组成部分分部分项工程也可以成为交换对象，如大型土方工程、基础工程、装饰工程等，这样工程造价的层次就增加分部工程和分项工程而成为 5 个层次。即使从造价的计算和工程管理的角度看，工程造价的层次性也是非常突出的。

5. 工程造价的兼容性

工程造价的兼容性首先表现在它具有两种含义，其次表现在工程造价构成因素的广泛性和复杂性。在工程造价中，首先说成本因素非常复杂。其中为获得建设工程用地支出的费用、项目可行性研究和规划设计费用、与政府一定时期政策（特别是产业政策和税收政策）相关的费用占有相当的份额。再次，盈利的构成也较为复杂，资金成本较大。综上所述，工程造价不单单是工程项目实体所发生的费用，它囊括自身，又受多种条件约束，兼容多种特性。

二维码2

扫码视频学习

三、工程造价的职能

工程造价的职能：除商品的价格职能外还有自己特殊职能。

1. 预测职能

工程造价的大额性和多变性，无论是投资者或者建筑商都要对拟建工程进行预先测算。投资者预先测算工程造价不仅作为项目决策依据，同时也是筹集资金、控制造价的依据。承包商对工程造价的测算，既为投标决策提供依据，也为投标报价和成本管理提供依据。

2. 控制职能

工程造价的控制职能表现在两方面：一方面是它对投资的控制，即在投资的各个阶段，根据对造价的多次性预估，对造价进行全过程、多层次的控制；另一方面，是对以承包商为代表的商品和劳务供应企业的成本控制。在价格一定的条件下，企业实际成本开支决定企业的盈利水平。成本越高，盈利越低。成本高于价格，就会危及企业的生存。所以，企业要以工程造价来控制成本，利用工程造价提供的信息资料作为控制成本的依据。

3. 评价职能

评价总投资和分项投资合理性和投资效益的依据；工程造价是评价总投资和分项投资合理性和投资效益的主要依据之一。在评价土地价格、建筑安装产品价格和设备价格的合理性时，就必须利用工程造价资料；在评价建设项目偿贷能力、获利能力和宏观效益时，也可依据工程造价。工程造价也是评价建筑安装企业管理水平和经营成本的重要依据。

4. 调节职能

工程建设直接关系到经济增长，也直接关系到国家重要资源分配和资金流向，对国计民生都产生重大影响。所以国家对建设规模、结构进行宏观调控是在任何条件下都不可或缺的，对政府投资项目进行直接调控和管理也是非常必要的。这些都要用工程造价作为经济杠杆，对工程建设中的物质消耗水平、建设规模、投资方向等进行调控和管理。

提示　

怎样实现工程造价的职能

工程造价职能的实现条件：是建立和完善市场机制，创造平等竞争的环境，建立完善灵敏的价格信息系统。

任务3 工程造价管理概述

一、工程造价管理的概念

(一) 工程造价管理

工程造价有两种含义，工程造价管理也有两种管理，一是指建设工程投资费用管理；二是指建设工程价格管理。工程造价计价依据的管理和工程造价专业队伍建设的管理是为这两种管理服务的。

1. 建设工程投资费用管理

建设工程投资费用管理是指为了实现投资的预期目标，在规划、设计方案条件下，预测、确定和监控工程造价及其变动的系统活动。建设工程投资费用管理属于投资管理范畴，它既涵盖了微观层次的项目投资费用管理，也涵盖了宏观层次的投资费用管理。

2. 建设工程价格管理

建设工程价格管理属于价格管理范畴。在市场经济条件下，价格管理一般分为两个层次：在微观层次上，是指生产企业在掌握市场价格信息的基础上，为实现管理目标而进行的成本控制、计价、定价和竞价的系统活动。在宏观层次上，是指政府部门根据社会经济发展的实际需要，利用现有的法律、经济和行政手段对价格进行管理和调控，并通过市场管理规范市场主体价格行为的系统活动。

(二) 建设工程全面造价管理

建设工程全面造价管理包括全寿命期造价管理、全过程造价管理、全要素造价管理和全方位造价管理。

1. 全寿命期造价管理

建设工程全寿命期造价是指建设工程初始建造成本和建成后的日常使用成本之和，它包括建设前期、建设期、使用期及拆除期各个阶段的成本。由于在实际管理过程中，在工程建设及使用的不同阶段，工程造价存在诸多不确定性，因此，全寿命期造价管理至今只能作为一种实现建设工程全寿命期造价最小化的指导思想，指导建设工程的投资决策及设计方案的选择。

2. 全过程造价管理

全过程造价管理是指覆盖建设工程策划决策及建设实施各个阶段的造价管理。包括：前期决策阶段的项目策划、投资估算、项目经济评价、项目融资方案分析；设计阶段的限额设计、方案比选、概预算编制；招标投标阶段的标段划分、承包发包模式及合同形式的选择、标底编制；施工阶段的工程计量与结算、工程变更控制、索赔管理；竣工验收阶段的竣工结算与决算等。

3. 全要素造价管理

影响建设工程造价的因素有很多。为此，控制建设工程造价不仅仅是控制建设工程本身的建造成本，还应同时考虑工期成本、质量成本、安全与环境成本的控制，从而实现工程成本、工期、质量、安全、环境的集成管理。全要素造价管理的核心是按照优先性的原则，协调和平衡工期、质量、安全、环保与成本之间的对立统一关系。

4. 全方位造价管理

建设工程造价管理不仅仅是业主或承包单位的任务，而应该是政府建设主管部门、行业协会、建设单位、设计单位、施工单位以及有关咨询机构的共同任务。尽管各方的地位、利益、角度等有所不同，但必须建立完善的协同工作机制，才能实现建设工程造价的有效控制。

二、工程造价管理的基本内容

工程造价管理的基本内容就是合理确定和有效地控制工程造价。

1. 工程造价的合理确定

工程造价的合理确定，就是在建设程序的各个阶段，合理确定投资估算、概算造价、预算造价、承包合同价、结算价、竣工决算价。

（1）在项目建议书阶段，按照有关规定，应编制初步投资估算。经有权部门批准，作为拟建项目列入国家中长期计划和开展前期工作的控制造价。

（2）在可行性研究阶段，按照有关规定编制的投资估算，经有权部门批准，即成为该项目控制造价。

（3）在初步设计阶段，按照有关规定编制的初步设计总概算，经有权部门批准，即作为拟建项目工程造价的最高限额。在初步设计阶段，对实行建设项目招标承包制签订承包合同建设的，其合同价也应在最高限价（总概算）相应的范围以内。

（4）在施工图设计阶段，按规定编制施工图预算，用以核实施工图阶段预算造价是否超过批准的初步设计概算。

（5）以施工图预算为基础招标投标的工程，承包合同价也是以经济合同形式确定的建筑安装工程造价。

（6）在工程实施阶段要按照承包方实际完成的工程量，以合同价为基础，同时考虑因物价上涨所引起的造价提高，考虑到设计中难以预计的而在实施阶段实际发生的工程和费用，合理确定结算价。

（7）在竣工验收阶段，全面汇集在工程建设过程中实际花费的全部费用，编制竣工决算，如实体现该建设工程的实际造价。

2. 工程造价的有效控制

工程造价的有效控制，就是在优化建设方案、设计方案的基础上，在建设程序的各个阶段，采用一定的方法和措施把工程造价的发生控制在合理的范围和核定的造价限额以内。具体说，要用投资估算价控制设计方案的选择和初步设计概算造价；用概算造价控制技术设计和修正概算造价；用概算造价或修正概算造价控制施工图设计和预算造价，以求合理使用人力、物力和财力，取得较好的投资效益。包括：

（1）以设计阶段为重点的建设全过程造价控制。建设工程全寿命费用包括工程造价和工程交付使用后的经常开支费用（含经营费用、日常维护修理费用、使用期内大修理和局部更新费用）以及该项目使用期满后的报废拆除费用等。据西方一些国家分析，设计费一般只相当于建设工程全寿命费用的 1% 以下，但正是这少于 1% 的费用对工程造价的影响度占 75% 以上。由此可见，设计质量对整个工程建设的效益是至关重要的。

（2）主动控制。造价工程师基本任务是对建设项目的建设工期、工程造价和工程质量进行有效的控制，为此，应根据业主的要求及建设的客观条件进行综合研究，实事求是地确定一套切合实际的衡量准则，将"控制"立足于事先，主动地采取措施，积极地影响投资决策、设计、发包和施工，主动地控制工程造价。

（3）技术与经济相结合是控制工程造价最有效的手段。工程建设过程中把技术与经济有机结合，通过技术比较、经济分析和效果评价，正确处理技术先进与经济合理两者之间的对立统一关系，力求在技术先进条件下的经济合理，在经济合理基础上的技术先进，把控制工程造价观念渗透到各项设计和施工技术措施之中。

三、我国工程造价管理的形成与发展

我国建设工程造价（或工程概预算）制度、框架、基本原理与计价方法等，是在社会主义计划经济体制下，根据我国工程建设和经济发展的需要，借鉴苏联经验的基础上逐步建立和发展起来的。从 1949 年起，至今造价管理已有七十年之久的发展历程，可分为以下几个阶段。

1. 概预算制度的建立时期（1949～1957 年）

这个阶段是与计划经济相适应的概预算制度的建立时期。1949～1952 年是我国国民经济的恢复时期，这一时期是劳动定额工作的初创阶段，主要是建立定额机构，培训定额工作人员。1953～1957 年是第一个五年计划，这个时期我国进入了大规模经济建设的高潮。156 项大型工程建设项目的投资额和建设规模巨大，在总结和学习借鉴苏联经验的基础上，逐步建立了具有我国计划经济特色的工程定额管理和工程概预算制度。

2. 概预算制度的削弱时期（1958～1966 年）

1958 年，国家计划委员会把基本建设预算编制办法、建筑安装工程预算定额的制定权下放给省、自治区、直辖市，并且取消了按成本计算的 2.5% 利润。当时，一方面建设费用无尺度地增长和浪费；另一方面，由于取消了利润，工程建设价格成了不完全价格。这些错误的做法使得工程建设出现了没有定额依据，劳动无定额，资源浪费极为严重。直到 1959 年，开始恢复定额与预算工作，特别是党中央提出"调整、巩固、充实、提高"的方针后，定额与预算工作才得到较大规模的整顿和加强。1962 年又正式修订颁布全国建筑安装工程统一的劳动定额，由于贯彻了八字方针，已基本形成和完善我国计划经济体制下的建设工程定额与工程预算管理体系。

3. 概预算制度的破坏时期（1967～1976 年）

这十年已基本形成的建设工程定额与工程预算管理制度及体系再一次遭到严重的破坏。该预算制度被破坏，定额管理机构被撤销，概预算人员改行，使得"设计无概算、施工无预算、竣工无结算"的状况成为普遍现象。这一时期，是我国建设工程及其定额、概预算管理处于极度混乱的时期。

4. 概预算制度的恢复和发展时期（1977～1991 年）

党的十一届三中全会以后，是我国工程造价管理工作恢复、整顿和发展的阶段。1978 年 4 月国务院批转了《关于加强基本建设管理的几项规定》《关于加强基本建设程序的若干规定》等文件；同年 10 月颁发了《建筑安装工程统一劳动定额》，修订了工程预算定额。此外，还按社会平均水平修改和制定了土建预算定额，恢复了按工程预算成本计取利润的制度，使按预算定额编制的施工图预算价格比较接近其价值。总之，从党的十一届三中全会召开至 1991 年，我国不仅修订了一系列工程预算制度和法规，修订土建工程预算定额和间接

费定额，有利于工程建设和建筑安装企业的发展，加速了社会主义现代化建设的进程。

5. 市场经济条件下工程造价管理体制的建立的过渡时期（1992～2003 年）

1992 年建设部召开全国工程建设标准定额工作会议，1999 年建设部发布了《建设工程施工发包与承包价格管理暂行规定》，2001 年建设部又发布了《建设工程施工发包与承包计价管理办法》，随着工程造价计价依据改革的不断深化，为了适应国际、国内建设市场改革的要求，建设部提出了"空置量、指导价、竞争费"的改革措施，对我国实行市场经济初期起到了积极作用。这是我国推进建设工程造价管理机制深化改革的阶段。

6. 实行工程量清单计价与国际惯例接轨（2003 年至今）

建设部于 2003 年 2 月发布国家标准《建设工程工程量清单计价规范》（GB 50500—2003）（以下简称《计价规范》），2008 年又修订了《建设工程工程量清单计价规范》（GB 50500—2008），2013 年又再次修订并发布了《建设工程工程量清单计价规范》（GB 50500—2013），标志着建设工程造价全面改革的质变阶段。从政府定价到市场定价，从量价合一到量价分离，从政府保护到公平竞争，从行政管理到依法监督等一系列的转变，经历了由"控制量、指导价、竞争费""政府宏观调控、企业自主报价、市场形成价格、社会全面监督"的工程造价管理。实现了我国建设工程造价改革由计划经济模式向市场经济模式转变。

现阶段我国工程造价管理体系不断改进，不断趋于完善和适应社会发展，对促进我国国民经济的发展发挥着巨大的作用。

四、我国工程造价职业资格制度

引例

　　学生毕业以后从事造价岗位的工作，什么情况下可报考造价工程师？ 通过考试并注册以后，该怎样行使他们的权力，怎样履行他们的义务？

1996 年，人事部、建设部发布《关于印发〈造价工程师执业资格制度暂行规定〉的通知》（人发 [1996] 77 号），国家开始实施造价工程师执业资格制度。1998 年 1 月，人事部、建设部下发了《人事部、建设部关于实施造价工程师执业资格考试有关问题的通知》（人发 [1998] 8 号），并于当年在全国首次实施了造价工程师执业资格考试。

住房城乡建设部、交通运输部、水利部、人力资源社会保障部于 2018 年 7 月印发《造价工程师职业资格制度规定》《造价工程师职业资格考试办法》的通知（建人 [2018] 67 号），明确规定造价工程师分为一级造价工程师和二级造价工程师。造价工程师制度发生变革，造价工程师纳入国家职业资格目录。

（一）造价工程师的概念

造价工程师，是指通过职业资格考试取得中华人民共和国造价工程师职业资格证书，并经注册后从事建设工程造价工作的专业技术人员。

造价工程师由国家授予资格并准予注册后执业，专门接受某个部门或某个单位的指定、委托或聘请，负责并协助其进行工程造价的计价、定价及管理业务，以维护其合法权益的工程经济专业人员。国家在工程造价领域实施造价工程师执业资格制度。凡是从事工程建设活动的建设、设计、施工、工程造价咨询、工程造价管理等单位和部门，必须在计价、评估、审查（核）、控制及管理等岗位配套有造价工程师执业资格的专业技术人员。

（二）造价工程师的权利和义务

根据"造价工程师执业资格制度暂行规定"，造价工程师享有以下权利：

（1）使用造价工程师名称；

（2）依法独立执行业务；

（3）签署工程造价文件、加盖执业专用章；

（4）申请设立工程造价咨询单位；

（5）对违反国家法律、法规的不正当计价行为，有权向有关部门举报。

造价工程师应履行下列义务：

（1）遵守法律、法规，恪守职业道德；

（2）接受继续教育，提高业务技术水平；

（3）在执业中保守技术和经济秘密；

（4）不得允许他人以本人名义执业；

（5）按照有关规定提供工程造价资料；

（6）严格保守执业中得知的技术和经济秘密。

（三）报考条件

1. 一级造价工程师

凡遵守中华人民共和国宪法、法律、法规，具有良好的业务素质和道德品行，具备下列条件之一者，可以申请参加一级造价工程师职业资格考试：

（1）具有工程造价专业大学专科（或高等职业教育）学历，从事工程造价业务工作满5年；

具有土木建筑、水利、装备制造、交通运输、电子信息、财经商贸大类大学专科（或高等职业教育）学历，从事工程造价业务工作满6年。

（2）具有通过工程教育专业评估（认证）的工程管理、工程造价专业大学本科学历或学位，从事工程造价业务工作满4年；

具有工学、管理学、经济学门类大学本科学历或学位，从事工程造价业务工作满5年。

（3）具有工学、管理学、经济学门类硕士学位或者第二学士学位，从事工程造价业务工作满3年。

（4）具有工学、管理学、经济学门类博士学位，从事工程造价业务工作满1年。

（5）具有其他专业相应学历或者学位的人员，从事工程造价业务工作年限相应增加1年。

2. 二级造价工程师

凡遵守中华人民共和国宪法、法律、法规，具有良好的业务素质和道德品行，具备下列条件之一者，可以申请参加二级造价工程师职业资格考试：

（1）具有工程造价专业大学专科（或高等职业教育）学历，从事工程造价业务工作满2年；

具有土木建筑、水利、装备制造、交通运输、电子信息、财经商贸大类大学专科（或高等职业教育）学历，从事工程造价业务工作满3年。

（2）具有工程管理、工程造价专业大学本科及以上学历或学位，从事工程造价业务工作满1年；

具有工学、管理学、经济学门类大学本科及以上学历或学位，从事工程造价业务工作满 2 年。

（3）具有其他专业相应学历或学位的人员，从事工程造价业务工作年限相应增加 1 年。

（四）考试科目

一级造价工程师职业资格考试有《建设工程造价管理》《建设工程计价》《建设工程技术与计量》《建设工程造价案例分析》4 个科目。其中，《建设工程造价管理》和《建设工程计价》为基础科目，《建设工程技术与计量》和《建设工程造价案例分析》为专业科目。

二级造价工程师职业资格考试有《建设工程造价管理基础知识》《建设工程计量与计价实务》2 个科目。其中，《建设工程造价管理基础知识》为基础科目，《建设工程计量与计价实务》为专业科目。

造价工程师职业资格考试专业科目分为土木建筑工程、交通运输工程、水利工程和安装工程 4 个专业类别，考生在报名时可根据实际工作需要选择其一。

（五）执业范围

1. 一级造价工程师的执业范围

一级造价工程师的执业范围包括建设项目全过程的工程造价管理与咨询等，具体工作内容如下：

（1）项目建议书、可行性研究投资估算与审核，项目评价造价分析；

（2）建设工程设计概算、施工预算编制和审核；

（3）建设工程招标投标文件工程量和造价的编制与审核；

（4）建设工程合同价款、结算价款、竣工决算价款的编制与管理；

（5）建设工程审计、仲裁、诉讼、保险中的造价鉴定，工程造价纠纷调解；

（6）建设工程计价依据、造价指标的编制与管理；

（7）与工程造价管理有关的其他事项。

2. 二级造价工程师的执业范围

二级造价工程师主要协助一级造价工程师开展相关工作，可独立开展以下具体工作：

（1）建设工程工料分析、计划、组织与成本管理，施工图预算、设计概算编制；

（2）建设工程量清单、最高投标限价、投标报价编制；

（3）建设工程合同价款、结算价款和竣工决算价款的编制。

造价工程师应在本人工程造价咨询成果文件上签章，并承担相应责任。工程造价咨询成果文件应由一级造价工程师审核并加盖执业印章。对出具虚假工程造价咨询成果文件或者有重大工作过失的造价工程师，不再予以注册，造成损失的依法追究其责任。

引例分析

造价工程师的权利：

（1）使用注册造价工程师的名称；

（2）依法独立执行工程造价业务；

（3）在本人执业活动中形成的工程造价成果文件上签字并加盖执业印章；

（4）发起设立工程造价咨询企业；

（5）保管和使用本人的注册证书和职业印章；

（6）参加继续教育。

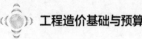

本单元对建设项目、工程造价、工程造价管理、工程造价职业资格作了较详细的阐述，包括建设工程的概念、建设项目的概念、建设项目的分类和建设项目的程序；工程造价的含义、工程造价的特点和职能；工程造价管理的概念、内容、发展与历史、造价执业资格制度等。

具体内容包括：建设项目的 7 种划分、基本建设程序的六个环节和工程造价管理的 2 个内容等。严格执行工程建设程序这个法则；了解工程造价管理的发展六个时期，了解历史面对造价发展的未来。职业资格制度主要有个人从业职格考试应具备的条件、考试科目、职业资格人员权利义务和执业范围。一级造价师和二级造价师职业资格考试要根据不同专业进行选择。

本单元的教学目标是使学生掌握工程造价的概念、建设项目的组成、工程造价特点，对工程造价管理内容有初步的了解。会根据建设项目划分来理解工程造价组合之间的关系，会根据造价工程师执业资格考试的科目要求选择重点学习的内容。

思考与习题

1. 什么是工程造价？
2. 简述工程造价的特点。
3. 简述工程建设项目的划分层次。
4. 什么是基本建设程序？它与工程造价有何关系？
5. 建设工程投资管理与工程价格管理的显著区别是什么？

二维码3

扫码答题

单元 2 工程造价的构成

内容提要

工程造价的构成按照工程项目建设过程中所有支出的费用性质和用途来确定。包括用于购买建设项目所含各种设备的费用，建筑施工和安装施工所需支出的费用，用于委托勘察设计应支付的费用，用于购置土地所需的费用，也包括用于建设单位自身进行项目筹建和项目管理所花费的费用等。本单元主要介绍五个方面的内容：一是建设项目总投资构成和工程造价的构成；二是设备及工器具购置费用的构成；三是建筑安装工程费用构成；四是工程建设其他费用组成；五是预备费和建设期贷款利息。

学习目标

通过对建设项目工程造价构成的学习，分清和理解两种工程造价构成的划分。掌握按构成要素划分和按造价形成顺序划分的两种划分方式之间的关系。熟悉设备购置费的构成及计算、工程建设其他费用构成、预备费及建设期利息等内容。工程造价的构成是工程造价专业人员必须掌握的最重要也是最基础的知识。

任务1　建设项目总投资构成和工程造价的构成

引例1

　　某建设项目建筑工程费 2000 万元，安装工程费 700 万元，设备购置费 1100 万元，工程建设其他费 450 万元，预备费 180 万元，建设期贷款利息 120 万元，流动资金 500 万元，则该项目的工程造价是多少？

一、我国建设项目的投资及工程造价的构成

　　按照我国现行规定，建设项目总投资是为完成工程项目建设并达到使用要求或生产条件，在建设期内预计投入的全部费用总和。生产性建设项目总投资包括建设投资、建设期贷款利息和流动资金三部分。非生产性建设项目总投资包括建设投资和建设期贷款利息两部

分。其中，建设投资和建设期贷款利息之和对应于固定资产投资，固定资产投资与建设项目的工程造价在量上相等。

工程造价基本构成包括用于购买工程项目所含各种设备的费用，用于建筑施工和安装施工所需支出的费用，用于委托工程勘察设计应支付的费用，用于购置土地所需的费用，也包括用于建设单位自身进行项目筹建和项目管理所花费的费用等。总之，工程造价是指在建设期预计或实际支出的建设费用。

 特别提示

根据国家发展改革委和建设部发布的《建设项目经济评价方法与参数（第三版）》（发改投资【2006】1325号）的规定，建设投资包括工程费用、工程建设其他费用和预备费三部分。

工程费用指建设期内直接用于建造、设备购置及其安装的建设投资，可以分为建筑安装工程费和设备及工器具购置费。

工程建设其他费用指建设期发生的与土地使用权取得、整个工程项目建设以及未来经营有关的构成建设投资但不包括在工程费用中的费用。

预备费指在建设期内为各种不可预见因素的变化而预留的可能增加的费用，包括基本预备费和价差预备费。

建设项目总投资及建设工程项目造价构成如图2.1所示。

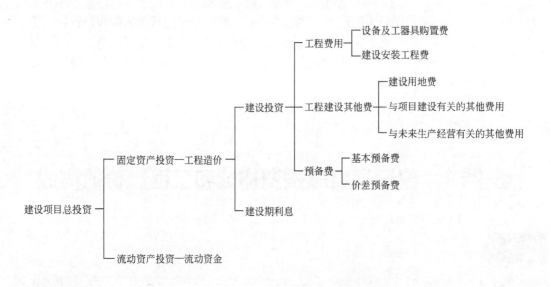

图 2.1　我国现行建设项目总投资构成示意图

 引例1分析

根据我国建设项目的投资及工程造价的构成可知，工程造价=建筑安装工程费+设备及工器具购置费+工程建设其他费+预备费+建设期贷款利息=2000+700+1100+450+180+120=4550（万元）。

注意，工程造价在量上与固定资产相等，不包括流动资金。

引例2

已知某世行贷款项目管理费 500 万元，开工试车费 300 万元，业主的行政性费用 100 万元，生产前费用 600 万元，运费和保险费 150 万元，地方税 100 万元，建设成本上升费用 120 万元，则该项目的间接成本为多少万元？

二、国外建设工程造价构成

国外各个国家的建设工程造价构成虽然有所不同，具有代表性的是世界银行（World Bank）、国际咨询工程师联合会（FIDIC）对建设工程造价构成的规定。这些国际组织对工程项目的总建设成本作了统一规定，工程项目总建设成本包括直接建设成本、间接建设成本、应急费和建设成本上升费等。

（一）项目直接建设成本

项目直接建设成本包括以下内容。

（1）土地征购费。

（2）场外设施费用。如道路、码头、桥梁、机场、输电线路等设施费用。

（3）场地费用。指用于场地准备、厂区道路、铁路、围栏、场内设施等的建设费用。

（4）工艺设备费。指主要设备、辅助设备及零配件的购置费用，包括海运包装费用、交货港离岸价，但不包括税金。

（5）设备安装费。指设备供应商的监理费用，本国劳务及工资费用，辅助材料、施工设备，消耗品和工具等费用，以及安装承包商的管理费和利润等。

（6）管道系统费用。指与系统的材料及劳务相关的全部费用。

（7）电气设备费。

（8）电气安装费。指设备供应商的监理费用，本国劳务及工资费用，辅助材料、电缆管道和工具费用。以及营造承包商的管理费和利润。

（9）仪器仪表费。指所有自动仪表、控制板、配线和辅助材料的费用以及供应商的监理费用、外国或本国劳务及工资费用、承包商的管理费和利润。

（10）机械的绝缘和油漆费。指与机械及管道的绝缘体和油漆相关的全部费用。

（11）工艺建筑费。指原材料、劳务费以及与基础、建筑结构、屋顶、内外装修、公共设施有关的全部费用。

（12）服务性建筑费用。

（13）工厂普通公共设施费。包括材料和劳务费以及与供水、燃料供应、通风、蒸汽发生及分配、下水道、污物处理等公共设施有关的费用。

（14）车辆费。指工艺操作所必需的机动设备零件费用，包括海运包装费用以及交货港的离岸价，但不包括税金。

（15）其他当地费用。指那些不能归于类似于以上任何一个费用项目，又不能计入项目间接成本，但在建设期间又是必不可少的当地费用。如临时设备、临时公共设施及场地的维持费，营地设施及其管理，建筑保险和债券，杂项开支等费用。

（二）项目间接成本

项目间接成本包括以下内容。

（1）项目管理费

① 总部人员的薪金和福利费，以及用于初步和详细工程设计、采购、时间和成本控制、行政和其他一般管理的费用。

② 施工管理现场人员的薪金、福利费和用于施工现场监督、质量保证、现场采购、时间及成本控制、行政及其他施工管理机构的费用。

③ 零星杂项费用，如返工、旅行、生活津贴、业务支出等。

④ 各种酬金。

（2）开工试车费。指工厂投料试车必需的劳务和材料费用。

（3）业主的行政性费用。指业主的项目管理人员费用及支出。

（4）生产前费用。指前期研究、勘测、建矿、采矿等费用。

（5）运费和保险费。指海运、国内运输、许可证及佣金、海洋保险、综合保险等费用。

（6）税金。指关税、地方税及对特殊项目征收的税金。

（三）应急费

应急费包括以下内容。

（1）未明确项目的准备金。此项准备金用于在投资估算时不可能明确的潜在项目，包括那些在做成本估算时因缺乏完整、准确和详细的资料而不能完全预见和不能注明的项目，并且这些项目是必须完成的，或它们的费用是必定要发生的。

此项准备金不是为了支付工作范围以外可能增加的项目，不是用以应付天灾、非正常经济情况及罢工等情况，也不是用来补偿估算的任何误差，而是用来支付那些几乎可以肯定要发生的费用。因此，它是估算不可缺少的一个组成部分。

（2）不可预见准备金。此项准备金（在未明确项目准备金之外）用于估算达到了一定的完整性并符合技术标准的基础上，由于物质、社会和经济的变化，导致估算增加的情况。此种情况可能发生，也可能不发生。因此，不可预见准备金只是一种储备，不一定动用。

（四）建设成本上升费用

通常，估算中使用的构成工资率、材料和设备价格基础的截止日期就是"估算日期"。必须对该日期或已知成本基础进行调整，以补偿直至工程结束时的未知价格增长。

工程的各个主要组成部分（国内劳务和相关成本、本国材料、外国材料、本国设备、外国设备、项目管理机构）的细目划分确定后，便可确定每一个主要组成部分的增长率。该增长率以已发表的国内和国际成本指数、公司记录的历史经验数据等为依据，并与实际供应商进行核对，然后根据确定的增长率和从工程进度表中获得的主要组成部分的中位数值，计算出每项组成部分的成本上升值即可获得。

引例2分析

　　项目间接成本包括：项目管理费、开工试车费、业主的行政性收费、生产前费用、运费和保险费、地方税。 引例中建设成本上升费用不属于间接成本，其余费用可以全部计入间接成本，则间接成本为 500 + 300 + 100 + 600 + 150 + 100 = 1750（万元）。

任务2 设备及工、器具购置费用的构成

设备及工、器具购置费用是由设备购置费和工具、器具及生产家具购置费组成,它是固定资产投资中的积极部分。在生产性工程建设中,设备及工、器具购置费用占工程造价比重的增大,意味着生产技术的进步和资本有机构成的提高。

引例3

某公司拟从国外进口一套机电设备,重量 1500 吨,装运港船上交货价,即离岸价(FOB)为 400 万美元。其他有关费用参数为:国际运费标准为 360 美元/吨,海上运输保险费费率为 0.266%,中国银行手续费费率为 0.5%,外贸手续费费率为 1.5%,关税税率 12%,增值税税率为 13%,美元的银行外汇牌价为 1 美元 = 6.6 元人民币,设备的国内运杂费费率为 2.5%。请估算该设备的购置费?

一、设备购置费的构成及计算

设备购置费是指为建设工程项目购置或自制的达到固定资产标准的设备、工具、器具的费用。

特别提示

固定资产标准指使用年限在一年以上,单位价值在国家或各主管部门规定的限额以上。例如,1992 年财政部规定,大、中、小型工业企业固定资产的限额标准分别为 2000 元、1500 元和 1000 元以上。

新建项目和扩建项目的新建车间购置或自制的全部设备、工具、器具,不论是否达到固定资产标准,均计入设备及工、器具购置费中。设备购置费包括设备原价和设备运杂费,即:

$$设备购置费 = 设备原价或进口抵岸价 + 设备运杂费 \qquad (2-1)$$

式中,设备原价指国产标准设备、非标准设备的原价。设备运杂费指设备原价中未包括的包装和包装材料费、运输费、装卸费、采购及仓库保管费、供销部门手续费等。如果设备是由设备成套公司供应的,成套公司的服务费也应计入设备运杂费中。

(一)国产设备原价的构成及计算

国产设备原价一般指的是设备制造厂的交货价或订货合同价,也就是常说的出厂(场)价。一般根据生产厂或供应商的询价、报价、合同价确定,或采用一定的方法计算确定。国产设备原价分为国产标准设备原价和国产非标准设备原价。

1. 国产标准设备原价

国产标准设备是指按照主管部门颁布的标准图纸和技术要求,由国内设备生产厂批量生产的,符合国家质量检测标准的设备。国产标准设备一般有完善的设备交易市场,因此可通过查询相关交易市场价格或向设备生产厂家询价,得到国产标准设备原价。

2. 国产非标准设备原价

国产非标准设备是指国家尚无定型标准，各设备生产厂不可能在工艺过程中采用批量生产，只能按订货要求并根据具体的设计图纸制造的设备。非标准设备由于单件生产、无定型标准，所以无法获取市场交易价格，只能按其成本构成或相关技术参数估算其价格。非标准设备原价有多种不同的计算方法，但无论采用哪种计算方法都应该使非标准设备计价接近实际出厂价，并且计算方法尽量简便。

成本计算估价法是一种比较常用的估算非标准设备原价的方法。按成本计算估价法，非标准设备的原价组成见表 2.1。

表 2.1　非标准设备的原价组成

序号	费用项目	计算公式
1	材料费	材料净重×(1+加工损耗系数)×每吨材料综合价
2	加工费	设备总重量(吨)×设备每吨加工系数
3	辅助材料费	设备总重量×辅助材料费指标
4	专用工具费	(1+2+3)×专用工具费费率
5	废品损失费	(1+2+3+4)×废品损失费费率
6	外购配套件费	按设备设计图纸所列的外购配套件的名称、型号、规格、数量、重量,根据相应的价格加运杂费计算
7	包装费	(1+2+3+4+5+6)×包装费费率
8	利润	(1+2+3+4+5+7)×利润率
9	税金	当期销项税额=销售额×适用增值税税率(其中销售额为1~8项之和)
10	非标准设备设计费	按国家规定的设计费收费标准计算

根据表 2.1，可以得到：

单台非标准设备原价=｛[(材料费+加工费+辅助材料费)×(1+专用工具费费率)×

(1+废品损失费费率)+外购配套件费]×(1+包装费费率)−外购配套件费｝×

(1+利润率)+外购配套件费+销项税额+非标准设备设计费　　　(2-2)

【例 2-1】　某单位采购一台国产非标准设备，制造商生产该台设备所用材料费 20 万元，加工费 2 万元，辅助材料费 5000 元。专用工具费费率 1.5%，废品损失费费率 10%，外购配套件费 5 万元，包装费费率 1%，利润率为 8%，增值税税率为 13%，非标准设备设计费 3 万元，求该国产非标准设备的原价。

解析： 专用工具费=(20+2+0.5)×1.5%=0.338（万元）

废品损失费=(20+2+0.5+0.338)×10%=2.284（万元）

包装费=(22.5+0.338+2.284+5)×1%=0.301（万元）

利润=(22.5+0.338+2.284+0.301)×8%=2.034（万元）

销项税额=(22.5+0.338+2.284+5+0.301+2.304)×13%=4.254（万元）

国产非标准设备原价=22.5+0.338+2.284+0.301+2.034+4.254+3+5=39.711（万元）

(二) 进口设备原价的构成及计算

进口设备的原价是指进口设备的抵岸价，即设备抵达买方边境、港口或车站，交纳完各种手续费、税费后形成的价格。抵岸价通常是由进口设备到岸价（CIF）和进口从属费构成。

1. 进口设备的交货方式

进口设备的交货方式可分为内陆交货类、目的地交货类和装运港交货类。

内陆交货类即卖方在出口国内陆的某个地点完成交货任务。在交货地点，卖方及时提交合同规定的货物和有关凭证，并承担交货风险前的一切费用和风险；买方按时接受货物，交付货款，承担接货后的一切费用和风险，并自行办理出口手续和装运出口。货物的所有权也在交货后由卖方转移给买方。

目的地交货类即卖方要在进口国的港口或内地交货，包括目的港船上交货价，目的港船边交货价（FOS）和目的港码头交货价（关税已付）及完税后交货价（进口国目的地的指定地点）。它们的特点是：买卖双方承担的责任、费用和风险是以目的地约定交货地点为分界线，只有当卖方在交货点将货物置于买方控制下方算交货，方能向买方收取货款。这类交货价对卖方来说承担的风险较大，在国际贸易中卖方一般不愿意采用这类交货方式。

装运港交货类即卖方在出口国装运港完成交货任务。主要有装运港船上交货价（FOB），一般称为离岸价；运费在内价（CFR）；运费、保险费在内价（CIF），一般称为到岸价。它们的特点主要是：卖方按照约定的时间在装运港交货，只要卖方把合同约定的货物装船后提供货运单据便完成交货任务，并可凭单据收回货款。

采用装运港船上交货价（FOB）时卖方的责任是：负责在合同规定的装运港口和规定的期限内，将货物装上买方指定的船只并及时通知买方；负责货物装船前的一切费用和风险；负责办理出口手续；提供出口国政府或有关方面签发的证件；负责提供有关装运单据。买方的责任是：负责租船或订舱，支付运费，并将船期、船名通知卖方；承担货物装船后的一切费用和风险；负责办理保险及支付保险费，办理在目的港的进口和收货手续；接受卖方提供的有关装运单据，并按合同规定支付货款。

2. 进口设备抵岸价的构成

进口设备抵岸价＝货价＋国外运费＋国外运输保险费＋银行财务费＋外贸手续费＋

$$进口关税＋增值税＋消费税 \tag{2-3}$$

（1）进口设备的货价。一般指装运港船上交货价（FOB）。设备货价分为原币货价和人民币货价，原币货价一律折算为美元表示，人民币货价按原币货价乘以外汇市场美元兑换人民币汇率中间价确定。进口设备货价按有关厂商询价、报价、订货合同价计算。

（2）国外运费。即从装运港（站）到达我国目的港（站）的运费。我国进口设备大部分采用海洋运输，小部分采用铁路运输，个别采用航空运输。进口设备国外运费计算公式为：

$$国外运费＝原币货价(FOB)×运费费率 \tag{2-4}$$

$$国外运费＝单位运价×运量 \tag{2-5}$$

其中，运费率或单位运价参照有关部门或进出口公司的规定。计算进口设备抵岸价时，再将国外运费换算为人民币。

（3）国外运输保险费。对外贸易货物运输保险是由保险人（保险公司）与被保险人（出口人或进口人）订立保险契约，在被保险人交付议定的保险费后，保险人根据保险契约的规定对货物在运输过程中发生的与承保责任范围内的损失给予经济上的补偿。计算公式为：

$$运输保险费＝\frac{原币货价(FOB)＋国际运费}{1－保险费费率}×保险费费率 \tag{2-6}$$

其中，保险费费率按保险公司规定的进口货物保险费费率计取。

（4）银行财务费。一般指在国际贸易结算中，中国银行为进出口商提供金融结算服务所收取的费用。一般银行财务手续费计算公式为：

$$银行财务费 = 离岸价(FOB) \times 人民币外汇汇率 \times 银行财务费费率 \qquad (2\text{-}7)$$

银行财务费费率一般为 $0.4\% \sim 0.5\%$。

（5）外贸手续费。指按商务部规定的外贸手续费费率计取的费用，外贸手续费费率一般取 1.5%。计算公式为：

$$外贸手续费 = 到岸价(CIF) \times 人民币外汇汇率 \times 外贸手续费费率 \qquad (2\text{-}8)$$

（6）进口关税。由海关对进出国境或关境的货物和物品征收的一种税。计算公式为：

$$关税 = 到岸价(CIF) \times 人民币外汇汇率 \times 进口关税税率 \qquad (2\text{-}9)$$

到岸价作为关税的计征税基数时，通常又可称为关税完税价格。进口关税税率分为优惠和普通两种。优惠税率适用于与我国签订关税互惠条款的贸易条约或协定的国家的进口设备；普通税率适用于与我国未签订关税互惠条款的贸易条约或协定的国家的进口设备。进口关税税率按我国海关总署发布的进口关税税率计算。

（7）增值税。增值税是我国政府对从事进口贸易的单位和个人，在进口商品报关进口后征收的税种。我国增值税条例规定，进口应税产品均按组成计税价格，依税率直接计算应纳税额，不扣除任何项目的金额或已纳税额。即：

$$进口产品增值税 = 组成计税价格 \times 增值税税率 \qquad (2\text{-}10)$$

$$组成计税价格 = 到岸价 \times 人民币外汇汇率 + 进口关税 + 消费税 \qquad (2\text{-}11)$$

应税销售行为或者进口货物的增值税基本税率为 13%。

拓展阅读

查看财政部、税务总局、海关总署公告 2019 年第 39 号《关于深化增值税改革有关政策的公告》。

（8）消费税。仅对部分进口设备（如轿车、摩托车等）征收，一般计算公式为：

$$消费税额 = \frac{到岸价(CIF) \times 人民币外汇汇率 + 关税}{1 - 消费税税率} \times 消费税税率 \qquad (2\text{-}12)$$

其中，消费税税率根据规定税率计算。

（三）设备运杂费的构成及计算

1. 设备运杂费的构成

设备运杂费是指国内设备自来源地、国外采购设备自到岸港运至工地仓库或指定堆放地点发生的采购、运输、运输保险、保管、装卸等费用。通常由下列各项构成。

（1）运费和装卸费。国产设备由设备制造厂交货地点至工地仓库（或施工组织设计指定的需要安装设备的堆放地点）止所发生的运费和装卸费；进口设备由我国到岸港口或边境车站起至工地仓库（或施工组织设计指定的需要安装设备的堆放地点）止所发生的运费和装卸费。

（2）包装费。在设备原价中没有包含的，为运输而进行的包装支出的各种费用。

（3）设备供销部门的手续费。按有关部门规定的统一费率计算。

（4）采购与仓库保管费。采购与仓库保管费指采购、验收、保管和收发设备所发生的各种费用，包括设备采购人员、保管人员和管理人员的工资、工资附加费、办公费、差旅交通费，设备供应部门办公和仓库所占固定资产费用、工具用具使用费、劳动保护费、检验试验费等。这些费用可按主管部门规定的采购与保管费费率计算。

2. 设备运杂费的计算

设备运杂费按设备原价乘以设备运杂费费率计算，其公式为：

$$设备运杂费 = 设备原价 \times 设备运杂费费率 \tag{2-13}$$

式中，设备运杂费费率按各部门及省、市等的规定计取。

特别提示

沿海和交通便利的地区，设备运杂费费率相对低一些；内地和交通不便利的地区就要相对高一些，边远省份则要更高一些。对非标准设备而言，应尽量就近委托设备制造厂，以大幅降低设备运杂费。

引例3分析

根据上述各项费用的计算公式。则有：

进口设备货价 = 400 × 6.6 = 2640（万元）

国外运费 = 360 × 1500 × 6.6 = 3564000（元）= 356.4（万元）

国外运输保险费 = ［（2640 + 356.4）÷（1 − 0.266%）］× 0.266% = 7.99（万元）

进口关税 = （2640 + 356.4 + 7.99）× 12% = 360.53（万元）

增值税 = （2640 + 356.4 + 7.99 + 360.53）× 13% = 437.44（万元）

银行财务费 = 2640 × 0.5% = 13.2（万元）

外贸手续费 = （2640 + 356.4 + 7.99）× 1.5% = 45.06（万元）

国内运杂费 = （2640 + 356.4 + 7.99 + 360.53 + 437.44 + 13.2 + 45.06）× 2.5% = 96.52（万元）

设备购置费 = 2640 + 356.4 + 7.99 + 360.53 + 437.44 + 13.2 + 45.06 + 96.52 = 3957.14（万元）

二、工、器具及生产家具购置费的构成及计算

工具、器具及生产家具购置费，是指新建或扩建项目初步设计规定的，保证初期正常生产必须购置的没有达到固定资产标准的设备、仪器、工卡模具、器具、生产家具和备品备件等的购置费用。一般以设备购置费为计算基数，按照部门或行业规定的工具、器具及生产家具费率计算。其计算公式为：

$$工具、器具及生产家具购置费 = 设备购置费 \times 定额费费率 \tag{2-14}$$

任务3 建筑安装工程费用的构成

建设项目工程造价中，最主要也是最活跃的是建筑安装工程费用。建筑安装工程费用也称为建筑安装工程造价。按照工程造价的两种含义，建设项目工程造价可以理解为第一种含义的工程造价，建筑安装工程造价则是第二种含义的工程造价。在建设项目管理活动中，主要接触和处理最多的是建筑安装工程造价。在实际工作中，如果没有特别说明，分析讨论的工程造价大多也指的是建筑安装工程造价。

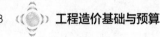

按照我国住房和城乡建设部、财政部发布的《建筑安装工程费用项目组成》（建标〔2013〕44 号）文件规定，我国现行建筑安装工程费用项目按两种不同的方式划分，即按费用构成要素划分和按造价形成划分。

一、建筑安装工程费用的构成

（一）建筑安装工程费用内容

建筑安装工程费是指为完成工程项目建造、生产性设备及配套工程安装所需的费用。

1. 建筑工程费用内容

（1）各类房屋建筑工程和列入房屋建筑工程预算的供水、供暖、卫生、通风、煤气等设备费用及其装设、油饰工程的费用，列入建筑工程预算的各种管道、电力、电信和电缆导线敷设工程的费用。

（2）设备基础、支柱、工作台、烟囱、水塔、水池、灰塔等建筑工程以及各种炉窑的砌筑工程和金属结构工程的费用。

（3）为施工而进行的场地平整，工程和水文地质勘察，原有建筑物和障碍物的拆除以及施工临时用水、电、气、路、通信和完工后的场地清理，环境绿化、美化等工作的费用。

（4）矿井开凿、井巷延伸，露天矿剥离，石油、天然气钻井，修建铁路、公路、桥梁、水库、堤坝、灌渠及防洪等工程的费用。

2. 安装工程费用内容

（1）生产、动力、起重、运输、传动和医疗、实验等各种需要安装的机械设备的装配费用，与设备相连的工作台、梯子、栏杆等设施的工程费用，附属于被安装设备的管线敷设工程费，以及被安装设备的绝缘、防腐、保温、油漆等工作的材料费和安装费。

（2）为测定安装工程质量，对单台设备进行单机试运转、对系统设备进行联动无负荷试运转工作的调试费。

（二）我国现行建筑安装工程费用项目组成

根据住房和城乡建设部、财政部颁布的"关于印发《建筑安装工程费用项目组成》的通知"（建标〔2013〕44 号），我国现行建筑安装工程费用按两种不同的方式划分，即按费用构成要素划分和按造价形成划分，具体构成如图 2.2 所示。

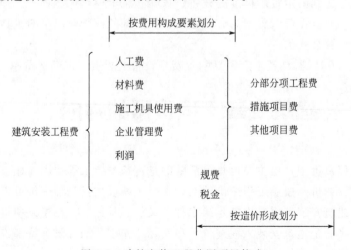

图 2.2 建筑安装工程费用项目构成

二、按费用构成要素划分建筑安装工程费用项目构成

按照费用构成要素划分，建筑安装工程费包括：人工费、材料费、施工机具使用费、企业管理费、利润、规费和税金。

（一）人工费

建筑安装工程费中的人工费，是指支付给直接从事建筑安装工程施工作业的生产工人的各项费用。内容包括：

（1）计时工资或计件工资。指按计时工资标准和工作时间或对已做工作按计件单价支付给个人的劳动报酬。

（2）奖金。指对超额劳动和增收节支支付的劳动报酬。如节约奖、劳动竞赛奖等。

（3）津贴、补贴。指为了补偿职工特殊或额外的劳动消耗和因其他特殊原因支付给个人的津贴，以及为了保证职工工资水平不受物价影响支付给个人的物价补偿。如流动施工津贴、特殊地区施工津贴、高温（寒）作业临时津贴、高空津贴等。

（4）加班加点工资。指按规定支付的在法定节假日工作的加班工资和在法定日工作时间外延时工作的加点工资。

（5）特殊情况下支付的工资。指根据国家法律、法规和政策规定，因病、工伤、产假、计划生育假、婚丧假、事假、探亲假、定期休假、停工学习、执行国家或社会义务等原因按计时工资标准或计时工资标准的一定比例支付的工资。

（二）材料费

建筑安装工程费中的材料费，是指工程施工过程中耗费的各种原材料、半成品、构配件、工程设备等的费用，以及周转材料等的摊销、租赁费用。

（1）材料原价。指材料的出厂价或商家供应价格。进口材料的原价按有关规定计算。

工程设备指构成或计划构成永久工程一部分的机电设备、金属结构设备、仪器装置及其他类似的设备和装置。

（2）材料运杂费。指材料自来源地运至工地仓库或指定堆放地点所发生的全部费用。

（3）运输损耗费。指材料在运输装卸过程中不可避免的损耗。

（4）采购及保管费。指为组织采购、供应和保管材料过程中所需要的各项费用。包括采购费、仓储费、工地保管费、仓储损耗。

（三）施工机具使用费

建筑安装工程费中的施工机具使用费，是指施工作业所发生的施工机械、仪器仪表使用费或其租赁费。

1. 施工机械使用费

以施工机械台班耗用量乘以台班单价表示，施工机械台班单价应由下列七项费用组成：

（1）折旧费。指施工机械在规定的耐用总台班内，陆续收回其原值的费用。

（2）检修费。指施工机械在规定的耐用总台班内，按规定的检修间隔进行必要的检修，以恢复其正常功能所需的费用。

（3）维护费。指施工机械在规定的耐用总台班内，按规定的围护间隔进行各级维护和临时故障排除所需的费用。保障机械正常运转所需替换设备与随机配备工具附具的摊销费用、机械运转及日常围护所需润滑与擦拭的材料费用及机械停滞期间的维护费用等。

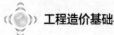

（4）安拆费及场外运输费。安拆费指机械在现场进行安装与拆卸所需的人工、材料、机械和试运转费用以及机械辅助设施的折旧、搭设、拆除等费用；场外运费指施工机械整体或分体自停放地点运至施工现场或由一施工地点运至另一施工地点的运输、装卸、辅助材料等费用。

（5）人工费。指机上司机（司炉）和其他操作人员的人工费。

（6）燃料动力费。指机械在运转作业中所消耗的各种燃料及水、电等费用。

特别提示

湖北省2018年费用定额规定，各专业定额中施工机械台班价格不含燃料动力费，燃料动力费作为可变费用并入各专业定额的材料费中。表示方法例如"电［机械］"此处的电即为机械用电。

（7）其他费。指施工机械按照国家规定应缴纳的车船税、保险费及检测费等。

施工机械使用费的构成要素是施工机械台班消耗量和施工机械台班单价。施工机械台班消耗量是指在正常施工生产条件下，完成规定计量单位的建筑安装产品所消耗的施工机械台班的数量。施工机械台班单价是指折合到每台班的施工机械使用费。

2. 仪器仪表使用费

指工程施工所需使用的仪器仪表的折旧费、维护费、校验费、动力费。

（四）企业管理费

企业管理费指施工单位组织生产和经营管理所发生的费用。内容包括：

（1）管理人员工资。指支付管理人员的工资、奖金、津贴补贴、加班加点工资及特殊情况下支付的工资等。

（2）办公费。指企业管理办公用的文具、纸张、账表、印刷、邮电、书报、办公软件、现场监控、会议、水电、烧水和集体取暖降温（包括现场临时宿舍取暖降温）等费用。

（3）差旅交通费。指职工因公出差、调动工作的差旅费、住勤补助费，市内交通费和误餐补助费，职工探亲路费，劳动力招募费，职工退休、退职一次性路费，工伤人员就医路费，工地转移费以及管理部门使用的交通工具的油料、燃料等费用。

（4）固定资产使用费。指管理和试验部门及附属生产单位使用的属于固定资产的房屋、设备仪器等的折旧、大修、维修或租赁费。

（5）工具用具使用费。指企业施工生产所需的价值低于2000元或管理使用的不属于固定资产的生产工具、器具、家具、交通工具和检验、试验、测绘、消防用具等的购置、维修和摊销费。

（6）劳动保险和职工福利费。指由企业支付的职工退职金、按规定支付给离休干部的经费，集体福利费、夏季防暑降温、冬季取暖补贴、上下班交通补贴等。

（7）劳动保护费。指企业按规定发放的劳动保护用品的支出。如工作服、手套以及在有碍身体健康的环境中施工的保健费用等。

（8）检验试验费。指企业按照有关标准规定，对建筑以及材料、构件和建筑安装物进行一般鉴定、检查所发生的费用，包括自设试验室进行试验所耗用的材料等费用。

新结构、新材料的试验费，对构件做破坏性试验及其他特殊要求检验试验的费用和按有关规定由发包人委托检测机构进行检测的费用，对此类检测发生的费用，由发包人在工程建设其他费用中列支。

对承包人提供的具有合格证明的材料进行检测，不合格的，检测费用由承包人承担；合格的，检测费用由发包人承担。

（9）工会经费。指企业按《工会法》规定的全部职工工资总额比例计提的工会经费。

（10）职工教育经费。指按职工工资总额的规定比例计提，企业为职工进行专业技术和职业技能培训，专业技术人员继续教育、职工职业技能鉴定、职业资格认定以及根据需要对职工进行各类文化教育所发生的费用。企业发生的职工教育经费支出，按企业职工工资薪金总额 1.5%~2.5% 计提。

（11）财产保险费。指施工管理用财产、车辆等保险费用。

（12）财务费。指企业为施工生产筹集资金或提供预付款担保、履约担保、职工工资支付担保等所发生的费用。

（13）税金。指企业按规定缴纳的房产税、车船使用税、土地使用税、印花税、城市维护建设税、教育附加以及地方教育附加等。

（14）其他。包括技术转让费、技术开发费、投标费、业务招待费、绿化费、广告费、公证费、法律顾问费、审计费、咨询费、保险费等。

（五）利润

利润是指施工单位从事建筑安装工程施工所获得的盈利，由施工企业根据企业自身需求并结合建筑市场实际自主确定。工程造价管理机构在确定计价定额中的利润时，应以定额人工费或定额人工费与施工机具使用费之和作为计算基数，其费率根据历年积累的工程造价资料，并结合市场实际确定。

（六）规费

规费是指按国家法律、法规规定，由省级政府和省级有关权力部门规定施工单位必须缴纳或计取，应计入建筑安装工程造价的费用。主要包括社会保险费、住房公积金和工程排污费。

1. 社会保险费

（1）养老保险费：指企业按规定标准为职工缴纳的基本养老保险费。

（2）失业保险费：指企业按照规定标准为职工缴纳的失业保险费。

（3）医疗保险费：指企业按照规定标准为职工缴纳的基本医疗保险费。

（4）工伤保险费：指企业按照规定标准为职工缴纳的工伤保险费。

（5）生育保险费：指企业按照规定标准为职工缴纳的生育保险费。

2. 住房公积金

指企业按规定标准为职工缴纳的住房公积金。

3. 工程排污费

指按规定缴纳的施工现场工程排污费。

（七）增值税

建筑安装工程费用的增值税是指国家税法规定应计入建筑安装工程造价内的增值税销项税额。税前工程造价为人工费、材料费、施工机具使用费、企业管理费、利润和规费之和，各费用项目均以不包含增值税（可抵扣进项税额）的价格计算。

三、按造价形成划分的建筑安装工程费用项目构成

建筑安装工程费按照工程造价形成划分，由分部分项工程费、措施项目费、其他项目

费、增值税组成。分部分项工程费、措施项目费、其他项目费包含人工费、材料费、施工机具使用费、企业管理费和利润。具体项目内容划分见图2.3。

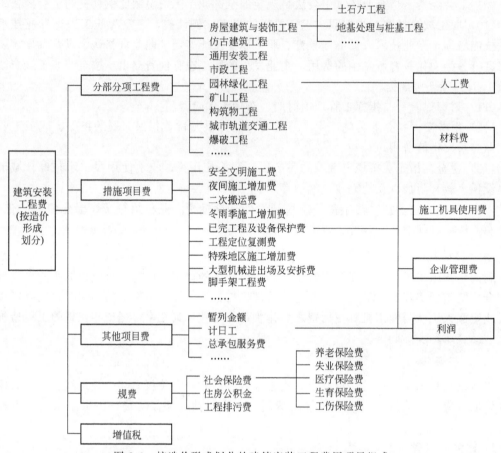

图2.3 按造价形成划分的建筑安装工程费用项目组成

（一）分部分项工程费

分部分项工程费是指各专业工程的分部分项工程应予列支的各项费用。

1. 专业工程

指按现行国家计量规范划分的房屋建筑与装饰工程、仿古建筑工程、通用安装工程、市政工程、园林绿化工程、矿山工程、构筑物工程、城市轨道交通工程、爆破工程等各类工程。

2. 分部分项工程

指按现行国家计量规范对各专业工程划分的项目。如房屋建筑与装饰工程划分的土石方工程、地基处理与桩基工程、砌筑工程、钢筋及钢筋混凝土工程等。

分部分项工程费通常用分部分项工程量乘以综合单价进行计算。

$$分部分项工程费 = \sum (分部分项工程量 \times 综合单价) \tag{2-15}$$

综合单价包括人工费、材料费、施工机具使用费、企业管理费和利润，以及一定范围内的风险费用。

（二）措施项目费

措施项目费是指为完成建设工程施工，发生于该工程施工前和施工过程中的技术、生活、安全、环境保护等方面的费用。内容包括：

1. 安全文明施工费

（1）环境保护费：指施工现场为达到环保部门要求所需要的各项费用。

（2）文明施工费：指施工现场文明施工所需要的各项费用。

（3）安全施工费：指施工现场安全施工所需要的各项费用。

（4）临时设施费：指施工企业为进行建设工程施工所必须搭设的生活和生产用的临时建筑物、构筑物和其他临时设施费用。包括临时设施的搭设、维修、拆除、清理费或摊销费等。

2. 夜间施工增加费

指因夜间施工所发生的夜班补助费、夜间施工降效、夜间施工照明设备摊销及照明用电等费用。

3. 二次搬运费

指因施工场地条件限制而发生的材料、构配件、半成品等一次运输不能到达堆放地点，必须进行二次或多次搬运所发生的费用。

4. 冬雨季施工增加费

指在冬季或雨季需要增加的临时设施、防滑、排除雨雪，人工及施工机械效率降低等费用。

二维码4

扫码视频学习

5. 工程定位复测费

指工程施工过程中进行全部施工测量放线和复测工作的费用。

6. 已完工程及设备保护费

指竣工验收前，对已完工程及设备采取的必要保护措施所发生的费用。

7. 特殊地区施工增加费

指工程在沙漠或其边缘地区、高海拔、高寒、原始森林等特殊地区施工增加的费用。

8. 大型机械设备进出场及安拆费

指机械整体或分体自停放场地运至施工现场或由一个施工地点运至另一个施工地点，所发生的机械进出场运输及转移费用及机械在施工现场进行安装、拆卸所需的人工费、材料费、机械费、试运转费和安装所需的辅助设施的费用。

9. 脚手架工程费

指施工需要的各种脚手架搭、拆、运输费用以及脚手架购置费的摊销（或租赁）费用。

措施项目及其包含的内容详见各类专业工程的现行国家或行业计量规范。

（三）其他项目费

1. 暂列金额

指发包人在工程量清单中暂定并包括在工程合同价款中的一笔款项。用于施工合同签订时尚未确定或者不可预见的所需材料、工程设备、服务的采购，施工中可能发生的工程变更、合同约定调整因素出现时的工程价款调整以及发生的索赔、现场签证确认等的费用。

暂列金额由建设单位根据工程特点，按有关计价规定估算，施工过程中由建设单位掌握使用，扣除合同价款调整后如有余额，归建设单位。

2. 暂估价

指招标人在工程量清单中提供的，用于支付在施工过程中必然发生，但在施工合同签订时暂不能确定价格的材料、工程设备的单价和专业工程的价格。

暂估价可分为材料暂估价、设备暂估价与专业工程暂估价三类。

需要指出的是,暂估价是对暂时不能确定价格的材料、设备和专业工程的一种估价行为,属于最终确定材料、设备和专业工程价格的一种过渡过程,不属于新的费用,所以未包括在建筑安装工程费用的组成中。

3. 计日工

指在施工过程中,施工单位完成建设单位提出的工程合同范围以外的零星项目或工作,按照合同中约定的单价计价形成的费用。

计日工由建设单位和施工单位按施工过程中形成的有效签证来计价。

4. 总承包服务费

指总承包人为配合、协调建设单位进行的专业工程发包,对建设单位自行采购的材料、工程设备等进行保管以及施工现场管理、竣工资料汇总整理等服务所需的费用。

二维码5

总承包服务费由建设单位在招标控制价中根据总包范围和有关计价规定编制,施工单位投标时自主报价,施工过程中按签约合同价执行。

扫码视频学习

(四) 规费和税金

规费和税金的构成与按费用构成要素划分建筑安装工程费用项目组成部分是相同的。

任务4 工程建设其他费用构成

工程建设其他费用是指工程项目从筹建到竣工验收交付使用为止的整个建设期间,除建筑安装工程费用、设备及工器具购置费以外的,为保证工程顺利完成和交付使用后能够正常发挥效用而发生的一些费用。

工程建设其他费用,按其内容大体分为三类。第一类为土地使用费,由于工程项目固定于一定地点与地面相连接,必须占用一定量的土地,也就必然要发生为获得建设用地而支付的费用;第二类是与项目建设有关的费用;第三类是与未来企业生产和经营活动有关的费用。

一、土地使用费和其他补偿费

土地使用费是指建设项目使用土地应支付的费用,包括建设用地费和临时土地使用费,以及由于使用土地发生的其他有关费用,如水土保持补偿费等。

建设用地费是指为获得工程项目建设用地的使用权而在建设期内发生的费用。取得土地使用权的方式有出让、划拨和转让三种方式。

临时土地使用费是指临时使用土地发生的相关费用,包括地上附着物和青苗补偿费、土地恢复费以及其他税费等。其他补偿费是指项目涉及的对房屋、市政、铁路、公路、管道、通信、电力、河道、水利、厂区、林区、保护区、矿区等不附属于建设用地的相关构筑物或设施的补偿费用。

(一) 农用土地征用费

农用土地征用费由土地补偿费、安置补助费、土地投资补偿费、土地管理费、耕地占用税等组成，并按被征用土地的原用途给予补偿。

1. 土地补偿费

土地补偿费是对农村集体经济组织因土地被征用而造成的经济损失的一种补偿。征用耕地的补偿费，为该耕地被征用前三年平均年产值的 6～10 倍。征用其他土地的补偿费标准，由省、自治区、直辖市参照征用耕地的土地补偿费标准制定。土地补偿费归农村集体经济组织所有。

2. 青苗补偿费和地上附着物补偿费

青苗补偿费是因征地时对其正在生长的农作物受到损害而做出的一种赔偿。在农村实行承包责任制后，农民自行承包土地的青苗补偿费应付给本人，属于集体种植的青苗补偿费可纳入当年集体收益。凡在协商征地方案后抢种的农作物、树木等，一律不予补偿。地上附着物指房屋、水井、树木、涵洞、桥梁、公路、水利设施等地面建筑物、构筑物、附着物等。

3. 安置补助费

安置补助费应支付给被征地单位和安置劳动力单位，作为劳动力安置与培训的支出，以及作为不能就业人员的生活补助。征收耕地的安置补助费，按照需要安置的农业人口数计算。需要安置的农业人口数，按照被征收的耕地数量除以征地前被征收单位平均每人占有耕地的数量计算。

每一个需要安置的农业人口的安置补助费标准，为该耕地被征收前三年平均年产值的 4～6 倍。但是，每公顷被征收耕地的安置补助费，最高不得超过被征收前三年平均年产值的 15 倍。土地补偿费和安置补助费，尚不能使需要安置的农民保持原有生活水平的，经省、自治区、直辖市人民政府批准，可以增加安置补助费。但是，土地补偿费和安置补助费的总和不得超过土地被征收前三年平均年产值的 30 倍。

4. 新菜地开发建设基金

指征用城市郊区商品菜地时支付的费用。这项费用交给地方财政，作为开发建设新菜地的投资。菜地是指城市郊区为供应城市居民蔬菜，连续 3 年以上常年种菜或者养殖鱼、虾等商品菜地和精养鱼塘。一年只种植一茬或因调整茬口安排种植蔬菜的，均不作为需要收取开发基金的菜地。征用尚未开发的规划菜地，不缴纳新菜地开发建设基金。在蔬菜产销放开后，能够满足供应，不再需要开发新菜地的城市，不收取新菜地开发基金。

5. 耕地占用税

对占用耕地建房或者从事其他非农业建设的单位和个人征收的一种税收，目的是合理利用土地资源、节约用地，保护农用耕地。耕地占用税征收范围，不仅包括占用耕地，还包括占用鱼塘、园地、菜地及其农业用地建房或者从事其他非农业建设，均按实际占用的面积和规定的税额一次性征收。其中，耕地是指用于种植农作物的土地。占用前三年曾用于种植农作物的土地也视为耕地。

6. 土地管理费

该费用主要作为征地工作中所发生的办公、会议、培训、宣传、差旅、借用人员工资等必要的费用。土地管理费的收取标准，一般是在土地补偿费、青苗费、地上附着物补偿费、安置补助费四项费用之和的基础上提取 2%～4%。如果是征地包干，还应在四项费用之和后加上粮食价差、副食补贴、不可预见费等费用，在此基础上提取 2%～4% 作为土地管理费。

（二）取得国有土地使用费

取得国有土地使用费包括：土地使用权出让金、城市建设配套费、房屋征收与补偿费等。

（1）土地使用权出让金是指建设工程通过土地使用权出让方式，取得有限期的土地使用权。通过出让方式获得土地使用权又可以分为两种具体方式：一是通过招标、拍卖、挂牌等竞争出让方式获得土地使用权，二是通过协议出让方式获取国有土地使用权。依照《中华人民共和国城镇国有土地使用权出让和转让暂行条例》规定，支付的费用。

（2）城市配套建设费是指因进行城市公共设施的建设而分摊的费用。

（3）房屋征收与补偿费。根据《国有土地上房屋征收与补偿条例》的规定，房屋征收对被征收人给予的补偿包括：

① 被征收房屋价值的补偿；

拆迁补偿金的方式可以实行货币补偿，也可以实行房屋产权调换。

② 因征收房屋造成的搬迁、临时安置的补偿；

拆迁安置补助费和临时安置补助费的标准，由省、自治区、直辖市人民政府规定。

③ 因征收房屋造成的停产停业损失的补偿。

特别提示

根据《中华人民共和国土地管理法》《中华人民共和国土地管理办法实施条例》《中华人民共和国城市房地产管理办法》规定，获取国有土地使用权的基本方式有两种：一是出让方式，二是划拨方式。 建设土地取得的基本方式还包括租赁和转让方式。

土地使用权出让最高年限按下列用途确定：

① 居住用地 70 年；

② 工业用地 50 年；

③ 教育、科技、文化、卫生、体育用地 50 年；

④ 商业、旅游、娱乐用地 40 年；

⑤ 综合或者其他用地 50 年。

以下建设用地，经县级以上人民政府依法批准，可以以划拨方式取得：

① 国家机关和军事用地；

② 城市基础设施用地和公益事业用地；

③ 国家重点扶持能源、交通、水利等基础设施建设用地；

④ 法律、行政法规规定的其他用地。

二、与建设项目有关的其他费用

（一）建设管理费

建设管理费是指建设单位为组织完成工程项目建设，在建设期内发生的各类管理性费用。

1. 建设管理费的内容

（1）建设单位管理费。指建设单位发生的管理性开支，包括：工作人员工资、工资性补贴、施工现场津贴、职工福利费、住房基金、基本养老保险费、基本医疗保险费、失业保险费、工伤保险费，办公费、差旅交通费、劳动保护费、工具用具使用费、固定资产使用费、必要的办公及生活用品购置费、必要的通信设备及交通工具购置费、零星固定资产购置费、招募生产工人费、技术图书资料费、业务招待费、设计审查费、工程招标费、合同契约公证费、法律顾问费、工程咨询费、完工清理费、竣工验收费、印花税和其他管理性质开支。

（2）工程监理费。指建设单位委托工程监理单位实施工程监理的费用。按照国家发展改革委关于《进一步放开建设项目专业服务价格的通知》（发改价格［2015］299 号）规定，此项费用实行市场调节价。

拓展阅读

查看《进一步放开建设项目专业服务价格的通知》（发改价格［2015］299 号）

（3）工程总承包管理费。如建设管理采用工程总承包方式，其总承包管理费由建设单位与总承包单位根据总包工作范围在合同中商定，从建设管理费中支出。

2. 建设管理费的计算

建设单位管理费按照工程费用之和（包括设备工器具购置费和建筑安装工程费用）乘以建设单位管理费费率计算。

$$建设单位管理费＝工程费用×建设单位管理费费率 \qquad (2-16)$$

建设单位管理费费率按照建设项目的不同性质、不同规模确定。有的建设项目按照建设工期和规定的金额计算建设单位管理费。如采用监理，建设单位部分管理工作量转移至监理单位。监理费应根据委托的监理工作范围和监理深度在监理合同中商定。

（二）可行性研究费

可行性研究费是指在工程项目投资决策阶段，依据调研报告对有关建设方案、技术方案或生产经营方案进行技术经济论证，以及编制、评审可行性研究报告所需的费用。此项费用应依据前期研究委托合同计划，按照国家发展改革委关于《进一步放开建设项目专业服务价格的通知》（发改价格［2015］299 号）规定，此项费用实行市场调节价。

（三）研究试验费

研究试验费是指为建设项目提供或验证设计数据、资料等进行必要的研究试验及按照相关规定在建设过程中必须进行试验、验证所需的费用。包括自行或委托其他部门研究试验所需人工费、材料费、试验设备及仪器使用费等。这项费用按照设计单位根据本工程项目的需要提出研究试验内容和要求计算。在计算时要注意不应包括以下项目：

（1）应由科技三项费用（即新产品试制费、中间试验费和重要科学研究补助费）开支的项目。

（2）应在建筑安装费用中列支的施工企业对建筑材料、构件和建筑物进行一般鉴定、检查所发生的费用及技术革新的研究试验费。

（3）应由勘察设计费或工程费用中开支的项目。

（四）勘察设计费

勘察设计费指对工程项目进行工程水文地质勘察、工程设计所发生的费用。包括工程勘察费、初步设计费（基础设计费）、施工图设计费（详细设计费）、设计模型制作费，按照国家发展改革委关于《进一步放开建设项目专业服务价格的通知》（发改价格［2015］299 号）

规定，此项费用实行市场调节价。

（五）专项评价及验收费

专项评价及验收费包括环境影响评价费、安全预评价及验收费、职业病危害评价及控制效果评价费、地震安全性评价费、地质灾害危险性评价费、水土保持评价及验收费、压覆矿产资源评价费、节能评估及评审费、危险与可操作性分析及安全完整性评价费以及其他专项评价及验收费。按照国家发展改革委关于《进一步放开建设项目专业服务价格的通知》（发改价格〔2015〕299号）规定，此项费用实行市场调节价。

1. 环境影响评价费

指在工程项目投资决策过程中，对其进行环境污染或影响评价所需的费用。包括编制环境影响报告书（含大纲）、环境影响报告表和评估等所需的费用，以及建设项目竣工验收阶段环境保护验收调查和环境监测、编制环境保护验收报告的费用。

2. 安全预评价及验收费

指为预测和分析建设项目存在的危险因素种类和危险危害程度，提出先进、科学、合理可行的安全技术措施和管理对策，而编制评价大纲、编写安全评价报告书和评估等所需的费用，以及在竣工阶段验收时所发生的费用。

3. 职业病危害预评价及控制效果评价费

指建设项目因可能产生职业病危害，而编制评价大纲、编写安全评价报告书和评估等所需的费用，以及在竣工阶段验收时所发生的费用。

4. 地震危害安全性评价费

指通过对建设场地和场地周围的地震活动与地震、地质环境的分析，而进行的地震活动环境评价、地震地质构造评价、地震地质灾害评价，编制地震安全评价报告书和评估所需的费用。

5. 地质灾害危险性评价费

指在灾害易发区对建设项目可能诱发的地质灾害和建设项目本身可能遭受的地质灾害危险程度的预测评价，编制评价报告书和评估所需的费用。

6. 水土保持评价及验收费

指对建设项目在生产建设过程中可能造成水土流失进行预测，编制水土保持方案和评估所需的费用，以及在施工期间的监测、竣工阶段验收时所发生的费用。

7. 压覆矿产资源评价费

指对需要压覆重要矿产资源的建设项目，编制压覆重要矿床评价和评估所需的费用。

8. 节能评估及评审费

指对建设项目的能源利用是否科学合理进行分析评估，并编制节能评估报告及评估所发生的费用。

9. 危险与可操作性分析及安全完整性评价费

指对应用于生产具有流程性工艺特征的新建、改建、扩建项目进行工艺危害分析和对安全仪表系统的设置水平及可靠性进行定量评估所发生的费用。

10. 其他专项评价及验收费

指根据国家法律法规，建设项目所在省、直辖市、自治区人民政府有关规定，以及行业规定需进行的其他专项评价、评估、咨询和验收所需的费用。如重大投资项目社会稳定风险评估，防洪评价等。

（六）场地准备及临时设施费

1. 场地准备及临时设施费的内容

（1）建设项目场地准备费是指为使工程项目的建设场地达到开工条件，由建设单位组织进行的场地平整等准备工作而发生的费用。

（2）建设单位临时设施费是指建设单位为满足工程项目建设、生活、办公的需要，用于临时设施建设、维修、租赁、使用所发生或摊销的费用。

2. 场地准备及临时设施费的计算

（1）场地准备及临时设施应尽量与永久性工程统一考虑。建设场地的大型土石方工程进入工程费用中的总图运输费中。

（2）新建项目的场地准备和临时设施费应根据实际工程量估算，或按工程费用的比例计算。改扩建项目一般只计算拆除清理费。

$$场地准备和临时设施费＝工程费用×费率＋拆除清理费 \tag{2-17}$$

（3）发生拆除清理费时，可按新建同类工程造价或主材费、设备费的比例计算。凡可回收材料的拆除工程采用以料抵工方式冲抵拆除清理费。

（4）此项费用不包括已列入建筑安装工程费中的施工单位临时设施费用。

（七）引进技术和引进设备其他费

引进技术和引进设备其他费是指引进技术和设备发生的但未计入设备购置费中的费用。

（1）引进项目图纸资料翻译复制费、备品备件测绘费。可根据引进项目的具体情况计列或按引进货价（FOB）的比例估列；引进项目发生备品备件测绘费时按具体情况估列。

（2）出国人员费用。包括买方人员出国设计联络、出国考察、联合设计、监造、培训等所发生的差旅费、生活费等。依据合同或协议规定的出国人次、期限以及相应的费用标准计算。生活费按照财政部、外交部规定的现行标准计算，差旅费按中国民航公布的票价计算。

（3）来华人员费用。包括卖方来华工程技术人员的现场办公费用、往返现场交通费用、接待费用等。依据引进合同或协议有关条款及来华技术人员派遣计划进行计算。来华人员接待费用可按每人次费用指标计算。引进合同价款中已包括的费用内容不得重复计算。

（4）银行担保及承诺费。引进项目由国内外金融机构出面承担风险和责任担保所发生的费用，以及支付贷款机构的承诺费用。应按担保或承诺协议计取，投资估算和概算编制时可用担保金额或承诺金额为基数乘以费率计算。

（八）工程保险费

工程保险费是指为转移工程项目建设的意外风险，在建设期内对建筑工程、安装工程、机械设备和人身安全进行投保而发生的费用。包括建筑安装工程一切险、引进设备财产保险和人身意外伤害险等。

根据不同的工程类别，分别以其建筑、安装工程费乘以建筑、安装工程保险费费率计算。民用建筑（住宅楼、综合性大楼、商场、旅馆、医院、学校）占建筑工程费的0.2%～0.4%；其他建筑（工业厂房、仓库、道路、码头、水坝、隧道、桥梁、管道等）占建筑工程费的0.3%～0.6%；安装工程（农业、工业、机械、电子、电器、纺织、矿山、石油化工及钢铁、钢结构桥梁）占建筑工程费的 0.3%～0.6%。

（九）特殊设备安全监督检验费

特殊设备安全监督检验费是指安全监察部门对在施工现场组装的锅炉及压力容器、压力管道、消防设备、燃气设备、电梯等特殊设备和设施实施安全检验收取的费用。此项费用按照建设项目所在省（市、自治区）安全监察部门的规定标准计算。无具体规定的，在编制投资估算和概算时可接受检验设备现场安装费的比例估算。

（十）市政公用设施费

市政公用设施费是指使用市政公用设施的工程项目，按照项目所在地省级人民政府有关规定建设或缴纳的市政公用设施建设配套费用以及绿化工程补偿费用。此项费用按工程所在地人民政府规定标准计列。

三、与未来生产经营有关的其他费用

（一）联合试运转费

联合试运转费是指新建或新增加生产能力的工程项目，在交付生产前按照设计文件规定的工程质量标准和技术要求，对整个生产线或装置进行负荷联合试运转所发生的费用净支出（试运转支出大于收入的差额部分费用）。试运转支出包括试运转所需原材料、燃料及动力消耗、低值易耗品、其他物料消耗、工具用具使用费、机械使用费、保险金、施工单位参加试运转人员工资以及专家指导费等；试运转收入包括试运转期间的产品销售收入和其他收入。联合试运转费不应包括应由设备安装工程费用开支的调试及试车费用，以及在试运转中暴露出来的因施工原因或设备缺陷等发生的处理费用。

（二）专利及专有技术使用费

专利及专有技术使用费是指在建设期内为取得专利、专有技术、商标权、商誉、特许经营权等发生的费用。

1. 专利及专有技术使用费的主要内容

（1）国外设计及技术资料费、引进有效专利、专有技术使用费和技术保密费。

（2）国内有效专利、专有技术使用费。

（3）商标权、商誉和特许经营权费等。

2. 专利及专有技术使用费的计算

在专利及专有技术使用费的计算时，需要注意如下问题：

（1）按专利使用许可协议和专有技术使用合同的规定计列。

（2）专有技术的界定应以省、部级鉴定批准为依据。

（3）项目投资中只计算需要在建设期支付的专利及专有技术使用费。协议或合同规定在生产期支付的使用费应在生产成本中核算。

（4）一次性支付的商标权、商誉及特许经营权费按协议或合同规定计列。协议或合同规定在生产期支付的使用费应在生产成本中核算。

（5）为项目配套的专用设施投资，包括专用铁路线路、专用公路、专用通信设施、送变电站、地下管道、专用码头等，如由项目建设单位负责投资但产权不归属本单位的，应作无形资产处理。

（三）生产准备费

1. 生产准备费的内容

在建设期内，建设单位为保证项目正常生产而发生的人员培训费、提前进厂费以及投产使用必备的办公、生活家具用具及工器具等的购置费用。包括：

（1）人员培训费及提前进厂费。包括自行组织培训或委托其他单位培训的人员工资、工资性补贴、职工福利费、差旅交通费、劳动保护费、学习资料费等。

（2）为保证初期正常生产（或营业、使用）所必需的生产办公、生活家具用具购置费。

2. 生产准备费的计算

（1）新建项目按设计定员为基数计算，改扩建项目按新增设计定员为基数计算：

$$生产准备费 = 设计定员 \times 生产准备费指标(元/人) \tag{2-18}$$

（2）可采用综合的生产准备费指标进行计算，也可以按费用内容的分类指标计算。

任务5　预备费和建设期贷款利息的计算

引例4

某新建项目，建设期为3年，共向银行贷款1300万元，具体贷款时间及金额为：第1年300万元，第2年600万元，第3年400万元，假设贷款年利率为6%，计算该项目的建设期贷款利息。

一、预备费

预备费是指在建设期内因各种不可预见因素的变化而预留的可能增加的费用，包括基本预备费和价差预备费。

（一）基本预备费

1. 基本预备费的内容

基本预备费是指投资估算或工程概算阶段预留的，由于工程实施中不可预见的工程变更及洽商、一般自然灾害处理、地下障碍物处理、超规超限设备运输等而可能增加的费用，亦可称为工程建设不可预见费。基本预备费一般由以下四部分构成：

（1）工程变更及洽商。在批准的初步设计范围内，技术设计、施工图设计及施工过程中增加的工程费用；设计变更、工程变更、材料代用、局部地基处理等增加的费用。

（2）一般自然灾害的处理。一般自然灾害造成的损失和预防自然灾害所采取的措施费用。实行工程保险的工程项目，该费用应适当降低。

（3）不可预见的地下障碍物处理的费用。

（4）超规超限设备运输增加的费用。

2. 基本预备费的计算

基本预备费是按工程费用和工程建设其他费用二者之和为计取基数，乘以基本预备费费率进行计算。

$$基本预备费 = (工程费用 + 工程建设其他费用) \times 基本预备费费率 \tag{2-19}$$

基本预备费费率的取值应执行国家级部门的有关规定。

 特别提示

市政公用工程项目规定为 8% ~ 10%（建标 [2007] 164 号）；

石油建设项目规定为 8% ~ 10%（计划 [2010] 543 号）；

林业建设项目规定为小于 5%（林计发 [2006] 156 号）；

土地整理项目暂定为 2%（国土整理函 [2006] 26 号）；

公路工程项目为 9%（交公路发 [1996] 611 号）；

铁路工程项目为 10%（铁建设 [2008] 11 号）；

民航工程项目概算阶段为 3% ~ 6%（AP-129-CA-2008-01）；

港口工程项目为 7%（交基发 [1995] 1230 号）；

电力工程项目为 10%（国经贸电力 [2001] 867 号）；

风电建设项目规定为 1% ~ 3%（FD 001-2007）；

水利工程项目规定为 10% ~ 12%（水总 [2002] 116 号）；

水土保持项目为 3%（水总 [2003] 67 号）；

安全防范工程规定为 4% ~ 6%（GA/T 70-94）；

化工建设项目为 10% ~ 12%（化规字第 493 号）；

机械工程项目为 10% ~ 15%，初步设计阶段为 7% ~ 10%（1995 年）；

农业项目概算为 3% ~ 5%（NY/T 1716-2009）

（二）价差预备费

1. 价差预备费的内容

价差预备费是指为在建设期内利率、汇率或价格等因素的变化而预留的可能增加的费用，亦称为涨价预备费。价差预备费的内容包括：人工、设备、材料、施工机具的价差费，建筑安装工程费及工程建设其他费用调整，利率、汇率调整等增加的费用。

2. 价差预备费的测算方法

价差预备费一般根据国家规定的投资综合价格指数，按估算年份价格水平的投资额为基数，采用复利方法计算。计算公式为：

$$PF = \sum_{t=1}^{n} I_t \big[(1+f)^m (1+f)^{0.5} (1+f)^{t-1} - 1 \big] \tag{2-20}$$

式中　PF——价差预备费；

　　　n——建设期年份数；

　　　I_t——建设期中第 t 年的静态投资计划额，包括工程费用、工程建设其他费用及基本预备费；

　　　f——年涨价率；

　　　t——建设期第 t 年；

　　　m——建设前期年限（从编制估算到开工建设年数）。

价差预备费中的投资价格指数按国家颁布的计取，当前暂时为零，计算式中 $(1+f)^{0.5}$ 表示建设期第 t 年当年投资分期均匀投入考虑涨价的幅度，对设计建设周期较短的项目价差预备费计算公式可简化处理。特殊项目或必要时可以进行项目未来价差分析预测，确定各时期投资价格指数。

年涨价率, 政府部门有规定的按规定执行, 没有规定的由可行性研究人员预测。

【例 2.2】 某建设项目建筑安装工程费 10000 万元, 设备购置费 6000 万元, 工程建设其他费 4000 万元, 已知基本预备费率 5%, 项目建设前期年限为 1 年, 建设期为 3 年, 各年投资计划额为: 第一年完成投资 20%, 第二年完成投资 60%, 第三年完成投资余下的 20%。年均投资价格上涨率为 6%, 求项目建设期价差预备费。

解　基本预备费 = (10000 + 6000 + 4000) × 5% = 1000 (万元)

静态投资 = 10000 + 6000 + 4000 + 1000 = 21000 (万元)

建设期第一年完成投资 = 21000 × 20% = 4200 (万元)

第一年价差预备费 = $I_1[(1+f)(1+f)^{0.5} - 1] = 383.6$ (万元)

建设期第二年完成投资 = 21000 × 60% = 12600 (万元)

第二年价差预备费 = $I_2[(1+f)(1+f)^{0.5}(1+f) - 1] = 1975.8$ (万元)

建设期第三年完成投资 = 21000 × 20% = 4200 (万元)

第三年价差预备费 = $I_3[(1+f)(1+f)^{0.5}(1+f)^2 - 1] = 950.2$ (万元)

建设期价差预备费总额 = 383.6 + 1975.8 + 950.2 = 3309.6 (万元)

二、建设期利息

建设期利息主要是指在建设期内发生的为工程项目筹措资金的融资费用及债务资金利息。

建设期利息的计算, 根据建设期资金用款计划, 在总贷款分年均衡发放前提下, 可按当年借款在年中支用考虑, 即当年借款按半年计息, 上年借款按全年计息。计算公式为:

$$q_j = \left(P_{j-1} + \frac{1}{2}A_j\right)i \tag{2-21}$$

式中　q_j——建设期第 j 年应计利息;

P_{j-1}——建设期第 $(j-1)$ 年末累计贷款本金与利息之和;

A_j——建设期第 j 年贷款金额;

i——年利率。

利用国外贷款的利息计算中, 年利率应综合考虑贷款协议中向贷款方加收的手续费、管理费、承诺费以及国内代理机构向贷款方收取的转贷费、担保费和管理费等。

 引例 4 分析

在建设期, 各年利息计算如下:

第 1 年应计利息 = $\frac{1}{2} \times 300 \times 6\% = 9$ (万元)

第 2 年应计利息 = $\left(300 + 9 + \frac{1}{2} \times 600\right) \times 6\% = 36.54$ (万元)

第 3 年应计利息 = $\left(300 + 9 + 600 + 36.54 + \frac{1}{2} \times 400\right) \times 6\% = 68.73$ (万元)

建设期贷款利息 = 9 + 36.54 + 68.73 = 114.27 (万元)

 单元小结

本单元对建设项目总投资构成和工程造价的构成、设备及工器具购置费用的构成、建筑

安装工程费用构成、工程建设其他费用组成和预备费和建设期贷款利息做了介绍和说明。

具体内容包括：国内外工程造价费用的构成，设备购置费和工、器具购置的构成及计算，我国现行建筑安装工程费用项目按两种方式划分，即按费用构成要素划分和按造价形成划分，还包括了建设工程其他费用的三种类型，即土地使用费、与项目建设有关的费用和与未来企业生产和经营活动有关的费用，最后介绍了两种预备费和建设期贷款利息等内容。

本章的教学目标是使学生掌握我国工程造价费用构成、建筑安装工程费用要素划分和按造价形成划分的两种划分类型，了解设备及工、器具购置费的内容及计算方式，了解预备费的含义及作用。能合理运用建设期贷款利息的公式推演项目建设期贷款利息。

 思考与习题

1. 我国工程造价由哪些费用构成？

2. 按费用构成要素划分的建筑安装工程费用项目由哪些费用组成？

3. 按造价形成顺序划分的建筑安装工程费用项目由哪些费用组成？

4. 工程建设其他费用包括哪些？

5. 已知某进口设备到岸价 CIF 为 80 万美元，进口关税税率 12%，增值税税率为 13%，银行外汇价为 1 美元＝7.1 元人民币，求进口环节增值税的税额。

6. 某新建项目，建设期 3 年，第一年贷款 300 万元，第二年贷款 600 万元，第三年没有贷款。贷款在年度内均衡发放，年利率 6%，贷款本息均在项目投产后偿还，则该项目一共需要偿还的贷款利息是多少？

二维码6

扫码答题

单元3 工程造价定额原理

内容提要	本单元主要介绍两个方面的内容：一是工程造价定额原理概述；二是施工定额。
学习目标	通过工程造价定额原理的学习，熟悉工程造价定额的概念；掌握工程造价定额的分类与特点；了解定额制定的基本方法。 通过施工定额的学习，熟悉施工定额的概念；掌握人工消耗定额、材料消耗定额、机械台班消耗定额的计算原理与方法。

任务1 概述

一、工程造价定额的概念

（一）定额的概念

"定"就是规定，"额"就是额度或尺度。从广义上讲，定额就是规定的标准额度或限额。

在社会化生产中，任何产品的生产过程都是劳动者利用一定的劳动资料作用于劳动对象上，经过一定的劳动时间，生产出具有一定使用价值的产品。定额所要研究的对象是生产消耗过程中各种因素的消耗数量标准，即生产一定的单位合格产品，劳动者的体力、脑力，生产工具和物质条件，各种材料等的消耗数量或费用标准是多少。在现代社会经济、社会活动中，定额作为一种管理手段被广泛应用，成为人们对社会经济进行计划、组织指挥、协调和控制等一系列管理活动的重要依据。

（二）工程造价定额

工程造价定额是指在正常施工条件下完成规定计量单位的合格建筑安装工程产品所消耗的人工、材料、施工机具台班、工期天数及相关费率等的数量基准。

在工程定额中，产品是一个广义的概念，它可以是指建设项目，也可以是单项工程、单位工程，还可以是分部工程或分项工程。

二、工程造价定额的分类

工程定额是一个综合概念，是建设工程造价计价和管理中各类定额的总称，包括许多种类的定额，可以按照不同的原则和方法对它进行分类，如图 3.1 所示。

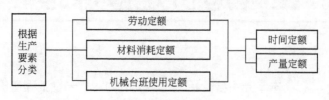

图 3.1　按生产要素分类

1. 按定额反映的生产要素消耗内容分类

可以把工程定额划分为劳动消耗定额、材料消耗定额和机具消耗定额三种。

（1）劳动消耗定额。劳动消耗定额简称劳动定额（也称为人工定额），是在正常的施工技术和组织条件下，完成规定计量单位合格的建筑安装产品所消耗的人工工日的数量标准，劳动定额的主要表现形式是时间定额，但同时也表现为产量定额。时间定额与产量定额互为倒数。

（2）材料消耗定额。材料消耗定额简称材料定额，是指在正常的施工技术和组织条件下，完成规定计量单位合格的建筑安装产品所消耗的原材料、成品、半成品、构配件、燃料，以及水、电等动力资源的数量标准。

（3）机具消耗定额。机具消耗定额由机械消耗定额与仪器仪表消耗定额组成，机械消耗定额是以一台机械一个工作台班为计量单位，所以又称为机械台班定额。机械消耗定额是指在正常的施工技术和组织条件下，完成规定计量单位合格的建筑安装产品所消耗的施工机械台班的数量标准。机械消耗定额的主要表现形式是机械时间定额，同时也以产量定额表现。施工仪器仪表消耗定额的表现形式与机械消耗定额类似。

2. 按定额的编制程序和用途分类

可以把工程定额分为施工定额、预算定额、概算定额、概算指标、投资估算指标等，如图 3.2 所示。

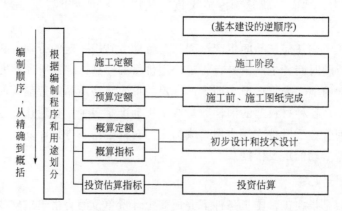

图 3.2　按编制程序和用途划分

（1）施工定额。施工定额是完成一定计量单位的某一施工过程或基本工序所需消耗的人工、材料和施工机具台班数量标准。施工定额是施工企业（建筑安装企业）组织生产和加强管理在企业内部使用的一种定额，属于企业定额的性质。施工定额是以某一施工过程或基本工序作为研究对象，表示生产产品数量与生产要素消耗综合关系编制的定额。为了适应组织生产和管理的需要，施工定额的项目划分很细，是工程定额中分项最细、定额子目最多的一种定额，也是工程定额中的基础性定额。

（2）预算定额。预算定额是在正常的施工条件下，完成一定计量单位合格分项工程或结构构件所需消耗的人工、材料、施工机具台班数量及其费用标准。预算定额是一种计价性定额。从编制程序上看，预算定额是以施工定额为基础综合扩大编制的，同时它也是编制概算定额的基础。

（3）概算定额。概算定额是完成单位合格扩大分项工程或扩大结构构件所需消耗的人工、材料和施工机具台班的数量及其费用标准。是一种计价性定额。概算定额是编制扩大初步设计概算、确定建设项目投资额的依据。概算定额的项目划分粗细，与扩大初步设计的深度相适应，一般是在预算定额的基础上综合扩大而成的，每一扩大分项概算定额都包含了数项预算定额。

（4）概算指标。概算指标是以单位工程为对象，反映完成一个规定计量单位建筑安装产品的经济指标。概算指标是概算定额的扩大与合并，以更为扩大的计量单位来编制的。概算指标的内容包括人工、材料、机具台班三个基本部分，同时还列出了分部工程量及单位工程的造价，是一种计价定额。

（5）投资估算指标。投资估算指标是以建设项目、单项工程、单位工程为对象，反映建设总投资及其各项费用构成的经济指标。它是在项目建议书和可行性研究阶段编制投资估算、计算投资需要量时使用的一种定额，它的概略程度与可行性研究阶段相适应。投资估算指标往往根据历史的预、决算资料和价格变动等资料编制，但其编制基础仍然离不开预算定额、概算定额。上述各种定额的相互关系可参见表 3.1。

表 3.1　各种定额间关系的比较

比较内容	施工定额	预算定额	概算定额	概算指标	投资估算指标
对象	施工过程或基本工序	分项工程或结构构件	扩大的分项工程或扩大的结构构件	单位工程	建设项目、单项工程、单位工程
用途	编制施工预算	编制施工图预算	编制扩大初步设计概算	编制初步设计概算	编制投资估算
项目划分	最细	细	较细	粗	很粗
定额水平	平均先进	平均			
定额性质	生产性定额	计价性定额			

3. 按专业分类

由于工程建设涉及众多的专业，不同的专业所含的内容也不同，因此就确定人工、材料和机具台班消耗数量标准的工程定额来说，也需按不同的专业分别进行编制和执行。

（1）建筑工程定额按专业对象分为建筑及装饰工程定额、房屋修缮工程定额、市政工程定额、铁路工程定额、公路工程定额、矿山井巷工程定额等。

（2）安装工程定额按专业对象分为电气设备安装工程定额、机械设备安装工程定额、热力设备安装工程定额、通信设备安装工程定额、化学工业设备安装工程定额、工业管道工程定额、工艺金属结构安装工程定额等。

4. 按主编单位和管理权限分类

工程定额可以分为全国统一定额、行业统一定额、地区统一定额、企业定额、补充定额等，如图3.3所示。

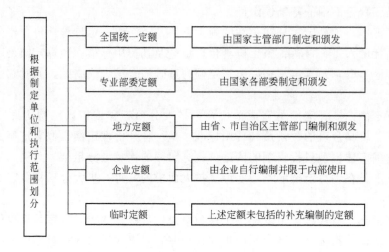

图3.3　按主编单位和管理权限分

（1）全国统一定额是由国家建设行政主管部门综合全国工程建设中技术和施工组织管理的情况编制，并在全国范围内执行的定额。

（2）行业统一定额是考虑到各行业专业工程技术特点，以及施工生产和管理水平编制的，一般是只在本行业和相同专业性质的范围内使用。

（3）地区统一定额包括省、自治区、直辖市定额。地区统一定额主要是考虑地区性特点和全国统一定额水平作适当调整和补充编制的。

（4）企业定额是施工单位根据本企业的施工技术、机械装备和管理水平编制的人工、材料、机械台班等的消耗标准。企业定额在企业内部使用，是企业综合素质的标志。企业定额水平一般应高于国家现行定额，才能满足生产技术发展、企业管理和市场竞争的需要。在工程量清单计价方法下，企业定额是施工企业进行建设工程投标报价的计价依据。

（5）补充定额是指随着设计、施工技术的发展，现行定额不能满足需要的情况下，为了补充缺陷所编制的定额。补充定额只能在指定的范围内使用，可以作为以后修订定额的基础。上述各种定额虽然适用于不同的情况和用途，但是它们是一个互相联系的、有机的整体，在实际工作中配合使用。

5. 按投资的费用性质分类

工程建设定额按投资的费用性质可分为工程费用定额和工程建设其他费用定额。工程费用定额包括建筑工程定额、设备安装定额、建筑安装工程费用定额、工器具定额等。建筑工程定额是建筑工程的施工定额、预算定额、概算定额和概算指标的统称。设备安装定额是安装工程的施工定额、预算定额、概算定额和概算指标的统称。建筑安装工程费用定额一般包括分部分项费用定额、管理费定额和其他项目费定额。工具、器具定额是为新建或扩建项目投产运转首次配置的工具、器具数量标准。工程建设其他费用定额是独立于建筑安装工程、设备和工器具购置之外的其他费用开支的标准。如图3.4所示。

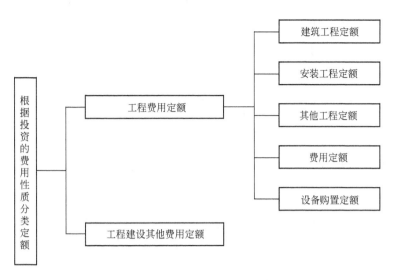

图 3.4　按投资的费用性质分

三、工程造价定额的特点

（一）科学性

建设工程定额中的各类定额都是与现实的生产力发展水平相适应的，通过在实际建设中测定、分析、综合和广泛收集相关信息和资料，结合定额理论的研究分析，运用科学方法制定的。因此，建设工程定额的科学性包括两重含义：一是指建设工程定额反映了工程建设中生产消费的客观规律，二是指建设工程定额管理在理论、方法和手段上有其科学理论基础和科学技术方法。

（二）系统性

工程定额是定额体系中相对独立的一部分，自成体系。它是由多种定额结合而成的有机的整体，虽然它的结构复杂，但层次鲜明、目标明确。

（三）统一性

建设工程定额的统一性，主要是由国家对经济发展的宏观调控职能决定的。只有确定了一定范围内的统一定额，才能实现工程建设的统一规划、组织、调节、控制，从而使国民经济可以按照既定的目标发展。

建设工程定额的统一性按照其影响力和执行范围，可分为全国统一定额、地区统一定额和行业统一定额等；从定额的制定、颁布和贯彻使用来看，定额有统一的程序、统一的原则、统一的要求和统一的用途。

（四）指导性

企业自主报价和市场定价的计价机制不能等同于放任不管，政府宏观调控工程建设中的计价行为同样需要进行规范、指导。依据建设工程定额，政府可以规范建设市场的交易行为，也可以为具体建设产品的定价起到参考作用，还可以作为政府投资项目定价和造价控制的重要依据。在许多企业的企业定额尚未建立的情况下，统一颁布的建设工程定额还可以为企业定额的编制起到参考和指导性作用。

（五）稳定性和时效性

建设工程定额是一定时期技术发展和管理水平的反映，因而在一段时间内表现出稳定的状态。保持定额的稳定性是有效贯彻定额的必要保证。

但是建设工程定额的稳定性是相对的，当定额不能适应生产力发展水平、不能客观反映建设生产的社会平均水平时，定额原有的作用就会逐步减弱甚至出现消极作用，需要重新编制或修订。

四、定额制定的基本方法

（一）定额的制定与修订包括制定、全面修订、局部修订、补充

（1）对新型工程以及建筑产业现代化、绿色建筑、建筑节能等工程建设新要求，应及时制定新定额。

（2）对相关技术规程和技术规范已全面更新且不能满足工程计价需要的定额，发布实施已满五年的定额，应全面修订。

（3）对相关技术规程和技术规范发生局部调整且不能满足工程计价需要的定额，部分子目已不适应工程计价需要的定额，应及时局部修订。

（4）对定额发布后工程建设中出现的新技术、新工艺、新材料、新设备等情况，应根据工程建设需求及时编制补充定额。

（二）定额的制定、全面修订和局部修订工作均应按准备、编制初稿、征求意见、审查、批准发布五个步骤进行

1. 准备

建设工程造价管理机构根据定额工作计划，组织具有一定工程实践经验和专业技术水平的人员成立编制组。编制组负责拟定工作大纲，建设工程造价管理机构负责对工作大纲进行审查。工作大纲主要内容应包括：任务依据、编制目的、编制原则、编制依据、主要内容、需要解决的主要问题、编制组人员与分工、进度安排、编制经费来源等。

2. 编制初稿

编制组根据工作大纲开展调查研究工作，深入定额使用单位了解情况、广泛收集数据，对编制中的重大问题或技术问题，应进行测算验证或召开专题会议论证，并形成相应报告，在此基础上经过项目划分和水平测算后编制完成定额初稿。

3. 征求意见

建设工程造价管理机构组织专家对定额初稿进行初审。编制组根据定额初审意见修改完成定额征求意见稿。征求意见稿由各主管部门或其授权的建设工程造价管理机构公开征求意见。征求意见的期限一般为一个月。征求意见稿包括正文和编制说明。

4. 审查

建设工程造价管理机构组织编制组根据征求意见进行修改后形成定额送审文件。送审文件应包括正文、编制说明、征求意见处理汇总表等。

定额送审文件的审查一般采取审查会议的形式。审查会议应由各主管部门组织召开，参加会议的人员应由有经验的专家代表、编制组人员等组成，审查会议应形成会议纪要。

5. 批准发布

建设工程造价管理机构组织编制组根据定额送审文件审查意见进行修改后形成报批文

件，报送各主管部门批准。报批文件包括正文、编制报告、审查会议纪要、审查意见处理汇总表等。

定额制定与修订工作完成后，编制组应将计算底稿等基础资料和成果提交建设工程造价管理机构存档。

任务2　施工定额

一、施工定额概述

（一）施工定额的概念

施工定额是完成一定计量单位的某一施工过程或基本工序所需消耗的人工、材料和施工机具台班数量标准。它是以同一性质的施工过程为标定对象，以工序定额为基础综合而定的一种定额。

（二）施工过程

1. 施工过程的含义

施工过程就是为完成某一项施工任务，在施工现场所进行的生产过程。其最终目的是要建造、改建、修复或拆除工业及民用建筑物和构筑物的全部或一部分。

建筑安装施工过程与其他物质生产过程一样，也包括生产力三要素，即劳动者、劳动对象、劳动工具，也就是说，施工过程是由不同工种、不同技术等级的建筑安装工人使用各种劳动工具（手动工具、小型工具、大中型机械和仪器仪表等），按照一定的施工工序和操作方法，直接或间接地作用于各种劳动对象（各种建筑、装饰材料，半成品，预制品和各种设备、零配件等），使其按照人们预定的目的，生产出建筑、安装以及装饰合格产品的过程。

每个施工过程的结束，获得了一定的产品，这种产品或者是改变了劳动对象的外表形态、内部结构或性质（由于制作和加工的结果），或者是改变了劳动对象在空间的位置（由于运输和安装的结果）。

2. 施工过程分类

根据不同的标准和需要，施工过程有如下分类：

（1）根据施工过程组织上的复杂程度，可以分解为工序、工作过程和综合工作过程。

① 工序。工序是指施工过程中在组织上不可分割，在操作上属于同一类的作业环节。其主要特征是劳动者、劳动对象和使用的劳动工具均不发生变化，如果其中一个因素发生变化，就意味着由一项工序转入了另一项工序。如钢筋制作，它由平直钢筋、钢筋除锈、切断钢筋、弯曲钢筋等工序组成。

从施工的技术操作和组织观点看，工序是工艺方面最简单的施工过程。在编制施工定额时，工序是主要的研究对象。测定定额时只需分解和标定到工序为止。如果进行某项先进技术或新技术的工时研究，就要分解到操作甚至动作为止，从中研究可加以改进操作或节约工时。

工序可以由一个人来完成，也可以由小组或施工队内的几名工人协同完成；可以手动完成，也可以由机械操作完成。在机械化的施工工序中，还可以包括由工人自己完成的各项操作和由机器完成的工作两部分。

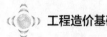

② 工作过程。工作过程是由同一工人或同一小组所完成的在技术操作上相互有机联系的工序的综合体。其特点是劳动者和劳动对象不发生变化，而使用的劳动工具可以变换。例如，砌墙和勾缝，抹灰和粉刷等。

③ 综合工作过程。综合施工过程是同时进行的，在组织上有直接联系的，为完成一个最终产品结合起来的各个施工过程的总和。例如，砌砖墙这一综合工作过程。由调制砂浆、运砂浆、运砖、砌墙等工作过程构成，它们在不同的空间同时进行。在组上有直接联系，并最终形成的共同产品是一定数量的砖墙。

（2）按照施工工序是否重复循环分类，施工过程可以分为循环施工过程和非循环施工过程两类。如果施工过程的工序或其组成部分以同样的内容和顺序不断循环，并且每重复一次可以生产出同样的产品，则称为循环施工过程，反之，则称为非循环的施工过程。

（3）按施工过程的完成方法和手段分类，施工过程可以分为手工操作过程（手动过程）、机械化过程（机动过程）和机手并动过程（半自动化过程）。

（4）按劳动者、劳动工具、劳动对象所处位置和变化分类，施工过程可分为工艺过程、搬运过程和检验过程。

① 工艺过程。工艺过程是指直接改变劳动对象的性质、形状、位置等，使其成为预期的施工产品的过程。例如房屋建筑中的挖基础、砌砖墙、粉刷墙面、安装门窗等。由于工艺过程是施工过程中最基本的内容，因而是工作时间研究和制定定额的重点。

② 搬运过程。搬运过程是指将原材料、半成品、构件、机具设备等从某处移动到另一处，保证施工作业顺利进行的过程，但操作者在作业中随时拿起或存放在工作面上的材料等，是工艺过程的一部分，不应视为搬运过程。如砌筑工将已堆放在砌筑地点的砖块拿起砌在砖墙上，这一操作就属于工艺过程，而不应视为搬运过程。

③ 检验过程。主要包括对原材料、半成品、构配件等的数量、质量进行检验，判定其是否合格、能否使用；对施工活动的成果进行检测，判别其是否符合质量要求；对混凝土试块、关键零部件进行测试以及作业前对准备工作和安全措施的检查等。

3. 施工过程的影响因素

对施工过程的影响因素进行研究，其目的是正确确定单位施工产品所需要的作业时间消耗。施工过程的影响因素包括技术因素、组织因素和自然因素。

（1）技术因素。包括产品的种类和质量要求，所用材料、半成品、构配件的类别、规格和性能，所用工具和机械设备的类别、型号、性能及完好情况等。

（2）组织因素。包括施工组织与施工方法、劳动组织、工人技术水平、操作方法和劳动态度、工资分配方式、劳动竞赛等。

（3）自然因素。包括酷暑、大风、雨、雪、冰冻等。

（三）施工定额的作用

施工定额的作用，主要表现在以下几个方面：

（1）施工定额是编制招标文件和决策投标报价，以及编制施工组织设计、施工进度计划、施工作业计划的依据。

（2）施工定额是向施工队伍班组签发施工任务单和限额领料单的依据。

（3）施工定额是实行按劳分配的有效手段。

（4）施工定额是编制施工项目目标成本计划和项目成本核算的重要依据，也是加强企业成本管理和经济核算，进行工料分析和"核算对比"的基础。

（5）施工定额是企业强化定额管理和编制补充施工消耗定额，实行定额信息化管理的重要基础。

（四）施工定额的编制原则

1. 平均先进水平的原则

施工定额水平反映的劳动生产率水平和物质消耗水平，应当是平均先进水平。所谓平均先进水平，是指在正常的施工生产条件、劳动组织形式下，大多数生产者经过努力能够达到和超过的定额水平。平均先进水平是低于先进水平而略高于平均水平的一个标准，能起到鼓励先进、勉励中间、鞭策后进的作用。

需要注意的是，施工定额制定实施后，还应根据新技术和先进施工经验的出现，适时进行修订。

2. 简明适用的原则

所谓简明适用，是指施工定额项目划分要合理，步距大小要适当，内容具有鲜明性与概括性，文字通俗易懂，计算方法简便，章、节的编排要便于使用。具有多方面的适应性，能在较大的范围内，满足不同的情况、不同用途的需要，便于定额的贯彻执行，易被从业人员掌握运用。

（五）施工定额的表现形式和内容

施工定额的表现形式和内容，是以定额表为主体的方式汇编成册，主要内容包括三部分。

1. 文字说明部分

分为总说明、分册说明和分章（节）说明三部分。

总说明主要内容包括：定额的编制依据、编制原则、适用范围、用途、有关综合性工作内容、工程质量及安全要求、定额消耗指标的计算方法和有关规定。

分册说明主要包括：分册范围内的定额项目和工作内容、施工方法、质量及安全要求、工程量计算规则、有关规定和计算方法的说明。

分章（节）说明是指分章（节）定额的表头文字说明，其内容主要有工作内容、质量要求、施工说明、小组成员等。

2. 分节定额部分

包括定额的文字说明、定额表和附注。

定额表是分节定额的核心部分和主要内容，它包括工程项目名称、定额编号、定额单位和人工、材料、机械台班消耗指标，如表3.2所示。

表 3.2 建筑工程施工定额表

墙基

每 1m³ 砌体的劳动定额与单价						
项目	单位	1 砖墙	1.5 砖墙	2 砖墙	2.5 砖墙	3 砖墙	3.5 砖墙
		1	2	3	4	5	6
小组成员	人	三-1 五-1	三-2 五-1	三-2 四-1 五-1	三-3 四-1 五-1		
时间定额	工日	0.294	0.244	0.222	0.213	0.204	0.918
每日小组产量	m³	6.80	12.3	18.0	23.5	24.5	25.3
计件单价	元						

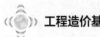

续表

每 1m³ 砌体的材料消耗定额							
砖	块	527	521	518.8	517.3	516.2	515.4
砂浆	m³	0.2522	0.2604	0.2640	0.2663	0.2680	0.2692

注：1. 垫层以下为墙基（无防潮层以室内地坪以下为准），其厚度以防潮层处墙厚为标准。放脚部分已考虑在内，其工程量按平均厚度计算。

2. 墙基深度按地面以下 1.5m 深以内为准；超过 1.5m 但不超过 2.5m 者，其时间定额及单价乘以 1.2；超过 2.5m 者，其时间定额及单价乘以 1.25，但砖、砂浆能直接运入地槽者不另加工。

3. 墙基的墙角、墙垛及砌地沟（暖气沟）等内外出檐不另加工。

4. 本定额以混合砂浆及白灰砂浆为准，使用水泥砂浆者，其时间定额及单价乘以 1.11。

5. 砌墙基弧形部分，其时间定额及单价乘以 1.43。

（1）工作内容：包括砌砖、铺灰、递砖、挂线、吊直、找平、检查皮数杆、清扫落地灰及工作前清扫灰尘等工作。

（2）质量要求：墙基两侧所出宽度必须相等，灰缝必须平整均匀，墙基中线位移不得超过 10mm。

（3）施工说明：使用铺灰扒或铺灰器，实行双手挤浆。

"附注"主要是根据施工内容及施工条件变动规定人工、材料、机械定额用量的调整。一般采用乘系数和增减工料的方法来计算，附注是对定额表的补充。

3. 定额附录部分

定额附录一般列于分册的最后，作为使用定额的参考，其主要内容包括：有关名词解释，图示，先进经验及先进工具的介绍，计算材料用量、确定材料质量等参考性资料如砂浆、混凝土配合比表及使用说明等。

施工定额手册中虽然以定额表部分为核心，但在使用时必须同时了解其他两部分内容，这样才不至于发生错误。

二、工作时间的研究

研究施工中的工作时间最主要的目的是确定施工的时间定额和产量定额，其前提是对工作时间按其消耗性质进行分类，以便研究工时消耗的数量及其特点。

工作时间指的是工作班延续时间。例如 8 小时工作制的工作时间就是 8h，午休时间不包括在内。对工作时间消耗的研究，可以分为两个系统进行，即工人工作时间的消耗和工人所使用的机器工作时间消耗。

（一）工人工作时间消耗的分类

工人在工作班内消耗的工作时间，按其消耗的性质，基本可以分为两大类：必需消耗的时间和损失时间。工人工作时间的一般分类如图 3.5 所示。

1. 必需消耗的时间

是工人在正常施工条件下，为完成一定合格产品（工作任务）所消耗的时间，是制定定额的主要依据，包括有效工作时间、休息时间和不可避免中断时间的消耗。

（1）有效工作时间，是从生产效果来看与产品生产直接有关的时间消耗。其中包括基本工作时间、辅助工作时间、准备与结束工作时间的消耗。

① 基本工作时间，是工人完成能生产一定产品的施工工艺过程所消耗的时间。通过这

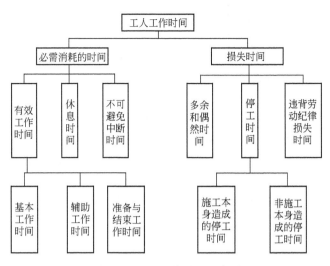

图 3.5   工人工作时间分类图

些工艺过程可以使材料改变外形，如钢筋煨弯等；可以使预制构配件安装组合成型；也可以改变产品外部及表面的性质，如粉刷、油漆等。基本工作时间所包括的内容依工作性质各不相同。基本工作时间的长短和工作量大小成正比例。

② 辅助工作时间，是为保证基本工作能顺利完成所消耗的时间。在辅助工作时间里，不能使产品的形状大小、性质或位置发生变化。辅助工作时间的结束，往往就是基本工作时间的开始。辅助工作一般是手工操作。但如果在机手并动的情况下，辅助工作是在机械运转过程中进行的，为避免重复则不应再计辅助工作时间的消耗。辅助工作时间长短与工作量大小有关。

③ 准备与结束工作时间，是执行任务前或任务完成后所消耗的工作时间。如工作地点、劳动工具和劳动对象的准备工作时间；工作结束后的整理工作时间等。准备和结束工作时间的长短与所担负的工作量大小无关，但往往和工作内容有关。这项时间消耗可以分为班内的准备与结束工作时间和任务的准备与结束工作时间。其中任务的准备和结束时间是在一批任务的开始与结束时产生的，如熟悉图纸、准备相应的工具、事后清理场地等，通常不反映在每一个工作班里。

（2）休息时间，是工人在工作过程中为恢复体力所必需的短暂休息和生理需要的时间消耗。这种时间是为了保证工人精力充沛地进行工作，所以在定额时间中必须进行计算。休息时间的长短与劳动性质、劳动条件、劳动强度和劳动危险性等密切相关。

（3）不可避免的中断所消耗的时间，是由于施工工艺特点引起的工作中断所必需的时间。与施工过程工艺特点有关的工作中断时间，应包括在定额时间内，但应尽量缩短此项时间消耗。

2. 损失时间

是与产品生产无关，而与施工组织和技术上的缺点有关，与工人在施工过程中的个人过失或某些偶然因素有关的时间消耗，损失时间中包括有多余和偶然工作、停工、违背劳动纪律所引起的工时损失。

（1）多余工作，就是工人进行了任务以外而又不能增加产品数量的工作。如重砌质量不合格的墙体。多余工作的工时损失，一般都是由于工程技术人员和工人的差错而引起的，因此，不应计入定额时间中。偶然工作也是工人在任务外进行的工作，但能够获得一定产品。如抹灰工不得不补上偶然遗留的墙洞等。由于偶然工作能获得一定产品，拟定定额时要适当考虑它的影响。

（2）停工时间，就是工作班内停止工作造成的工时损失。停工时间按其性质可分为施工本身造成的停工时间和非施工本身造成的停工时间两种。施工本身造成的停工时间，是由于施工组织不善、材料供应不及时、工作面准备工作做得不好、工作地点组织不良等情况引起的停工时间。非施工本身造成的停工时间，是由于停电等外因引起的停工时间。前种情况在拟定定额时不应该计算，后一种情况定额中则应给予合理的考虑。

（3）违背劳动纪律造成的工作时间损失，是指工人在工作班开始和午休后的迟到、午饭前和工作班结束前的早退、擅自离开工作岗位、工作时间内聊天或办私事等造成的工时损失。由于个别工人违背劳动纪律而影响其他工人无法工作的时间损失，也包括在内。

（二）机器工作时间消耗的分类

在机械化施工过程中，对工作时间消耗的分析和研究，除了要对工人工作时间的消耗进行分类研究之外，还需要分类研究机器工作时间的消耗。

机器工作时间的消耗，按其性质也分为必需消耗的时间和损失时间两大类。如图 3.6 所示。

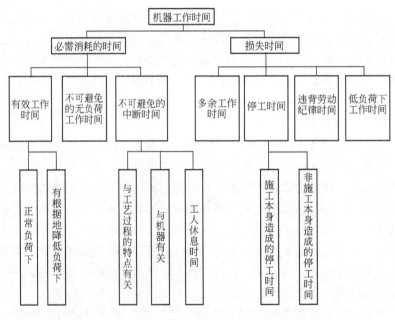

图 3.6　机器工作时间分类图

1. 必须消耗的时间

包括有效工作、不可避免的无负荷工作和不可避免的中断三项时间消耗。而在有效工作的时间消耗中又包括正常负荷下、有根据地降低负荷下的工时消耗。

（1）正常负荷下的工作时间，是机器在与机器说明书规定的额定负荷相符的情况下进行工作的时间。

（2）有根据地降低负荷下的工作时间，是在个别情况下由于技术上的原因，机器在低于其计算负荷下工作的时间，例如，汽车运输重量轻而体积大的货物时，不能充分利用汽车的载重吨位因而不得不降低其计算负荷。

（3）不可避免的无负荷工作时间，是由施工过程的特点和机械结构的特点造成的机械无负荷工作时间。例如，筑路机在工作区末端调头等，就属于此项工作时间的消耗。

（4）不可避免的中断时间是与工艺过程的特点、机器的使用和保养、工人休息有关的中断时间。

① 与工艺过程的特点有关的不可避免的中断时间，有循环的和定期的两种，循环的不可避免中断，是在机器工作的每一个循环中重复一次。如汽车装货和卸货时的停车。定期的不可避免中断，是经过一定时期重复一次。比如把灰浆泵由一个工作地点转移到另一工作地点时的工作中断。

② 与机器有关的不可避免的中断时间，是由于工人进行准备与结束工作或辅助工作时，机器停止工作而引起的中断时间。它是与机器的使用与保养有关的不可避免中断时间。

③ 工人休息时间，前面已经做了说明。这里要注意的是，应尽量利用与工艺过程有关的和与机器有关的不可避免中断时间进行休息，以充分利用工作时间。

2. 损失的时间

包括多余工作、停工、违背劳动纪律所消耗的工作时间和低负荷下的工作时间。

（1）机器的多余工作时间，一是机器进行任务内和工艺过程内未包括的工作而延续的时间。如工人没有及时供料而使机器空运转的时间；二是机械在负荷下所做的多余工作，如搅拌机搅拌灰浆超过规定而多延续的时间，工人没有及时供料而使机械空运转的时间，即属于多余工作时间。

（2）机器的停工时间，按其性质也可分为施工本身造成和非施工本身造成的停工。前者是由于施工组织得不好而引起的停工现象，如由于未及时供给机器燃料而引起的停工。后者是由于气候条件所引起的停工现象，如暴雨时压路机的停工。上述停工中延续的时间，均为机器的停工时间。

（3）违反劳动纪律引起的机器的时间损失，是指由于工人迟到早退或擅离岗位等原因引起的机器停工时间。

（4）低负荷下的工作时间，是由于工人或技术人员的过错所造成的施工机械在降低负荷的情况下工作的时间。例如，工人装车的砂石数量不足、工人装入碎石机轧料口中的石块数量不够引起的汽车和碎石机在降低负荷的情况下工作所延续的时间。此项工作时间不能作为计算时间定额的基础。

（三）测定时间消耗的基本方法

定额测定是制定定额的一个主要步骤。测定定额是用科学的方法观察、记录、整理、分析施工过程，为制定工程定额提供可靠依据。测定定额通常使用计时观察法，计时观察法是测定时间消耗的基本方法。

1. 计时观察法概述

计时观察法，是研究工作时间消耗的一种技术测定方法。它以研究工时消耗为对象，以观察测时为手段，通过密集抽样和粗放抽样等技术进行直接的时间研究。计时观察法用于建筑施工中时以现场观察为主要技术手段，所以也称之为现场观察法。

计时观察法的具体用途：

（1）取得编制施工的劳动定额和机械定额所需要的基础资料和技术根据。

（2）研究先进工作法和先进技术操作对提高劳动生产率的具体影响，并应用和推广先进工作法和先进技术操作。

（3）研究减少工时消耗的潜力。

（4）研究定额执行情况，包括研究大面积、大幅度超额和达不到定额的原因，积累资料、反馈信息。

计时观察法能够把现场工时消耗情况和施工组织技术条件联系起来加以考察，它不仅能为制定定额提供基础数据，而且也能为改善施工组织管理、改善工艺过程和操作方法、消除不合理的工时损失和进一步挖掘生产潜力提供技术根据。计时观察法的局限性是考虑人的因素不够。

2. 计时观察前的准备工作

（1）确定需要进行计时观察的施工过程。计时观察之前的第一个准备工作，是研究并确定有哪些施工过程需要进行计时观察。对于需要进行计时观察的施工过程要编出详细的目录，拟定工作进度计划，制定组织技术措施，并组织编制定额的专业技术队伍，按计划认真开展工作。在选择观察对象时，必须注意所选择的施工过程要完全符合正常施工条件，所谓施工的正常条件，是指绝大多数企业和施工队、组，在合理组织施工的条件下所处的施工条件。与此同时，还需调查影响施工过程的技术因素、组织因素和自然因素。

（2）对施工过程进行预研究。目的是将所要测定的施工过程分别按工序、操作和动作划分为若干组成部分，以便准确地记录时间和分析研究。对于已确定的施工过程的性质应进行充分的研究，目的是正确地安排计时观察和收集可靠的原始资料。研究的方法，是全面地对各个施工过程及其所处的技术组织条件进行实际调查和分析，以便设计正常的（标准的）施工条件和分析研究测时数据。

① 熟悉与该施工过程有关的现行技术规范和技术标准等文件和资料。

② 了解新采用的工作方法的先进程度，了解已经得到推广的先进施工技术和操作，还应了解施工过程存在的技术组织方面的缺点和由于某些原因造成的混乱现象。

③ 注意系统地收集完成定额的统计资料和经验资料，以便与计时观察所得的资料进行对比分析。

④ 把施工过程划分为若干个组成部分（一般划分到工序），施工过程划分的目的是便于计时观察。如果计时观察法的目的是研究先进工作法，或是分析影响劳动生产率提高或降低的因素，则必须将施工过程划分到操作甚至动作。

⑤ 确定定时点和施工过程产品的计量单位。所谓定时点，即是上下两个相衔接的组成部分之间的分界点。确定定时点，对于保证计时观察的精确性是不容忽略的因素。确定产品计量单位，要能具体地反映产品的数量，并具有最大限度的稳定性。

（3）选择观察对象。所谓观察对象，就是对其进行计时观察完成该施工过程的工人。所选择的建筑安装工人，应具有与技术等级相符的工作技能和熟练程度，所承担的工作与其技术等级相符，同时应该能够完成或超额完成现行的施工劳动定额。

（4）选定正常的施工条件。施工的正常条件是指绝大多数施工企业和施工队、班组在合理组织施工的条件下所处的环境，一般包括工人的技术等级、工具及设备的种类和质量、工程机械化程度、材料实际需要量、劳动的组织形式、工资报酬形式、工作地点的组织和准备工作是否及时、安全技术措施的执行情况、气候条件等。

（5）其他准备工作。此外，还必须准备好必要的用具和表格。如测时用的秒表或电子计时器，测量产品数量的工具、器具，记录和整理测时资料用的各种表格等。如果有条件并且也有必要，还可以配备电子摄像和电子记录设备。

3. 计时观察方法的分类

对施工过程进行观察、测时，计算实物和劳务产量、记录施工过程所处的施工条件和确定影响工时消耗的因素，是计时观察法的三项主要内容和要求。计时观察法种类很多，最主要的有三种，见图3.7。

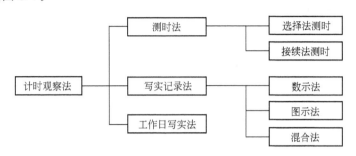

图3.7 计时观察法的种类

（1）测时法 测时法主要适用于测定定时重复的循环工作的工时消耗，是精确度比较高的一种计时观察法，一般可达到0.2～15s，测时法只用来测定施工过程中循环组成部分的工作时间消耗，不研究工人休息、准备与结束及其他非循环的工作时间。

1）测时法的分类。根据具体测时手段的不同，可将测时法分为选择法和接续法两种。

① 选择法测时。它是间隔选择施工过程中非紧密连接的组成部分（工序或操作）测定工时，精确度达0.5s。

例如，要砌100块砖，选择法只测量其中某个砌砖动作的取砖开始到摆砖结束所用的时间，精度在0.5s。

选择法测时也称为间隔法测时。采用选择法测时，当被观察的某一循环工作的组成部分开始，观察者立即开动秒表，当该组成部分终止，则立即停止秒表。然后把秒表上指示的延续时间记录到选择法测时记录（循环整理）表上，并把秒针拨回到零点。下一组成部分开始，再开动秒表，如此依次观察，并依次记录下延续时间。

采用选择法测时，应特别注意掌握定时点。记录时间时仍在进行的工作组成部分，应不予观察。当所测定的各工序或操作的延续时间较短时，连续测定比较困难，用选择法测时比较方便且简单。

选择法测时简单而方便，适用于各工序或动作的延续时间较短的情况。

选择法测时记录实例见表3.3。在测定中，如有某些工序遇到特殊技术上或组织上问题而导致工时消耗的骤增时，在记录表上应加以注明（如表3.3中①、②），供整理时参考。

② 接续法测时。它是连续测定一个施工过程各工序或操作的延续时间。接续法测时每次要记录各工序或操作的终止时间，并计算出本工序的延续时间。

$$\text{本工序延续时间} = \text{本工序的终止时间} - \text{紧前工序的终止时间} \qquad (3\text{-}1)$$

接续法测时也称为连续法测时。它比选择法测时更准确、完善，但观察技术也较之复杂。它的特点是在工作进行中和非循环组成部分出现之前一直不停止秒表，秒针走动过程中，观察者根据各组成部分之间的定时点，记录它的终止时间，再用定时点终止时间之间的差表示各组成部分的延续时间。

接续法测时记录实例见表3.4。

表 3.3 选择法测时记录表示例

测定对象：单斗正铲挖土机（斗容量 1m³）观察精度：每一循环时间 1s	选择测时法	建筑企业名称		工地名称	观察日期	开始时间	终止时间	延续时间	观察号次
	施工过程中名称：正铲挖土机，自卸汽车配合运输，挖土机斗臂回转角度在 120°～180°之间								

序号	工序名称	每一循环内各组成部分的工时消耗/s										时间整理					附注
		1	2	3	4	5	6	7	8	9	10	延续时间总计/s	有效循环次数/次	算术平均值/s	最大值 x_{max}/s	最小值 x_{min}/s	①由于汽车未组织好，使挖土机等候，不立刻卸土；②因土与斗壁粘住，振动斗使土卸落
1	土斗挖土并提升斗臂	17	15	18	19	19	22	16	18	18	16	178	10	17.8	22	15	
2	回转斗臂	12	14	13	25①	10	11	12	11	12	13	108	9	12.0	14	10	
3	土斗卸土	5	7	6	5	6	12②	8	6	5	6	53	9	5.9	8	5	
4	返转斗臂并落下土斗	10	12	11	10	12	10	9	13	10	14	110	10	11.0	14	9	
5	一个循环总计	44	48	48	59	47	55	42	49	49	48	—		46.7			

表 3.4 接续法测时记录表示例

测定对象：混凝土搅拌机拌和混凝土观察精度：1s	接续测时法	建筑企业名称	工地名称	观察日期	开始时间	终止时间	延续时间	观察号次
					8:00:00			
	施工过程中名称：混凝土搅拌机(J5B-500 型)拌和混凝土							

序号	工序名称	时间	每一循环内各组成部分的工时消耗																		时间整理			附注
			1		2		3		4		5		6		7		8		9		10		延续时间总计/s	有效循环次数/次	算术平均值/s	最大值 x_{max}/s	最小值 x_{min}/s
			分	秒	分	秒	分	秒	分	秒	分	秒	分	秒	分	秒	分	秒	分	秒	分	秒					
1	装料入鼓	终止时间	0	15	2	16	4	20	6	30	8	33	10	39	12	44	14	56	17	4	19	5	148	10	14.8	19	12
		延续时间		15		13		13		17		14		15		16		19		12		14					
2	搅拌	终止时间	1	45	3	48	5	55	7	57	10	4	12	9	14	20	16	28	18	33	20	38	915	10	91.5	96	87
		延续时间		90		92		95		87		91		90		96		92		89		93					
3	出料	终止时间	2	3	4	7	6	13	8	19	10	24	12	28	14	37	16	52	18	51	20	54	191	10	19.1	24	16
		延续时间		18		19		18		22		20		17		24		18		16						
4	一个循环总计																								125.4		

2) 测时法观察数据的处理

① 测时法的观察次数。由于测时法是属于抽样调查的方法，因此为了保证选取样本的数据可靠，需要对于同一施工过程进行重复测时。一般来说，观测的次数越多，资料的准确性越高，但要花费较多的时间和人力，这样既不经济，也不现实。确定观测次数较为科学的方法，应该是依据误差理论和经验数据相结合的方法来判断。表 3.5 给出了测时法观察次数

的确定方法。很显然，需要的观察次数与要求的算术平均值精确度及数列的稳定系数有关。

表 3.5　测时法所需的观察次数

稳定系数 $K_{\mathrm{P}}=\dfrac{t_{\max}}{t_{\min}}$	要求的算术平均值精确度 $E=\pm\dfrac{1}{\overline{X}}\sqrt{\dfrac{\sum\Delta^2}{n(n-1)}}$				
	5％以内	7％以内	10％以内	15％以内	25％以内
1.5	9	6	5	5	5
2	16	11	7	5	5
2.5	23	15	10	6	5
3	30	18	12	8	6
4	39	25	15	10	7
5	47	31	19	11	8

注：表中 $t_{\max}$ 为最大观测值；$t_{\min}$ 为最小观测值；$\overline{x}$ 为算术平均值；n 为观测次数；Δ 为每次观察值与算术平均值之差。

【**例 3.1**】　在表 3.3 示例中，"返转斗臂并落下土斗"的测时数列为：10s，12s，11s，10s，12s，10s，9s，12s，10s，14s。检查观察次数是否满足要求。

解　先计算算术平均值：

$$\overline{x}=\frac{10+12+11+10+12+10+9+12+10+14}{10}=11(\mathrm{s})$$

测时数列的 Δ 值为：-1，$+1$，0，-1，$+1$，-1，-2，$+1$，-1，$+3$。算术平均值精确度 E 为：

$$E=\pm\frac{1}{\overline{x}}\sqrt{\frac{\sum\Delta^2}{n(n-1)}}=\pm\frac{1}{11}\times\sqrt{\frac{(-1)^2+1^2+(-1)^2+1^2+(-1)^2+(-2)^2+1^2+(-1)^2+3^2}{10\times(10-1)}}$$

$$=\pm\frac{1}{11}\times\sqrt{\frac{20}{90}}=\pm4.3\%$$

$$K_{\mathrm{p}}=\frac{t_{\max}}{t_{\min}}=\frac{14}{9}\approx1.5$$

根据计算出的 E 值及 K_{p} 值，与表 3.5 核对，当 $K_{\mathrm{p}}=1.5$ 时，要求精确度 E 为 5％以内，查表可知观察 9 次。本例观察 10 次，满足要求。

② 整理测时法观察数据的基本方法

整理观察资料的方法基本上是两种，一种是平均修正法，一种是图示整理法。平均修正法是一种在对测时数列进行修正的基础上求出平均值的方法。修正测时数列，就是剔除或修正那些偏高、偏低的可疑数值，目的是保证不受偶然性因素的影响。确定偏高和偏低的时间数值方法是，计算出最大极限数值和最小极限值，以确定可疑数值。超过极限值的时间数值就是可疑值。

删除误差极大的数值，应根据误差理论推导出以下结论确定：

$$\lim_{\max}=\overline{x}+K(t_{\max}-t_{\min})$$
$$\lim_{\min}=\overline{x}-k(t_{\max}-t_{\min})$$

式中 $\lim_{max}$——根据误差理论得出的最大极限值；

$\lim_{min}$——根据误差理论得出的最小极限值；

t_{max}——测时数列中的最大值；

t_{min}——测时数列中的最小值；

$\bar{x}$——算术平均值；

K——根据误差理论得出的调整系数，见表 3.6。

表 3.6 调整系数表

观察次数	5	6	7～8	9～10	11～15	16～30	31～53	54 以上
调整系数 k	1.3	1.2	1.1	1.0	0.9	0.8	0.7	0.6

【例 3.2】 在表 3.3 示例中，"土斗挖土并提升斗臂"的测时数列为：17、15、18、19、19、22、16、18、18、16。确定应剔除的可疑值，并计算修正算术平均值。

解 寻找数列中可疑值：初步判断出是 22。

计算数列平均值：

$$\bar{x}=\frac{17+15+18+19+19+16+18+18+16}{9}=17.3$$

计算极限值：

$$\lim_{max}=\bar{x}+k(t_{max}-t_{min})=17.3+1.0\times(19-15)=21.3$$
$$\lim_{min}=\bar{x}-k(t_{max}-t_{min})=17.3-1.0\times(19-15)=13.3$$

"22"超出最大极限值 21.3，确定应予以剔除。修正的算术平均值为 17.3。

测时法实例 现以 12m 长的人工挖孔灌注桩（桩径 150cm）施工为例，分析一下利用测时法测定施工定额的步骤。

人工挖孔灌注桩施工主要工序：开挖→清孔→浇注混凝土护壁（下钢筋）→浇注混凝土桩芯→浇注混凝土承台。

下面测定的是浇注混凝土护壁（下钢筋）这一工序所消耗工日。

（1）第一次测时

① 工作时间（含必要及辅助工作时间）：上午 8 点 0 分开始，9 点 30 分结束，作业时间 90min。

② 工作量：浇筑混凝土护壁（下钢筋），共计 5+0.9×2=6.8（m³）。

③ 参加人数：8 人（手推车 3 人，搅拌机 2 人，2 人振捣，2 人倒混凝土）。

④ 根据以上所测内容进行计算：

每人每分钟的产量：6.8/(90×8)=0.009（m³）

每人每工的产量：0.009×390=3.51（m³）（假设人为放宽工时 90min，故实际作业时间为 8×60-90=390min）。

依据时间定额与产量定额互为倒数关系，可算出单位产品时间定额，即 1/3.51=0.284（工日）。说明每浇注 1m³ 混凝土需要 0.284 个工日。

（2）第二次观测

① 工作时间（含必要及辅助工作时间）：上午 10 点 30 分开始，11 点 30 分结束。因缺料，需到料场拉，故第一阶段作业时间 60min；第二阶段从上午 12 点 20 分开始，12 点 40 分结束，作业时间 20min。

② 工作量：第一阶段浇筑混凝土护壁（下钢筋）为 $5.0+0.9=5.9$（m^3）混凝土；第二阶段浇筑另一混凝土护壁（下钢筋）$0.9m^3$。

③ 参加人数：第一阶段10人（手推车3人，搅拌机2人，2人倒料，2人卸料，1人振捣）；第二阶段6人，（手推车2人，搅拌机1人，2人倒料，1人振捣）。

④ 根据以上所测内容进行计算：第一阶段每人每分钟的产量：$5.9/(60\times10)=0.0098$（m^3）；每人每工的产量：$0.0098\times390=3.822$（m^3）；

第二阶段每人每分钟的产量：$0.9/(20\times6)=0.0075$（m^3）；每人每工的产量：$0.0075\times390=2.925$（m^3）。

取两个阶段的算术平均值：$(3.822+2.925)/2=3.374$（m^3）。

根据时间定额与产量定额互为倒数关系，计算单位产品时间定额，即：$1/3.374=0.296$（工日）。说明每浇注1立方混凝土需要0.296个工日。

通过这两次观测可以看出，第一次测定的单位产品时间定额为0.284工日，第二次的单位产品时间定额为0.296工日。那么，一个定额水平究竟要观测多少次才能保证资料的精确程度？也就是说，如何确定观测次数？一般说来，观测次数越多，结果的误差越小，但若无数次的观测既耗费精力又浪费时间；而观测次数太少，结果不精确，不能反映出实际情况。实践证明，测定次数与单项测时数列的稳定系数有很大关系，所谓稳定系数是指对同一单项工程测定数列中最大值和最小值之比（即 $K_{稳定}=A_{max}/A_{min}$；式中，A_{max} 为所测数列中最大值；A_{min} 为所测数列中最小值）。稳定系数越接近1说明测定越准确。此单项工程观测了6次，测得每次每工的产值分别为2.95、3.03、3.18、3.21、3.36、3.52。根据此组数列，计算稳定系数值，$K_{稳定}=3.52/2.95=1.19$，查表3.6得测定系数6次的稳定系数值为1.5，实测的稳定系数值小于查表3.6所得的稳定系数值，这说明所测得的这组数列较稳定、可靠，可以利用算术平均值确定此组数列，即：$(2.95+3.03+3.18+3.21+3.36+3.52)/6=3.21$（$m^3$），每立方混凝土用工：$1/3.21=0.312$（工日）。

以上的记录和计算过程就是测时法。

（2）写实记录法 写实记录法是一种研究各种性质的工作时间消耗的方法，包括基本工作时间、辅助工作时间、不可避免中断时间、准备与结束时间以及各种损失时间。采用这种方法，可以获得分析工作时间消耗和制定定额所必需的全部资料。这种测定方法比较简便、易于掌握，并能保证必需的精确度。因此写实记录法在实际工程中得到了广泛应用。

二维码7

扫码视频学习

写实记录法的观察对象，可以是一个工人，也可以是一个工人小组。当观察由一个人单独操作或产品数量可单独计算时，采用个人写实记录。如果观察工人小组的集体操作，而产品数量又无法单独计算时，可采用集体写实记录。

1）写实记录法的种类。写实记录法按记录时间的方法不同分为数示法、图示法和混合法三种，计时一般采用有秒针的普通计时表即可。

① 数示法写实记录。数示法的特征是用数字记录工时消耗，是三种写实记录法中精确度较高的一种，精确度达5s，可以同时对两个工人进行观察，适用于组成部分较少而且比较稳定的施工过程。数示法用来对整个工作班或半个工作班进行长时间观察，因此能反映工人或机具工作日全部情况。

该方法精度较高，技术上也相对复杂。数示法示例见表3.7。

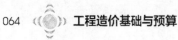

表 3.7　数示法写实记录表示例

工地名称		开始时间		延续时间		调查号次	
施工单位名称		终止时间		记录时间		页次	

施工过程:双轮车运土方(运距 200m)　　观察对象:工人甲　　　　　　观察对象:工人乙

序号	施工过程组成名称	消耗时间量	组成部分序号	起止时间 h-min	s	延续时间	完成产品 计量单位	数量	组成部分序号	起止时间 h-min	s	延续时间	完成产品 计量单位	数量	附注
1	2	3	4	5		6	7	8	9	10		11	12	13	14
1	装土	29'35"	开始	8-33-0					开始	9-13-10					
			1	8-35	50	2'50"	m³	0.288	1	9-16	50	3'40"	m³	0.288	
2	运输	21'26"	2	8-39	0	3'10"	次	1	2	9-19	10	2'20"	次	1	
3	卸土	8'59"	3	8-40	20	1'20"	m³	0.288	3	9-20	10	1'00"	m³	0.288	
4	空返	18'5"	4	8-43	0	2'40"	次	1	4	9-22	30	2'20"	次	1	
5	等候装土	2'5"	1	8-46	30	3'30"			1	9-26	30	4'00"			
6	喝水	1'30"	1	8-49	0	2'30"			2	9-29	0	2'30"			
			3	8-50	0	1'00"			3	9-30	0	1'00"			
			4	8-52	30	2'30"			4	9-32	50	2'50"			甲、乙两人共运土 8 车,每车容积 0.288m³,共运 0.288×8=2.3(m³)松土
			1	8-56	40	4'10"			5	9-34	55	2'05"	次	1	
			2	8-59	10	2'30"			1	9-38	20	3'55"			
			3	9-00	20	1'10"			2	9-41	56	3'06"			
			4	9-3	10	2'50"			3	9-43	20	1'24"			
			1	9-6	50	3'40"			4	9-45	50	2'30"			
			2	9-9	40	2'50"			1	9-49	40	3'50"			
			3	9-10	45	1'05"			2	9-52	10	2'30"			
			4	9-13	10	2'25"			3	9-53	10	1'00"			
						40'10"			6	9-54	40	1'30"	次	1	
		81'40"										41'30"			

　　② 图示法写实记录。图示法是在规定格式的图表上用时间进度线条表示工时消耗量的一种记录方式,精确度可达 30s,可同时对 3 个以内的工人进行观察。这种方法的主要优点是记录简单,时间一目了然,原始记录整理方便。

　　此种方法记录时间与数示法比较有许多优点,因此,在实际工作中,图示法较数示法的使用更为普遍。图示法示例见表 3.8。

表 3.8　图示法写实记录表示例（观测砌筑 1 砖厚墙）

工地名称	501 工地	开始时间	8:00	延续时间	1h	调查号次	
施工单位		终止时间	9:00	记录日期	2018.6.28	页次	
施工过程	砌1砖厚单面清水墙	观察对象	张××(四级工)、李××(四级工)、王××(三级工)				

号次	各组成部分名称	时间/min							时间合计/min	产品数量	附注
1	准备								17		
2	拉线								10		
3	铺灰砌砖								109	0.76m³	
4	浇水								13		
5	摆放钢筋								5		
6	帮普工搬砖								21		
7	等灰浆								5		
合计									180		

该施工过程由 7 个组成部分，每个工序横向分上、下两格，如果同时观测 2 个工人，则每个工人的工时分别绘制在上格或下格内，以示区别；当同时测定 3 个工人时，则在上格与下格的中心线上加绘 1 个工人的工时消耗（如表 3.8 中虚线所示）。

③ 混合法写实记录。混合法吸取数示和图示两种方法的优点，以图示法中的时间进度线条表示工序的延续时间，在进度线的上部加写数字表示各时间区段的工人数。混合法适用于 3 个以上工人工作时间的集体写实记录。

混合法吸取了上述两种方法的优点。表 3.9 为混合法写实记录表示例。

表 3.9　混合法写实记录表示例

工程名称	104 工地	开始时间	9:00	延续时间	1h	调查号次	
施工单位		终止时间	10:00	记录日期	2018.8.24	页次	1
施工过程	浇筑混凝土(机拌人捣)	观察对象	四级工：3人；三级工：3人				

号次	各组成部分名称	时间/min							时间合计/min	产品数量	附注
1	撒锹								78	1.85m³	
2	捣固								148	1.85m³	
3	转移								103	3次	
4	等混凝土								21		
5	其他工作								10		
合计									360		

表 3.9 为观测一个 6 人小组浇筑混凝土柱的过程，记录了每分钟工人在各工序工作及转移的情况。各时间区段竖向工人数之和必然是 6 人，最后统计出合计时间和产品数量。

2) 写实记录法的延续时间。与确定测时法的观察次数相同，为保证写实记录法的数据可靠性，需要确定写实记录法的延续时间。延续时间的确定，是指在采用写实记录法中任何一种方法进行测定时，对每个被测施工过程或同时测定两个以上施工过程所需的总延续时间的确定。

延续时间的确定，应立足于既不能消耗过多的观察时间，又能得到比较可靠和准确的结果。影响写实记录法延续时间的主要因素有：所测施工过程的广泛性和经济价值；已经达到的功效水平的稳定程度；同时测定不同类型施工过程的数目；被测定的工人人数以及测定完成产品的可能次数等。写实记录法所需的延续时间如表3.10所示，必须同时满足表中三项要求，如其中任一项达不到最低要求，应酌情增加延续时间。

表3.10　写实记录法确定延续时间表

序号	项目	同时测定施工过程的类型数	测定对象		
			单人的	集体的	
				2~3人	4人以上
1	被测定的个人或小组的最低值	任一数	3人	3个小组	2个小组
2	测定总延续时间的最小值/h	1	16	12	8
		2	23	18	12
		3	28	24	21
3	测定完成产品的最低次数	1	4	4	4
		2	6	6	6
		3	7	7	7

（3）工作日写实法　工作日写实法是一种研究整个工作班内的各种工时消耗的方法。运用工作日写实法主要有两个目的，一是取得编制定额的基础资料；二是检查定额的执行情况，找出缺点，改进工作。当用于第一个目的时，工作日写实的结果要获得观察对象在工作班内工时消耗的全部情况，以及产品数量和影响工时消耗的影响因素。其中工时消耗应该按工时消耗的性质分类记录。在这种情况下，通常需要测定3~4次。当用于第二个目的时，通过工作日写实应该做到：查明工时损失量和引起工时损失的原因，制订消除工时损失、改善劳动组织和工作地点组织的措施，查明熟练工人是否能发挥自己的专长，确定合理的小组编制和合理的小组分工，确定机器在时间利用和生产率方面的情况，找出使用不当的原因，制订改善机器使用情况的技术组织措施，计算工人或机器完成定额的实际百分比和可能百分比。在这种情况下，通常需要测定1~3次。工作日写实法与测时法、写实记录法相比较，具有技术简便、费力不多、应用面广和资料全面的优点，在我国是一种采用较广的编制定额的方法。工作日写实法的缺点：由于有观察人员在场，即使在观察前做了充分准备，仍不免在工时利用上有一定的虚假性；工作日写实法的观察工作量较大，费时较多，费用亦高。

表3.11~表3.13为工作日写实法示例。观察了第一瓦工小组砌筑2砖厚砖墙、8h工作日的工时消耗。此示例总共砌筑6660块砖。其中，必须消耗的定额工时为1363min，总共消耗的工时为1920min（4人×8h/人×60min/h）。

表 3.11　工作日写实法示例

施工单位名称		工地名称		延续时间		调查号数		页次	
观察日期		观察对象		第一瓦工小组：4 级瓦工 2 人；6 级瓦工 2 人					
施工过程名称			砌筑 2 砖厚混水砖墙						

序号	工时消耗分类		时间耗用/min	百分比/%	施工过程中存在的问题和建议
1	适合于技术水平的有效工作		1120	58.3	
2	不适合于技术水平的有效工作		67	3.5	
	有效工作时间小计		1187	61.8	
3	休息		176	9.2	
Ⅰ	定额时间合计(A)		1363	71.0	
4	砌筑不正确而返工		49	2.6	
	脚手板铺设不当而返工		54	2.8	1. 架子工搭设脚手板未保证质量及未按计划进度完成，以致影响瓦工的工作；
	多余和偶然工作时间小计		103	5.4	2. 灰浆搅拌时有故障发生，使灰浆不能及时供应；
5	灰浆供应中断而停工		112	5.9	3. 工长和工地技术人员对于工人工作指导不及时，
	脚手板准备不及时而停工		64	3.3	并缺乏经常的检查、督促，致使砌砖返工；
	工长耽误指示而停工		100	5.2	4. 由于工人宿舍距施工地点远，并缺乏纪律教育，工人经常迟到
	由于施工本身而停工时间小计		276	14.4	
6	因雨而停工		96	5.0	
	因停电而停工		12	0.6	
	非施工本身而停工时间小计		108	5.6	
7	上午迟到		34	1.7	
	午后迟到		36	1.9	
	违反劳动纪律时间小计		70	3.6	
Ⅱ	非定额时间合计(B)		557	29	
Ⅲ	总共消耗的时间(C)		1920	100	

表 3.12　完成定额情况计算表

序号	定额编号	定额项目名称	计量单位	完成工作量	定额工时消耗		备注
					定额	总计	
1		砌筑 2 砖厚混水砖墙	千块	6.66	4.3	28.64	设现行定额为 4.3 工时/千块
2		总计				28.64	

完成定额情况	实际：$\dfrac{60 \times 28.64}{C} \times 100\% = \dfrac{60 \times 28.64}{1920} \times 100\% = 89.5\%$
	可能：$\dfrac{60 \times 28.64}{A} \times 100\% = \dfrac{60 \times 28.64}{1363} \times 100\% = 126\%$

建议	1. 加强技术人员对瓦工工作的指导、检查、督促； 2. 工人在开始工作前，先检查脚手板，工地领导和安全技术人员加强工地的技术安全监督和教育； 3. 立即修理好灰浆搅拌机，使其正常工作； 4. 加强职工纪律教育并采取措施，消除上班迟到现象
结论	经测定，该施工过程整个工作日中的时间损失占 29%。主要原因是领导和技术人员指导不力。加强对工人小组切实有效的指导，改善管理后的劳动生产率可以提高 35% 以上

表 3.13 工作日写实结果汇总表

施工单位名称						测定时间				自__年__月__日			
施工过程名称	砌筑 2 砖厚混水砖墙									至__年__月__日			

序号	工时消耗分类	小组编号及人数（总数 35 人）												加权平均值 X	备注
		第1组	第2组	第3组	第4组	第5组	第6组	第7组	第8组	第9组	第10组	第11组	第12组		
		4人	2人	2人	3人	4人	3人	2人	2人	4人	2人	4人	3人		
I	定额时间														
1	适合于技术水平的有效工作	58.3	67.3	67.7	50.3	56.9	50.6	77.1	62.8	75.9	53.1	51.9	69.1	61.1	
2	不适合于技术水平的有效工作	3.5	17.3	7.6	31.7	0	21.8	0	6.5	12.8	3.6	26.4	10.2	12.3	
	有效工作时间小计	61.8	84.6	75.3	82.0	56.9	72.4	77.1	69.3	88.7	56.7	78.3	79.3	73.4	
3	休息	9.2	9.0	8.7	10.9	10.8	11.4	8.6	17.8	11.3	13.4	15.1	10.1	11.4	
	定额时间合计	71.0	93.6	84.0	92.9	67.7	83.8	85.7	87.1	100	70.1	93.4	89.4	84.8	
II	非定额时间														
4	多余和偶然工作时间小计	5.4	5.2	6.7	0	0	3.3	6.9	0	0	0	0	3.2	2.2	
5	由于施工本身而停工时间小计	14.4	0	6.3	2.6	26.0	3.8	4.4	11.3	0	29.9	6.6	5.1	9.4	
6	非施工本身而停工时间小计	5.6	0	1.3	3.6	6.3	9.1	3.0	0	0	0	0	1.7	2.8	
7	违反劳动纪律时间小计	3.6	1.2	1.7	0.9	0	0	0	1.6	0	0	0	0.6	0.8	
	非定额时间合计	29.0	6.4	16.0	7.1	32.3	16.2	14.3	12.9	0	29.9	6.6	10.6	15.2	
III	总共消耗时间	100	100	100	100	100	100	100	100	100	100	100	100	100	
完成定额	实际	89.5	115	107	113	95	98	102	110	116	97	114	101	104.5	
	可能	126	123	128	122	140	117	199	126	116	138	122	120	—	

三、人工消耗定额

（一）人工消耗定额的概念和表达形式

1. 人工消耗定额的概念

人工消耗定额（也称劳动消耗定额）是指在正常技术组织条件和合理劳动组织条件下，生产单位合格产品所需消耗的工作时间，或在一定时间内生产的合格产品数量。在各种定额中，人工消耗定额都是很重要的组成部分。

2. 人工消耗定额的表达形式

时间定额和产量定额是人工定额的两种表现形式。拟定出时间定额，也就可以计算出产量定额。

（1）时间定额

时间定额是完成单位合格产品所必需消耗的工时，它以正常的施工技术和合理的劳动组织为条件，以一定技术等级的工人小组或个人完成质量合格的产品为前提。

定额时间包括准备与结束工作时间、基本工作时间、辅助工作时间、不可避免的中断时间及必需的休息时间等。

时间定额以一个工人8h工作日的工作时间为1个"工日"单位。例如，《全国建筑安装工程统一劳动定额》规定：人工挖土方程，工作内容包括挖土、装土、修理底边等全部操作过程，挖1m³较松散的二类土壤的时间定额是0.192工日。

时间定额的计算用公式表示如下：

$$单位产品时间定额（工日）=\frac{1}{每工日产量} \tag{3-2}$$

如果以小组来计算，则为：

$$单位产品时间定额（工日）=\frac{小组成员工日数总和}{小组台班产量} \tag{3-3}$$

（2）产量定额

产量定额就是在一定的生产技术和生产组织条件下，劳动者在单位时间（工日）内生产合格产品的数量或完成工作任务量的数量标准。

产量定额根据时间定额计算，用公式表示如下：

$$每工日产量=\frac{1}{单位产品时间定额（工日）} \tag{3-4}$$

如果以小组来计算，则为：

$$小组台班产量=\frac{小组成员工日数总和}{单位产品时间定额（工日）} \tag{3-5}$$

产量定额的单位取产品的计算单位，如m、m²、m³、t、块、件等。从以上公式可以看出，时间定额与产量定额二者互为倒数。即

$$时间定额=\frac{1}{产量定额} \tag{3-6}$$

$$时间定额×产量定额=1 \tag{3-7}$$

产量定额和时间定额可以相互换算。

（3）劳动定额示例

现行的全国《建设工程劳动定额》包括LD/T72.1～LD/T72.11—2008建筑工程劳动定额、LD/T99.1-LD/T99.8—2008市政工程劳动定额、LD/T73.1～LD/T73.4—2008装饰工程劳动定额、LD/T74.1～LD/T74.4—2008安装工程劳动定额、LD/T75.1～LD/T75.3—2008园林绿化工程劳动定额，它改变了传统劳动定额的形式和结构编排，变传统的复式表现形式为单式表现形式，即采用时间定额（工日/××）表示。表3.14为摘录《建设工程劳动定额》中的LD/T72.4—2008建设工程劳动定额 建筑工程—砌筑工程中的砖墙劳动定额。

表3.14 砖墙项目示例

5.1.2 砖墙

5.1.2.1 工作内容

包括砌墙面艺术形式、墙垛、平旋及安装平旋模板，梁板头砌砖，梁板下塞砖，楼楞间砌砖，留楼梯踏步斜槽，留孔洞，砌各种凹进外、山墙泛水槽，安放木砖、铁件，安放60kg以内的预制混凝土门窗过梁、隔板、垫块以及调整立好后的门窗框等。

5.1.2.1 砖墙时间定额 详见表6

表 6

单位：m³

定额编号	AD0008	AD0009	AD0010	AD0011	序号
项目	双面清水墙				序号
项目	1/2 砖	1 砖	3/2 砖	≥2 砖	
综合	1.394	1.270	1.200	1.120	一
砌砖	0.910	0.726	0.653	0.568	二
运输	0.389	0.440	0.440	0.440	三
调制砂浆	0.095	0.101	0.106	0.107	四

定额编号	AD0012	AD0013	AD0014	AD0015	AD0016	序号
项目	单面清水墙					序号
项目	1/2 砖	3/4 砖	1 砖	3/2 砖	≥2 砖	
综合	1.520	1.480	1.230	1.140	1.070	一
砌砖	1.000	0.956	0.684	0.593	0.520	二
运输	0.434	0.437	0.440	0.440	0.440	三
调制砂浆	0.085	0.089	0.101	0.106	0.107	四

定额编号	AD0017	AD0018	AD0019	序号
项目	空花墙		飘砖墙	序号
项目	平砌	立、斜、侧砌	1/2 砖	
综合	1.57	1.420	1.590	一
砌砖	1.05	1.070	1.180	二
运输	0.435	0.285	0.310	三
调制砂浆	0.087	0.067	0.100	四

注：1. 花式墙计算工程量时，空心部分不扣除。

2. 围墙、栏板等砖砌空花部分按空花墙相应定额执行。

（4）时间定额和产量定额的用途

时间定额和产量定额虽同是劳动定额的不同表现形式，但其用途却不相同。前者以单位产品的工日数表示，便于计算完成某一分部（项）工程所需的总工日数，便于核算工资，便于编制施工进度计划和计算分项工期。后者以单位时间内完成的产品数量表示，便于小组分配施工任务，考核工人的劳动效率和签发施工任务单。

（二）人工消耗定额的制定方法

1. 技术测定法

这是指应用本单元前面所述的几种计时观察法获得工时消耗数据，进而制定劳动消耗定额。

在全面分析了各种影响因素的基础上，通过计时观察资料，可以获得定额的各种必须消耗时间。将这些时间进行归纳，有的是经过换算，有的是根据不同的工时规范附加，最后把各种定额时间加以综合和类比，就是整个工作过程的人工消耗的时间定额。

（1）确定工序作业时间

根据计时观察资料的分析和选择，可以获得各种产品的基本工作时间和辅助工作时间，将这两种时间合并，可以称之为工序作业时间。它是各种因素的集中反映，决定着整个产品的定额时间。

1）拟定基本工作时间

基本工作时间在必需消耗的工作时间中占的比重最大。在确定基本工作时间时，必须细致、精确。基本工作时间消耗一般应根据计时观察资料来确定。其做法是，首先确定工作过程中每一组成部分的工时消耗，然后再综合出工作过程的工时消耗。如果组成部分的产品计量单位和工作过程的产品计量单位不符，就需先求出不同计量单位的换算系数，进行产品计量单位的换算，然后再相加，求得工作过程的工时消耗。

① 各组成部分单位与最终产品单位一致时的基本工作时间计算。此时，单位产品基本工作时间就是施工过程各个组成部分作业时间的总和，计算公式为：

$$T_1 = \sum_{i=1}^{n} t_i \tag{3-8}$$

式中　T_1——单位产品基本工作时间；

　　　t_i——各组成部分的基本工作时间；

　　　n——各组成部分的个数。

② 各组成部分单位与最终产品单位不一致时的基本工作时间计算。此时，各组成部分基本工作时间应分别乘以相应的换算系数。计算公式为：

$$T_1 = \sum k_i \times t_i \tag{3-9}$$

式中　k_i——对应 t_i 的换算系数。

【例3.3】　砌砖墙勾缝的计量单位是 m^2，但若将勾缝作为砌砖墙施工过程的一个组成部分对待，即将勾缝时间按砌墙厚度和砌墙体积计算，设每平方米墙面所需的勾缝时间为 10min，试求各种不同墙厚每立方米砌体所需的勾缝时间。

解　（1）一砖厚的砖墙，其每立方米砌体墙面面积的换算系数为 $\dfrac{1}{0.24} = 4.17$（m^2/m^3）

则每立方米砌体所需的勾缝时间是：$4.17 \times 10 = 41.7$（min/m^3）

（2）标准砖规格为 240mm×115mm×53mm，灰缝宽 10mm，

故一砖半墙的厚度 $= 0.24 + 0.115 + 0.01 = 0.365$（m）

一砖半厚的砖墙，其每立方米砌体墙面面积的换算系数为 $\dfrac{1}{0.365} = 2.74 m^2/m^3$

则每立方米砌体所需的勾缝时间是：$2.74 \times 10 = 27.4$（min/m^3）

2）拟定辅助工作时间

辅助工作时间的确定方法与基本工作时间相同。如果在计时观察时不能取得足够的资料，也可采用工时规范或经验数据来确定。如果有现行的工时规范，可以直接利用工时规范中规定的辅助工作时间的百分比来计算。举例见表3.15。

表 3.15　木作工程各类辅助工作时间的百分比参考表

工作项目	占工序时间/%	工作项目	占工序时间/%
磨刨刀	12.3	磨线刨	8.3
磨槽刨	5.9	锉锯	8.2
磨凿子	3.4	—	—

（2）确定规范时间

规范时间内容包括工序作业时间以外的准备与结束时间、不可避免中断时间以及休息时间。

1）确定准备与结束时间

准备与结束工作时间分为班内和任务两种。任务的准备与结束时间通常不能集中在某一个工作日中，而要采取分摊计算的方法，分摊在单位产品的时间定额里。

如果在计时观察资料中不能取得足够的准备与结束时间的资料，也可根据工时规范或经验数据来确定。

2）确定不可避免中断时间

在确定不可避免中断时间的定额时，必须注意由工艺特点所引起的不可避免中断才可列入工作过程的时间定额。

不可避免中断时间也需要根据测时资料通过整理分析获得，也可以根据经验数据或工时规范，以占工作日的百分比表示此项工时消耗的时间定额。

3）拟定休息时间

休息时间应根据工作班作息制度、经验资料、计时观察资料，以及对工作的疲劳程度做全面分析来确定。同时，应考虑尽可能利用不可避免中断时间作为休息时间。

规范时间均可利用工时规范或经验数据确定，常用的参考数据如表 3.16 所示。

表 3.16　准备与结束、休息、不可避免中断时间占工作时间的百分比参考表

序号	时间分类　　工种	准备与结束时间占工作时间/%	休息时间占工作时间/%	不可避免中断时间占工作时间/%
1	材料运输及材料加工	2	13～16	2
2	人力土方工程	3	13～16	2
3	架子工程	4	12～15	2
4	砖石工程	6	10～13	4
5	抹灰工程	6	10～13	3
6	手工木作工程	4	7～10	3
7	机械木作工程	3	4～7	3
8	模板工程	5	7～10	3
9	钢筋工程	4	7～10	4

（3）拟定定额时间

确定的基本工作时间、辅助工作时间、准备与结束工作时间、不可避免中断时间与休息时间之和，就是人工消耗定额的时间定额。根据时间定额可计算出产量定额，时间定额和产量定额互成倒数。

利用工时规范，可以计算劳动定额的时间定额。计算公式如下：

$$定额时间＝工序作业时间＋规范时间 \qquad (3-10)$$

$$规范时间＝准备与结束工作时间＋不可避免中断时间＋休息时间 \qquad (3-11)$$

$$工序作业时间＝基本工作时间＋辅助工作时间 \qquad (3-12)$$

$$工序工作时间＝\frac{基本工作时间}{1-辅助作业时间\%} \qquad (3-13)$$

$$定额时间 = \frac{工序作业时间}{1 - 规范时间\%} \qquad (3\text{-}14)$$

【例 3.4】　通过计时观察资料得知，人工挖二类土 $1m^3$ 的基本工作时间为 6h，辅助工作时间占工序作业时间的 2%。准备与结束工作时间、不可避免的中断时间、休息时间分别占工作日的 3%、2%、18%。求该人工挖二类土的时间定额是多少？

解　基本工作时间 $= 6h = \dfrac{6h}{8h/工日} = 0.75$（工日/$m^3$）

工序作业时间 $= 0.75/(1-2\%) = 0.765$（工日/m^3）

定额时间 $= 0.765/(1-3\%-2\%-18\%) = 0.994$（工日/$m^3$）

2. 比较类推法

比较类推法又称典型定额法，是以同类或相似类型的产品或工序的典型定额项目的定额水平为标准，经过分析比较，类推出同一级定额中相邻项目的定额水平的方法。

例如，已知挖一类土地槽在不同槽深和槽宽的时间定额，根据各类土耗用工时的比例来推算挖二、三、四类土地槽的时间定额。又如，已知架设单排脚手架的时间定额，推算架设双排脚手架的时间定额。

比较类推的计算公式为：

$$t = p \times t_0 \qquad (3\text{-}15)$$

式中　t——比较类推同类相邻定额项目的时间定额；

　　　p——各同类相邻项目耗用工时的比例（以典型项目为1）；

　　　t_0——典型项目的时间定额。

【例 3.5】　已知人工挖运松土（运距 20m）的时间定额及普通土、硬土和松土耗用工时的比例关系（表 3.17），试推算普通土和硬土的时间定额。

表 3.17　普通土、硬土和松土耗用工时的比例关系

土的类别	临时工比例	人工挖运土方、运距 20m	
		槽外	槽内
松土	1.00	0.158	0.177
普通土	1.50		
硬土	2.12		

解　按比例系数推算普通土和硬土在相应条件下的时间定额：

挖槽外普通土：$1.5 \times 0.158 = 0.237$（工日/m^3）

挖槽内普通土：$1.5 \times 0.177 = 0.266$（工日/m^3）

挖槽外硬土：$2.12 \times 0.158 = 0.335$（工日/$m^3$）

挖槽内硬土：$2.12 \times 0.177 = 0.375$（工日/$m^3$）

比较类推法计算简便而准确，但选择典型定额务必恰当而合理，类推计算结果有的需要做一定调整。这种方法适用于制定规格较多的同类型产品的劳动定额。

3. 统计分析法

这是将以往施工中所累积的同类型工程项目的工时耗用量加以科学的分析、统计，并考虑施工技术与组织变化的因素，经分析研究后制定劳动定额的一种方法。

采用统计分析法需要以准确的原始记录和统计工作为基础，并且选择正常的及一般水平的施工单位与班组，同时还要选择部分先进和落后的施工单位与班组进行分析和比较。

以往的统计数据中，包括某些不合理的因素，水平可能偏于保守。为了使定额保持平均先进水平，可从统计资料中求出平均先进值，其计算步骤如下。

（1）从统计资料中删除特别偏高、偏低及明显不合格的数据；

（2）计算出算术平均值；

（3）在工时统计数值中，取小于上述算术平均值的数组，再计算其平均值，即为所求的平均先进值。

【例 3.6】 有工时消耗统计数组：30，40，70，50，70，70，40，50，40，50，90。试求平均先进值。

解 （1）上述数组中 90 是明显偏高的数，应删去。

（2）计算算术平均值：

$$\bar{t}=\frac{1}{10}\times(30+40+70+50+70+70+40+50+40+50)=51$$

（3）计算平均合理值：去掉大于算术平均值 51 的数组，再计算平均值

$$\bar{t}_x=\frac{30+40+50+40+50+40+50}{7}=42.86$$

（4）计算平均先进值

$$\bar{t}_2=\frac{\bar{t}+\bar{t}_x}{2}=\frac{51+42.86}{2}=46.93$$

计算所得平均先进值 46.93，也就是定额水平的依据。

4. 经验估计法

此法适用于制定多种产品的定额，完全是凭借经验，根据分析图纸、现场观察、分解施工工艺、组织条件和操作方法来估计。

采用经验估计法时，必须挑选有丰富经验的、公道正派的工人和技术人员参加，并且要在充分调查和征求群众意见的基础上确定。在使用中要统计实耗工时，当与所制定的定额相比差异幅度较大时，说明所估计的定额不具有合理性，要及时修订。

经验估计法具有制定定额的工作量较小、省时、简便易行的特点，但是其准确度在很大程度上取决于参加估计人员的经验，有一定的局限性。因此，它只适用于产品品种多、批量小，某些次要定额项目中使用。

经验公式法：

设 M 为所求的平均时间，则
$$M=\frac{a+4c+b}{6}\tag{3-16}$$

式中　a——乐观时间；

　　　b——保守时间（悲观时间）；

　　　c——正常时间。

标准偏差 δ 为：
$$\delta=\frac{b-a}{6}\tag{3-17}$$

设定额工时消耗为 T，则：
$$T=M+\delta\lambda\tag{3-18}$$

式中　λ——标准离差系数。

【案例】 某砌筑工作用经验估价方法测定定额，聘请了 10 名有经验的专家对每完成

$1m^3$ 砖基础进行背对背调查，调查结果经初步分析如表3.18所示。

表 3.18　调查数据表

	时间消耗较少的组			时间消耗中等的组				时间消耗较多的组		
专家	1	2	3	4	5	6	7	8	9	10
时间/h	8.4	8.6	8.8	10.4	10.6	10.8	10.2	15.4	15.6	15.8

问题：根据上述资料，用经验估计法编制施工定额的劳动定额，定额水平为平均先进水平（有70%的工人达不到的水平）。完成工作的概率与标准离差系数见表3.19。

表 3.19　完成工作的概率与标准离差系数表

λ	$P(\lambda)$	λ	$P(\lambda)$	λ	$P(\lambda)$	λ	$P(\lambda)$
0.0	0.50	−1.3	0.10	0.0	0.50	1.3	0.90
−0.1	0.46	−1.4	0.08	0.1	0.54	1.4	0.92
−0.2	0.42	−1.5	0.07	0.2	0.58	1.5	0.93
−0.3	0.38	−1.6	0.05	0.3	0.62	1.6	0.95
−0.4	0.34	−1.7	0.04	0.4	0.66	1.7	0.96
−0.5	0.31	−1.8	0.04	0.5	0.69	1.8	0.96
−0.6	0.27	−1.9	0.03	0.6	0.73	1.9	0.97
−0.7	0.24	−2.0	0.02	0.7	0.76	2.0	0.98
−0.8	0.21	−2.1	0.02	0.8	0.79	2.1	0.98
−0.9	0.18	−2.2	0.01	0.9	0.82	2.2	0.99
−1.0	0.16	−2.3	0.01	1.0	0.84	2.3	0.99
−1.1	0.14	−2.4	0.01	1.1	0.86	2.4	0.99
−1.2	0.12	−2.5	0.01	1.2	0.88	2.5	0.99

解　（1）计算乐观时间（a）、悲观时间（b）和正常时间（c）

$a=(8.4+8.6+8.8)/3=8.6$（h）

$b=(15.4+15.6+15.8)/3=15.6$（h）

$c=(10.4+10.6+10.8+10.2)/4=10.5$（h）

（2）计算平均时间：$M=(8.6+4\times10.5+15.6)/6=11.03$（h）

（3）计算标准偏差：$\delta=(15.6-8.6)/6=1.17$

（4）根据题目要求有70%的工人达不到的水平，即有30%的工人能够达到的水平，查表3.19，插入法计算 $\lambda=-0.5+[-0.5-(-0.6)]/(0.31-0.27)\times(0.3-0.31)=-0.525$，则：$T=11.03+1.17\times(-0.525)=10.42$（h）

（5）时间定额$=10.42/8=1.303$（工日/件）

产量定额$=1/1.303=0.768$（件/工日）

四、材料消耗定额

材料消耗定额是指在合理和节约使用材料的前提下，生产单位合格产品所必须消耗的建筑材料（半成品、配件、燃料、水、电）的数量标准。

在一般工业与民用建筑工程中，材料消耗占工程成本的60%～70%，材料消耗定额就是利用定额这个经济杠杆，对材料消耗进行控制和监督，以达到降低物资消耗和工程成本的目的。

（一）材料的分类

合理确定材料消耗定额，必须研究和区分材料在施工过程中的类别。

1. 根据材料消耗的性质划分

施工中材料的消耗可分为必须的材料消耗和损失的材料两类。

必须消耗的材料，是指在合理用料的条件下，生产合格产品所需消耗的材料。它包括：直接用于建筑和安装工程的材料；不可避免的施工废料；不可避免的材料损耗。

必须消耗的材料＝直接用于建筑和安装工程的材料＋不可避免的施工废料＋不可避免的材料损耗。

必须消耗的材料属于施工正常消耗，是确定材料消耗定额的基本数据。其中，直接用于建筑和安装工程的材料，就是材料的净用量，编制材料净用量定额；不可避免的施工废料和材料损耗，就是材料损耗，编制材料损耗定额。

损失的材料，是指不可避免的施工废料和施工操作损耗。

材料净用量与材料损耗量之和称为材料总消耗量，损耗量与总消耗量之比称为材料损耗率。

2. 根据材料消耗与工程实体的关系划分

施工中的材料可分为实体材料和非实体材料两类。

（1）实体材料，是指直接构成工程实体的材料。它包括工程直接性材料和辅助材料。工程直接性材料主要是指一次性消耗、直接用于工程构成建筑物或结构本体的材料，如钢筋混凝土柱中的钢筋、水泥、砂、碎石等；辅助材料主要是指虽也是施工过程中所必需的，却并不构成建筑物或结构本体的材料，如土石方爆破工程中所需的炸药、引信、雷管等。主要材料用量大，辅助材料用量少。

（2）非实体材料，是指在施工中必须使用但又不能构成工程实体的施工措施性材料。非实体材料主要是指周转性材料，如模板、脚手架、支撑等。

（二）确定材料消耗量的基本方法

确定实体材料的净用量定额和材料损耗定额的计算数据，是通过现场技术测定、实验室试验、现场统计和理论计算等方法获得的。

1. 现场技术测定法

又称为观测法，是根据对材料消耗过程的测定与观察，通过完成产品数量和材料消耗量的计算，而确定各种材料消耗定额的一种方法。现场技术测定法主要适用于确定材料损耗量，因为该部分数值用统计法或其他方法较难得到。通过现场观察，还可以区别出哪些是可以避免的损耗，哪些是属于难以避免的损耗，明确定额中不应列入可以避免的损耗。

2. 实验室试验法

实验室试验法主要用于编制材料净用量定额。通过试验，能够对材料的结构、化学成分和物理性能以及按强度等级控制的混凝土、砂浆、沥青、油漆等配比做出科学的结论，给编制材料消耗定额提供出有技术依据的、比较精确的计算数据。这种方法的优点是能更深入、更详细地研究各种因素对材料消耗的影响，其缺点在于无法估计到施工现场某些因素对材料消耗量的影响。

试验法是通过专门的仪器和设备在试验室内确定材料消耗定额的一种方法。这种方法适用于能在试验室条件下进行测定的塑性材料和液体材料（如混凝土、砂浆、沥青玛琋脂、油漆涂料及防腐等）。

例如：可测定出混凝土的配合比，然后计算出每 $1m^3$ 混凝土中的水泥、砂、石、水的消耗量。由于在实验室内比施工现场具有更好的工作条件，所以能更深入、详细地研究各种因素对材料消耗的影响，从中得到比较准确的数据。但是，在实验室中无法充分估计到施工现场中某些外界因素对材料消耗的影响。因此，要求实验室条件尽量与施工过程中的正常施工条件一致，同时在测定后用观察法进行审核和修正。

3. 现场统计法

现场统计法是以施工现场积累的分部分项工程使用材料数量、完成产品数量、完成工作原材料的剩余数量等统计资料为基础，经过整理分析，获得材料消耗的数据。这种方法比较简单易行，不需组织专人观察和试验。但也有缺陷：一是该方法一般只能确定材料总消耗量，不能确定净用量和损耗量；二是其准确程度受到统计资料和实际使用材料的影响。因而其不能作为确定材料净用量定额和材料损耗定额的依据，只能作为编制定额的辅助性方法使用。

4. 理论计算法

理论计算法是根据施工图和建筑构造要求，用理论计算公式计算出产品的材料净用量的方法。这种方法较适合于不易产生损耗，且容易确定废料的材料消耗量的计算。这种方法主要适用于块状、板状和卷筒状产品（如砖、钢材、玻璃、油毡等）的材料消耗定额。

【例 3.7】 计算 $1m^3$ 标准砖一砖外墙砌体砖数和砂浆的净用量。

解 （1）砖净用量 $=\dfrac{1}{0.24\times(0.24+0.01)\times(0.053+0.01)}\times1\times2=529$（块）

砂浆净用量 $=1-529\times(0.24\times0.115\times0.053)=0.226$（$m^3$）

（2）块料面层的材料用量计算。

每 $100m^2$ 面层块料数量、灰缝及结合层材料用量公式如下：

$$100m^2\text{ 块料净用量}=\frac{100}{(\text{块料长}+\text{灰缝宽})\times(\text{块料宽}+\text{灰缝宽})}$$

$$100m^2\text{ 灰缝材料净用量}=[100-(\text{块料长}\times\text{块料宽}\times100m^2\text{ 块料用量})]\times\text{灰缝深}$$

$$\text{结合层材料用量}=100m^2\times\text{结合层厚度}$$

【例 3.8】 用 $1:1$ 水泥砂浆贴 $150mm\times150mm\times5mm$ 瓷砖墙面，结合层厚度为 $10mm$，试计算每 $100m^2$ 瓷砖墙面中瓷砖和水泥砂浆的消耗量（灰缝宽为 $2mm$）。假设瓷砖损耗率为 1.5%，砂损耗率为 1%。

解 $100m^2$ 瓷砖墙画中瓷砖的净用量 $=\dfrac{100}{(0.15+0.002)\times(0.15+0.002)}=4328.25$（块）

每 $100m^2$ 瓷砖墙面中瓷砖的总消耗量 $=4328.25\times(1+1.5\%)=4393.17$（块）

每 $100m^2$ 瓷砖墙面中结合层砂浆净用量 $=100\times0.01=1$（m^3）

每 $100m^2$ 瓷砖墙面中灰缝砂浆净用量 $=[100-(4328.25\times0.15\times0.15)]\times0.005=0.013$（$m^3$）

每 $100m^2$ 瓷砖墙面中水泥砂浆总消耗量 $=(1+0.013)\times(1+1\%)=1.02$（$m^3$）

五、机械台班消耗定额

机械台班消耗定额，是指在正常施工、合理的劳动组织和合理使用施工机械的条件下，生产单位合格产品所必需的一定品种、规格施工机械作业时间的消耗标准。

所谓"台班"就是一台机械工作一个工作班（即8h）。

（一）确定机械1h纯工作正常生产率

机械纯工作时间，就是指机械的必需消耗时间。机械1h纯工作正常生产率，就是在正常施工组织条件下，具有必需的知识和技能的技术工人操纵机械1h的生产率。

根据机械工作特点的不同，机械1h纯工作正常生产率的确定方法，也有所不同。

（1）循环动作机械

确定机械纯工作1h正常生产率的计算公式如下：

机械一次循环的正常延续时间 $=\sum$（正常循环各组成部分正常延续时间）$-$交叠时间

$$（3-19）$$

$$机械纯工作1h循环次数=\frac{60\times60(s)}{一次循环的正常延续时间} \quad （3-20）$$

机械纯工作1h正常生产率＝机械纯工作1h循环次数×一次循环生产的产品数量

$$（3-21）$$

（2）连续动作机械

确定机械纯工作1h正常生产率要根据机械的类型和结构特征，以及工作过程的特点来进行。计算公式如下：

$$连续动作机械纯工作1h正常生产率=\frac{工作时间内生产的产品数量}{工作时间(h)} \quad （3-22）$$

工作时间内的产品数量和工作时间的消耗，要通过多次现场观察和机械说明书来取得数据。

（二）确定施工机械的时间利用系数

机械的时间利用系数和机械在工作班内的工作状况有着密切的关系。所以，要确定机械的时间利用系数，首先要拟定机械工作班的正常工作状况，保证合理利用工时。机械时间利用系数的计算公式如下：

$$机械时间利用系数=\frac{机械在一个工作班内纯工作时间}{一个工作延续时间(8h)} \quad （3-23）$$

（三）计算施工机械台班定额

计算施工机械台班定额是编制机械定额工作的最后一步。在确定了机械工作正常条件、机械1h纯工作正常生产率和机械时间利用系数之后，采用下列公式计算施工机械的台班产量定额：

施工机械台班产量定额＝机械1h纯工作正常生产率×工作班纯工作时间

或　施工机械台班产量定额＝机械1h纯工作正常生产率×工作班延续时间×机械时间利用系数

$$（3-24）$$

$$施工机械时间定额=\frac{1}{机械台班产量定额指标} \quad （3-25）$$

【例3.9】　某工程现场采用出料容量500L的混凝土搅拌机，每一次循环中，装料、搅拌、卸料、中断需要的时间分别为 1min、3min、1min、1min，机械时间利用系数为 0.9，求该机械的台班产量定额。

解 该搅拌机一次循环的正常延续时间＝1＋3＋1＋1＝6（min）＝0.1（h）

该搅拌机纯工作 1h 循环次数＝10（次）

该搅拌机纯工作 1h 正常生产率＝10×500＝5000（L）＝5（m³）

该搅拌机台班产量定额＝5×8×0.9＝36（m³/台班）

单元小结

本单元对工程造价定额和施工定额做了较详细的阐述，包括工程造价定额的概念、分类、特点、定额制定的基本方法；施工定额的概念、人工消耗定额、材料消耗定额和机械台班消耗定额等。

具体内容包括：定额和工程定额的概念；按照 4 种不同的原则和方法对工程定额进行分类，重点讲述了按定额的编制程序和用途进行分类；工程定额的特点；定额的制定与修订包括制定、全面修订、局部修订、补充；施工定额的概念、分类、影响因素；工人和机械工作时间消耗的分类；测定时间消耗的基本方法——计时观察法；人工消耗定额、材料消耗定额、机械台班消耗定额的确定方法。

本章的教学目标是使学生掌握工程造价定额的概念、按照不同的原则和方法对工程定额进行分类，了解工程造价定额的特点和定额制定的基本方法，掌握施工定额的概念、工人和机械工作时间消耗的分类，会通过计算确定人工消耗定额、材料消耗定额和机械台班消耗定额。

思考与习题

1. 按编制程序和用途可以将工程造价定额分为哪几类？这几类定额之间有什么关系？

2. 简述工程造价定额的特点。

3. 人工消耗定额有哪两种表现形式？两种表现形式之间有什么关系？

4. 工人工作时间中必须消耗的时间有哪些？

5. 确定材料消耗量的基本方法有哪些？

6. 见表 3.4 中"装料入鼓"的测定数列为：15、13、13、17、14、15、16、19、12、14，试检查观察次数是否满足要求。

7. 预制钢筋混凝土梁，根据选定的图纸，计算出每 10m³ 构件模板接触面积为 85m²，每 10m² 所需板材用量为 1.063m³，枋材为 0.14m³，制作损耗率为 5％，周转次数为 30 次，试计算其模板摊销量。

8. 一台 6t 塔式起重机吊装某种混凝土构件，配合机械作业的小组成员为：司机 1 人，起重和安装工 7 人，电焊工 2 人。已知机械台班产量为 40 块，试求吊装每一块构件的机械时间定额和人工时间定额。

二维码8

扫码答题

单元4 预算定额

内容提要

本单元主要介绍预算定额的基本原理和方法，具体包括四个方面的内容：一是预算定额概述；二是预算定额的编制；三是消耗量定额及全费用计价表的应用；四是装配式建筑消耗量定额。装配式建筑是目前国家大力推广和发展的新型建筑，本单元新增装配式建筑消耗量定额的内容。

学习目标

通过本单元的学习，熟悉预算定额的概念及分类；掌握预算定额的套用及换算。应达到以下具体目标。

（1）掌握预算定额消耗量指标的计算；

（2）掌握人工工日单价的组成；

（3）掌握材料预算价格的概念、组成和计算；

（4）掌握机械台班单价的组成；

（5）熟练掌握预算定额的直接套用；

（6）熟练掌握常见的预算定额换算。

任务1 预算定额的概述

引例

某职业技术学院图书信息大楼的施工图设计已经完成，下一步要进入招投标阶段，业主确定采用公开招标的方式确定承包人。在进行招投标时。请思考：

1. 业主要预先编制该工程造价即标底时，要使用什么定额？

2. 投标人投标报价编制该工程的造价时，要使用什么定额？

一、预算定额的概念

预算定额是指在正常合理的施工条件下，规定完成一定计量单位分项工程或结构构件所必需的人工、材料、机械台班的消耗数量标准（或额度）。

预算定额属于计价定额，预算定额是以建筑物或构筑物各个分部分项工程为对象编制的定额，是以施工定额为基础综合扩大编制的，是计算建筑安装工程造价的基础，同时也是编制概算定额的基础。

二、预算定额的性质和特点

（一）预算定额是一种计价性定额

预算定额具有计价性是因为：第一，建筑安装工程预算定额本身就是国家建设行政主管部门编制、颁发的一项重要技术经济法规。它反映着现有生产力水平的条件下，工程建设产品生产和消费之间的客观数量关系，建筑安装工程预算定额的各项指标代表着国家规定的施工企业在完成施工任务中的人工、材料、施工机械台班消耗量的限度，这种限度决定了国家、建设工程投资者为最终完成建设工程能够对施工企业提供多少物质资料和生产资金。因此，从某种程度上看，建筑安装工程预算定额是与建设工程产品生产有关的各部门、各单位之间建立经济关系的基础，与工程建设产品生产有关的经济单位——建设单位、施工单位、设计单位、咨询单位、物质生产与供应单位、银行等，都应该按照预算定额的指导来处理经济关系。

第二，由于工程产品具有单件性的特点，每项产品不仅在实物形态上可能千差万别，而且在价值构成上也千变万化，对其价格进行合理的计算、确定与评价，远较一般的商品困难。建筑安装工程预算定额作为国家给工程建设产品提供的统一核算、评价尺度，把工程建设产品的价值以实物指标的形式反映出来，从而使有关单位能够合理地编制固定资产投资计划，正确地把握固定资产的投资规模，科学地对各地区、各部门的工程设计经济效果与施工管理水平进行统一的比较与考核，将各类工程建设的资源消耗控制在合理的水平上，按照预算定额的指导，有效地在工程建设领域内实行管理和经济监督等。

（二）预算定额科学地反映当前建筑业的劳动生产率水平

1. 预算定额的确定是以社会必要劳动量为依据的

预算定额的编制者是根据现实正常的施工生产条件、大多数企业的机械化水平、建筑业平均的劳动熟练程度和强度，以及现行的质量评定标准、安全操作规程、施工及验收规范等情况，来具体计算、确定建筑安装工程预算定额中每个分项工程或结构构件的人工、材料、施工机械台班消耗指标的。因此，每一分项工程或结构构件的预算定额所反映的都是生产该种单位合格建筑安装产品所需要的社会平均的活劳动和物化劳动的消耗量——社会必要劳动时间，体现的是马克思所揭示的价值规律等经济规律的客观要求。

2. 预算定额是应用科学方法制定的

预算定额中的各种消耗指标都是通过一系列必要的科学实验、理论计算，并在此基础上进行深入细致地调查研究、调整、修正，最终制定出来的。

综上分析，预算定额既有科学的理论依据，又符合当前的建筑业的劳动生产率水平。

（三）预算定额具有综合性

（1）预算定额中每一分项工程或结构构件的人工、材料、施工机械台班的消耗指标，都是按照正常设计施工情况下，完成一定计量单位的合格工程产品所需要的全部工序来确定的，是综合了设计规范、质量标准、验收规范、施工操作规程、安全技术规程等法规资料和定额客观存在着外延内涵的完整性要求，具有科学、技术、经济和法律的综合性。

（2）预算定额中消耗指标的确定既考虑了主要因素，又考虑了次要因素。譬如，在确定实砌墙体的人工消耗指标时，不仅考虑了单面清水、双面清水、混水等各种方式的墙体，以及调制砂浆、运输砖和砂浆所需主要用工的工日数，而且考虑了墙体中门窗洞口的立边、连接的其他砌体如附墙的垃圾道、烟囱道等特殊部位需要增加的工日数。

预算定额消耗指标的确定不仅注意了及时反映科学研究、技术进步的成果，尽量采用经过试验取得成功并推广使用的新材料、新技术、新工艺等，同时，还注意到确保工程质量，确保大多数施工企业能够达到。

（四）预算定额具有灵活性

由于建设工程具有产品单件性的特点，每一工程的设计和施工都难免会出现与预算定额中某些分项工程或结构构件不一致的情况。为了使预算定额在执行过程中能适应每一工程复杂的实际状况，使根据预算定额计算出的劳动耗费是完成一定量的合格工程产品所需的社会必要劳动耗费，并保证定额的适用性和使用的方便性，预算定额一般都明确规定：对于某些部分可以根据工程设计的具体情况，对定额中相应分项工程的有关实物消耗指标进行调整、换算。通常，将定额允许换算的部分称为"活口"，预算定额中适当留有活口，体现了其灵活性，这种灵活性是预算定额适用性的保证，有了灵活性，才便于预算定额更好地执行。

三、预算定额的作用

预算定额是用途最广的一种定额，在工程建设定额中占有很重要的地位。

1. 预算定额是编制施工图预算、确定和控制建筑安装工程造价的基础

施工图设计一经确定，工程预算造价就取决于预算定额水平和人工、材料及机械台班的价格。预算定额起着控制劳动消耗、材料消耗和机械台班使用的作用，进而起到控制建筑产品价格的作用。

2. 预算定额是编制施工组织设计的依据

施工组织设计的重要任务之一，是确定施工中所需人力、物力的供求量，并做出最佳安排。施工单位在缺乏本企业的施工定额的情况下，根据预算定额，也能够比较精确地计算出施工中各项资源的需要量，为有计划地组织材料采购、预制件加工、劳动力和施工机械的调配，提供可靠的计算依据。

3. 预算定额是工程结算的依据

工程结算是建设单位和施工单位按照工程进度对已完成的分部分项工程实现货币支付的行为。按进度支付工程款，需要根据预算定额将已完成的分项工程的造价算出。单位工程验收后，再按竣工工程量、预算定额和施工合同规定进行结算，以保证建设单位资金的合理使用和施工单位的经济收入。

4. 预算定额是施工单位进行经济活动分析的依据

预算定额规定的物化劳动和劳动消耗指标，是施工单位在生产经营中允许消耗的最高标准。施工单位必须以预算定额作为评价企业工作的重要标准，作为努力实现的目标。施工单位可根据预算定额对施工中的劳动、材料、机械的消耗情况进行具体的分析，以便找出并克服低工效、高消耗的薄弱环节，提高竞争力。只有在施工中尽量降低劳动消耗、采用新技术、提高劳动者素质、提高劳动生产率，才能取得更好的经济效益。

5. 预算定额是编制概算定额的基础

概算定额是在预算定额基础上综合扩大编制的。利用预算定额作为编制依据，不但可以节省编制工作的大量人力、物力和时间，收到事半功倍的效果，还可以使概算定额在水平上与预算定额保持一致，以免造成执行中的不一致。

6. 预算定额是合理编制招标控制价、投标报价的基础

在深化改革中，预算定额的指令性作用将日益削弱，但对施工单位按照工程成本报价的指导性作用仍然存在，因此预算定额作为编制招标控制价的依据和施工企业报价的基础性作用仍将存在，这也是由预算定额本身的科学性和指导性决定的。

引例分析

　　预算定额是编制招标控制价和投标报价的依据，所以前面引例中业主要预先编制该工程造价即标底时，要使用预算定额。投标人投标报价编制该工程的造价时，也要使用预算定额。

四、预算定额的分类

（一）按专业性质分

预算定额有建筑工程定额和安装工程定额两大类。

（1）建筑工程定额，按专业对象分为建筑工程预算定额、市政工程预算定额、铁路工程预算定额、公路工程预算定额、房屋修缮工程预算定额、矿山井巷预算定额等。

（2）安装工程预算定额，按专业对象分为电气设备安装工程预算定额、机械设备安装工程预算定额、通信设备安装工程预算定额、化学工业设备安装工程预算定额、工业管道安装工程预算定额、工艺金属结构安装工程预算定额、热力设备安装工程预算定额等。

（二）从管理权限和执行范围划分

预算定额可以分为全国统一预算定额、行业统一预算定额和地区统一预算定额等。

（1）全国统一预算定额，就是由国家建设行政主管部门组织编制和发布，在全国范围内使用的基础性定额。如住建部颁布的自 2015 年 9 月起施行《房屋建筑与装饰工程消耗量定额》《TY01—31—2015》，适用于工业与民用建筑的新建、扩建和改建房屋建筑与装饰工程。

（2）行业统一预算定额，是指由行业建设行政主管部门组织，依据有关行业标准和规范，考虑行业工程建设以及施工生产和管理水平等情况编制和发布的，在本行业和相同专业性质的范围内使用的定额。如公路工程预算定额、矿井工程预算定额、铁路工程预算定额、通信设备安装工程预算定额、化学工业设备安装工程预算定额等。

（3）地区统一预算定额，由省、自治区、直辖市建设行政主管部门结合本地区特点编制的定额，只在本地区范围内执行，如《湖北省房屋建筑与装饰工程消耗量定额及全费用基价表》（2018 版）、2017 年《〈北京市建设工程计价依据——预算消耗量定额〉绿色建筑工程》等。

（三）按生产要素分

可分为劳动定额、机械定额和材料消耗定额。

它们相互依存形成一个整体，作为编制预算定额的依据，各自不具有独立性。

五、预算定额与施工定额的关系

预算定额是在施工定额的基础上制定的，预算定额的人工、材料、机械台班消耗指标是施工定额的分项逐项计算出的消耗指标的综合。两者都是实现造价科学管理的工具，但是这两种定额又有不同之处，它们的主要区别表现在以下几个方面。

（一）定额作用不同

施工定额是一种计量性的定额，施工定额的作用表现在它既是企业编制施工组织设计的依据，又是企业编制施工作业计划的依据；是编制施工预算，加强企业成本管理和经济核算的基础；是施工企业投标报价的依据。预算定额是一种计价性的定额，其主要作用是编制施工图预算，确定和控制项目投资、建筑安装工程造价的基础；进行工程拨款和计算的依据；施工企业投标报价和建设单位编制标底（招标控制价）的依据。

（二）定额水平不同

施工定额是社会平均先进水平，主要用于施工企业内部核算。预算定额是社会平均水平，是施工单位与建设单位之间结算用的。施工定额水平要高于预算定额。

（三）项目划分和定额内容不同

施工定额的编制主要以工程或施工过程为研究对象，所以定额项目划分详细，定额工作内容具体；预算定额是在施工定额的基础上经过综合扩大编制而成。但是，这种综合不是简单的合并和相加，而需要在综合过程中增加两种定额之间的适当的幅度差，所以预算定额项目划分更加综合，每一个定额项目工作内容包括了若干个施工定额的工作内容。

任务2　预算定额的编制

一、预算定额的编制原则

为保证预算定额的质量、充分发挥预算定额的作用和实际使用简便，必须严格遵循以下原则进行编制。

（一）社会平均水平原则

建筑安装工程预算定额是计算、确定建设工程产品价格的重要依据之一，那么，预算定额的水平理应遵循价值规律的要求，按生产该产品的社会平均必要劳动时间来确定其价值。也就是说，在正常的施工条件下，以平均的劳动强度、平均的技术熟练程度，在平均的技术装备条件下，完成单位合格产品所需的劳动消耗量就是预算定额的消耗水平。

这里的平均水平指的是：大多数施工企业能够达到，少数施工企业可以超过，少数施工企业必须通过努力才能达到的水平。只有按平均水平的原则编制预算定额，才能使预算定额反映完成建筑安装工程单位合格产品所必需的社会劳动消耗，成为建设工程产品统一的核算尺度，预算定额才能发挥合理确定工程产品价格、正确编制固定资产投资计划、适度把握固定资产投资规模、恰当地补偿工程施工中的劳动耗费、促进施工企业搞好经济核算、提高投资经济效益等重要作用。

（二）简明适用的原则

在编制预算定额，划分其中分项工程项目时，必须坚持简明适用的原则。

"简明"强调的是综合性，即在划分预算定额中的分项项目时，综合性一定要强，要在保证预算定额的分项项目相对准确的条件下，尽量使分项项目简明扼要，以尽可能地简化工程计价过程中的工程量计算工作。

"适用"则强调齐全性，指的是分项项目的划分在加强综合性的同时，必须注重实际情况，保证项目相对齐全，以利于预算定额的使用方便。

要体现简明适用的原则，就应在编制预算定额时采用"粗编细算"的方法。所谓"粗编"是指分项项目的划分不能过多、过细，必须保持一定的步距，以体现综合性；所谓"细算"是指在计算确定各分项工程的消耗指标时，必须全面细致、准确无误，既要进行理论计算和科学实验，又要进行大量深入、细致的调查研究及分析测算，既要考虑主要工序、主要因素，又要考虑次要工序、次要因素，使预算定额能满足"适用"的要求。

（三）坚持统一性和因地制宜的原则

所谓统一性，就是从培育全国统一的市场规范计价行为出发，定额的制定、实施由国家归口管理部门统一负责国家统一定额的制定或修订，这样有利于通过定额管理和工程造价的管理实现建筑安装工程价格的宏观调控。通过统一使工程造价具有统一的计价依据，也使考核设计和施工的经济效果具备同一尺度。

所谓因地制宜，即在统一基础上的差别性。各部门和省市（自治区）、直辖市主管部门可以在自己管辖的范围内，依据部门（地区）的实际情况，制定部门和地区性定额、补充性制度和管理办法，以适应中国幅员辽阔、地区间发展不平衡和差异大的实际情况。

（四）集中领导、分级管理的原则

在预算定额的制定、管理权限上应该严格遵循这条原则。

"集中领导"是指对编制预算定额的方案、原则、办法等，由建设行政主管部门根据国家的方针、政策统一制定，并具体组织全国统一预算定额的编制或修订，颁发有关的规章制度和条例细则，颁发全国统一定额和费用标准等。实行集中领导，才能使建设工程产品能有统一的计价指导、参考依据，便于国家掌握统一的尺度和标准，对不同地区、不同部门的工程设计和施工的经济效果进行有效的监督，避免分散编制预算定额可能产生的定额水平高低不一、地区和部门之间的建设工程产品缺乏可比性等状况，才能促进建筑业降低完成建筑安装产品的劳动耗费，提高投资效益。

"分级管理"则是指应授权由各部门、省、市、自治区在自己所管辖的范围内，根据本辖区的特点，按照国家规定的有关定额编制原则，编制部门或地区性的补充预算定额及补充制度、条例等，并对预算定额实行日常管理。将预算定额的管理权限交给地区是非常必要的，这是因为我国幅员辽阔，各地区、部门间的经济发展不平衡，在施工方法、技术水平、材料资源、交通运输、地理条件、自然气候等诸多条件上存在相当大的差别，所以，除了普遍性的定额项目由国家统一编制外，对地区性的定额项目、尚未在全国普遍推行的新定额项目等，必须交由地方解决。这样才能使各部门、各地区的工程价格计算较好地体现工程的实际价值，才利于预算定额的执行。

（五）专家编审责任制原则

编制定额应以专家为主，这是实践经验的总结。编制定额要有一支经验丰富、技术与管理知识全面、有一定政策水平、稳定的专家队伍。通过他们积累的经验，保证编制定额的准确性。同时要在专家编制的基础上，注意走群众路线，因为广大建筑安装工人是施工生产的实践者，也是定额的执行者，最了解生产实际和定额的执行情况及存在的问题，这样有利于以后在定额管理中对其进行必要的修订和调整。

二、预算定额的编制依据

（一）定额类的资料

定额类的资料主要包括现行劳动定额和施工定额。国家有关部门编制的施工定额规定的是在正常施工生产条件下，完成合格的单位建筑安装产品所需消耗的劳动、材料、施工机械的数量标准，是建筑安装企业直接用于施工管理的定额。由于施工定额主要用于企业内部的管理，因此，它所规定的实物消耗指标的水平是按"平均、先进"的原则确定的。预算定额中实物消耗指标的水平要依据施工定额中相应实物指标的水平稍作降低后再取定，以便使预算定额的消耗指标能保持平均水平，另外，预算定额分项工程的设置和计量单位的确定也应参考施工定额，以保证两者的可比性，并简化预算定额的编制工作。

（二）图纸、图集类资料

主要是通用标准图集、典型设计图纸、有代表性的图纸或图集等。它们是编制预算定额时，选择施工方法、建筑结构，计算并综合取定各分项工程的工程量，进而计算、分析、确定预算定额中实物消耗指标的重要依据。

（三）标准、规范类资料

主要指现行的、全国通用的设计规范、施工验收规范、质量评定标准、安全操作规程等。编制预算定额时，需依据此类资料确定建筑工程质量和安全操作标准的要求，并以此确定完成各分项工程或结构构件所应包括的工程内容、施工方法及应达到的质量标准。因为预算定额的实物消耗指标是针对建筑安装工程单位合格产品规定的，所谓"合格产品"也就是符合上述资料要求的产品。也就是说，只能是在产品合格的前提条件下来计算预算定额的人工、材料、施工机械台班消耗指标。

（四）其他有关资料

主要包括新技术、新材料、新结构、新施工方法和先进的施工经验资料，这类资料是调整定额水平和增加新的定额项目所必需的依据。有关的科学实验、测定、统计和经验分析资料；现行的工资标准、材料预算价格、施工机械台班预算单价等资料，这类文件是确定定额水平的重要依据。现行的预算定额、材料预算价格及有关文件规定等，包括过去定额编制过程中积累的基础资料，也是编制预算定额的依据和参考。

三、预算定额的编制程序及要求

预算定额的编制遵循一定的步骤，良好正确的编制步骤可以为企业制定切合工程实际、符合市场运行环境的科学合理的工程预算定额。其主要分为以下三个阶段。

（一）准备阶段

该阶段的工作主要是成立编制机构，拟定编制方案，确定定额项目，全面收集各项基础资料。该阶段的工作属于基础性工作，但是对于准确预算、合理分项具有重要意义，这个阶段的工作应该保证基础材料的可信度。

（二）编制初稿阶段

在定额编制需要的各种资料收集齐全以后，就可进行定额的测算和分析工作，并编制初稿。初稿要按编制方案中确定的定额项目和典型工程图纸，计算工程量，再分别测算人工、材料和机械台班的消耗量指标，在此基础上编制定额项目表，并拟定相应的文字说明。

初稿的编制应该保证人工、材料、机械台班等指标的测算清晰明了，为定额水平的进一步审查、修改等提供蓝本。

（三）测算定额水平和审查、修改、报送审批阶段

初稿完成后应与原定额进行比较，测算定额水平，分析定额水平升降的原因，然后对初稿进行修改，定稿以后呈报主管部门审批。定额水平的测算有以下方法。

单项定额测算，即对主要定额项目的新旧定额水平进行比较，测算新定额升降的程度；预算造价水平测算，即对同一工程项目用新旧定额分别计算预算造价，测算定额总水平升降的程度；同实际施工水平比较，即按新定额中的人、机、料消耗与实际消耗水平进行比较，分析定额水平达到的程度，确保所制定的工程预算定额有较真实的可信度和较高的参考性。

预算定额编制的各阶段工作相互有交叉，有些工作还需多次反复。其中，预算定额的编制阶段的主要工作要求如下。

1. 确定编制细则

主要包括：统一编制表格及编制方法；统一计算口径、计量单位和小数点位数的要求；有关统一性规定，名称统一、用字统一、专业用语统一、符号代码统一；简化字要规范，文字要简练明确。

预算定额与施工定额计量单位往往不同。施工定额的计量单位一般按照工序或施工过程确定；而预算定额的计量单位主要是根据分部分项工程和结构构件的形体特征及其变化确定。由于工作内容综合，预算定额的计量单位亦具有综合的性质。工程量计算规则的规定应确切反映定额项目所包含的工作内容。预算定额的计量单位关系到预算工作的繁简和准确性，因此，要正确地确定各分部分项工程的计量单位，它一般依据建筑结构构件形状的特点确定。

2. 确定定额的项目划分和工程量计算规则

计算工程数量，是为了通过计算出典型设计图纸所包括的施工过程的工程量，以便在编制预算定额时，可以利用施工定额的人工、材料和施工机械台班消耗指标来确定预算定额所含工序的消耗量。

3. 定额人工、材料、机械台班消耗用量的计算、复核和测算

四、预算定额人工、材料和机械台班消耗量的确定

（一）预算定额人工消耗量的确定

预算定额中人工消耗量指标是指完成单位分项工程或结构件所必需消耗的人工工日数量，包括基本用工和其他用工两部分。人工消耗量可以有两种确定方法，一是以现行的《全国建筑安装工程统一劳动定额》为基础进行计算；二是以现场观察测定资料为基础进行计算。

1. 基本用工

基本用工是指完成该项分项工程所必需消耗的技术工种用工。例如，为完成各种墙体工程中的砌砖、调制砂浆和运砖工作的用工量。基本用工按综合取定的工程量和劳动定额中相应的时间定额进行计算。

基本用工包括如下三个方面。

（1）完成定额计量单位的主要用工。按综合取定的工程量和相应劳动定额进行计算。计算公式如下：

$$基本用工＝\Sigma(综合取定的工程量×时间定额) \qquad (4-1)$$

（2）按劳动定额规定应增加计算的用工量。例如，砖基础埋深超过 1.5m 时，超过部分要增加用工，且预算定额中应按一定比例给予增加。

（3）由于预算定额是以施工定额子目综合扩大的，包括的工作内容较多，施工的效果视具体部位不同其效果也不一样，需要另外增加用工时，并列入基本用工内。

2. 其他用工

其他用工是辅助基本用工消耗的工日，包括超运距用工、辅助用工和人工幅度差用工。

（1）超运距用工

超运距是指劳动定额中已包括的材料、半成品在场内水平搬运距离与预算定额所考虑的现场材料、半成品堆放地点到操作地点的水平运输距离之差。其计算公式如下：

$$超运距＝预算定额取定运距－劳动定额已包括的运距$$
$$超运距用工＝\Sigma(超运距材料数量×时间定额) \qquad (4-2)$$

特别提示

实际工程现场运距超过预算定额取定运距时，可另行计算现场二次搬运费。

（2）辅助用工

辅助用工是指技术工种劳动定额内不包括但在预算定额内必须考虑的用工。例如机械土方工程配合用工、材料加工（筛砂、洗石、淋化石膏）、电焊点火用工等。计算公式如下：

$$辅助用工＝\Sigma(材料加工数量×相应的加工劳动定额) \qquad (4-3)$$

（3）人工幅度差

人工幅度差是指预算定额与劳动定额的差额，主要是指在劳动定额中未包括而在正常施工情况下不可避免但又很难准确计量的用工和各种工时损失。内容包括：

① 各工种间的工序搭接及交叉作业相互配合或影响所发生的停歇用工。

② 施工机械在单位工程之间转移及临时水电线路移动所造成的停工。

③ 质量检查和隐蔽工程验收工作的影响。

④ 班组操作地点转移用工。

⑤ 工序交接时对前一工序不可避免的修整用工。

⑥ 施工中不可避免的其他零星用工。

人工幅度差计算公式如下：

$$人工幅度差＝(基本用工＋辅助用工＋超运距用工)×人工幅度差系数 \qquad (4-4)$$

人工幅度差系数一般为 10%～15%。在预算定额中，人工幅度差的用工量列入其他用工量中。

由上述可知，预算定额中的人工消耗量为：

$$人工消耗量＝(基本用工＋超运距用工＋辅助用工)×(1＋人工幅度差系数) \qquad (4-5)$$

预算定额人工消耗量计算实例如下。

【例 4.1】 已知完成 1m³ 混水砖墙的基本用工为 20 工日，超运距用工为 3 工日，辅助用工为 1.5 工日，人工幅度差系数是 10%，则预算定额中的人工工日消耗量为多少工日？

解 预算定额人工消耗量＝(基本用工＋超运距用工＋辅助用工)×(1＋人工幅度差系数)＝(20＋3＋1.5)×(1＋10％)＝26.95（工日）

引例1

根据已知的背景资料编制"10m³ M5 水泥砂浆条形砖基础"预算定额的人工消耗指标，背景资料如下。

（1）测算确定，二层等高式放脚一砖厚基础占 70％；四层放脚一砖半厚基础占 20％；四层放脚二砖厚基础占 10％。

（2）基本用工中主体用工时间定额规定为：砌筑 1m³ 二层等高式放脚一砖厚基础 0.88 工日；四层等高式放脚一砖半厚基础 0.85 工日；四层等高式放脚二砖厚基础 0.823 工日；加工用工主要是砌弧形及圆形砖基础，工程量确定为 5％，砌筑每 1m³ 弧形及圆形砖基础的时间定额增加 0.12 工日。

（3）其他用工中超运距的材料为红砖、砂浆，均超运距 150m，每 1m³ 的砖基础中超运距的红砖和砂浆相应的时间定额分别为 0.108 工日、0.0398 工日；辅助用工中筛砂的数量为 2.39m³，筛砂 1m³ 的时间定额为 0.195 工日；人工幅度差系数为 10％。

解 （1）基本用工

主体用工：

一砖厚基础＝0.88×（10×70％）＝6.16（工日）

一砖半厚基础＝0.84×（10×20％）＝1.68（工日）

二砖厚基础＝0.823×（10×10％）＝0.823（工日）

小计＝6.16＋1.68＋0.823＝8.663（工日）

加工用工：

弧形及圆形砖基础＝0.12×（10×5％）＝0.06（工日）

合计＝8.663＋0.06＝8.723（工日）

（2）超运距用工

红砖和砂浆超运距均为 150m，则：

超运距用工＝0.108×10＋0.0398×10＝1.478（工日）

（3）辅助用工

辅助用工＝0.195×2.39＝0.466（工日）

（4）人工幅度差

人工幅度差＝(8.723＋1.478＋0.466)×10％＝1.067（工日）

10m³ M5 水泥砂浆条形砖基础的综合工日＝8.723＋1.478＋0.466＋1.067＝11.73（工日）

扫码视频学习

（二）预算定额材料消耗量的确定

1. 材料消耗量的概念

材料消耗量是指在正常施工生产条件下，为完成单位合格产品的施工任务所必须消耗的材料、成品、半成品、构配件及周转性材料的数量标准。它按用途划分为以下四种。

（1）主要材料

主要材料是指直接构成工程实体的材料，其中也包括成品、半成品的材料。

（2）辅助材料

辅助材料是指构成工程实体除主要材料以外的其他材料。如垫木、钉子、铅丝等。

（3）周转性材料

周转性材料是指脚手架、模板等多次周转使用的不构成工程实体的摊销性材料。

（4）其他材料

其他材料是指用量较少，难以计量的零星用量。如面纱、用于编号的油漆等。

2. 材料消耗量的组成

预算定额材料消耗量，既包括构成产品实体的材料净用量，又包括施工现场范围内材料堆放、运输、制备、制作及施工操作过程中不可避免的损耗量。

其计算公式如下：

$$材料消耗量＝材料净用量＋材料损耗量 \tag{4-6}$$

或

$$材料消耗量＝材料净用量×（1＋损耗率） \tag{4-7}$$

其中

$$损耗率＝\frac{损耗量}{净耗量}×100\% \tag{4-8}$$

3. 材料消耗量的计算方法

在建设工程成本中，材料费一般约占 70% 左右，因此，正确确定材料消耗量，对合理使用材料，减少材料积压或浪费，正确计算、控制建设工程成本乃至建设工程产品价格等都具有十分重要的意义。预算定额材料消耗量计算方法主要有以下几种。

（1）按标准规格及规范要求计算。这种方法主要适用于块状、板状和卷筒状的材料消耗，如砖、钢材、玻璃、油毡防水卷材、块料面层等。这是一种常用的方法，其中一些基本的计算公式应记住，如：每立方米一砖墙砖的净用量计算公式为：每 m^3 砌体的砖数＝1/［（砖长＋灰缝）×（砖厚＋灰缝）×墙厚］

再如砂浆用量的计算公式为：砂浆（m^3）＝（$1m^3$ 砌体－砖数×1 块砖的体积）

（2）凡设计图纸尺寸计算及下料要求的按设计图纸尺寸计算材料净用量，如门窗制作用材料、枋、板料等。

（3）对于配合比用料，可采用换算法。如各种胶黏、涂料等材料。

（4）测定法。包括实验室试验法和现场观察法。各种强度等级的混凝土及各种配合比的砌筑砂浆耗用原材料数量的计算，须按照规范要求试配，经试压合格并经过必要的调整后得出水泥、砂子、石子、水的用量。对于不能用其他方法确定定额消耗量的新材料、新结构，须用现场测定方法来确定，根据不同条件可以采用写实记录法和观察法，得出定额的消耗量。

【**例 4.2**】 某砌筑工程，经测定计算，每 $10m^3$ 一砖标准砖墙，墙体中梁头、板头体积占 3.2%，$0.3m^2$ 以内孔洞体积占 1.2%，突出部分墙面砌体占 0.48%。试计算标准砖和砂浆定额用量。

解 （1）每 $10m^3$ 标准砖理论净用量

$$
\begin{aligned}
砖净用量（块）&＝\frac{墙厚砖数×2}{墙厚×（砖长＋灰缝）×（砖厚＋灰缝）}×10\\
&＝\frac{1×2}{0.24×（0.24＋0.01）×（0.053＋0.01）}×10\\
&＝5291（块/10m^3）
\end{aligned}
$$

（2）按砖墙工程量计算规则规定，不扣除梁头、板垫及每个孔洞在 0.3㎡ 以下的孔洞等的体积；不增加突出墙面的窗台虎头砖、门窗套及三皮砖以内的腰线等的体积。这种为简化工程量而做出的规定对定额消耗量的影响在制定定额时要给予消除。

即　　　定额净用量＝理论净用量×（1＋不增加部分比例－不扣除部分比例）

$$=5291×[1+0.48\%-(3.2\%+1.2\%)]$$

$$=5291×0.9608=5084（块/10m^3）$$

（3）砌筑砂浆净用量

砂浆净用量＝（1－529.1×0.24×0.115×0.053）×10×0.9608＝2.172（$m^3/10m^3$）

（4）标准砖和砂浆定额消耗量

砖墙中标准砖及砂浆的损耗率均为1.5%，则

标准砖定额消耗量＝5084×（1＋1.5%）＝5160（块/10m^3）

砂浆定额用量＝2.172×（1＋1.5%）＝2.205（$m^3/10m^3$）

（三）预算定额施工机械台班消耗量的确定

施工机械台班消耗量是指在机械正常施工条件下，完成单位合格的建筑安装产品（定额计量单位制的分项工程或结构构件）所必需的各种施工机械的台班数量标准。

1. 根据施工定额确定机械台班消耗量的计算

这种方法是指用施工定额中机械台班产量加机械台班幅度差计算预算定额的机械台班消耗量。

机械台班幅度差是指在施工定额中所规定的范围内没有包括，而在实际施工中又不可避免产生的影响机械或使机械停歇的时间。其内容包括：

（1）施工机械转移工作面及配套机械相互影响损失的时间。

（2）在正常施工条件下，机械在施工中不可避免的工序间歇。

（3）工程开工或收尾时工作量不饱满所损失的时间。

（4）检查工程质量影响机械操作的时间。

（5）临时停机、停电影响机械操作的时间。

（6）机械维修引起的停歇时间。

大型机械幅度差系数：土方机械为25%，打桩机械为33%，吊装机械为30%，砂浆、其他分部工程中如钢筋加工、木材、水磨石等各项专用机械的幅度差为10%。

综上所述，预算定额的机械台班消耗量按下式计算：

预算定额机械台班消耗量＝施工定额机械台班消耗量×（1＋机械幅度差系数）

特别提示

　　垂直运输的塔吊、卷扬机以及混凝土搅拌机、砂浆搅拌机由于按小组配用，以小组产量计算机械台班产量，不另增加机械幅度差。

引例2

　　一砖外墙设一个塔吊配合一个砖工小组施工，综合取定双面清水砖墙占20%，单面清水砖墙占40%，混水砖墙占40%。砖工小组由22人组成，求每10m^3一砖外墙砌体所需塔吊台班指标。

　　解　计算公式：机械台班消耗量＝定额计量单位/[小组总人数×∑（分项计算取定比重×劳动定额综合产量）]

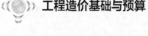

查劳动定额双面清水砖墙、单面清水墙、混水砖墙的产量定额分别为 1.01m³/工日，1.04m³/工日，1.19m³/工日

塔吊台班消耗量= 10/［22×(0.2×1.01+ 0.4×1.04+ 0.4×1.19)］= 0.42（台班/10m³）

2. 以现场测定资料为基础确定机械台班消耗量

如遇到施工定额（劳动定额）缺项者，则需要依据单位时间完成的产量测定。

五、预算定额人工单价、材料（预算）单价和施工机械台班单价的确定

（一）人工单价

1. 人工单价的概念

预算定额是计价性定额，预算基价是通过人材机的消耗量乘以相应单价得出的。人工单价是指一个建筑安装工人一个工作日在预算中应计入的全部人工费用。人工单价基本上反映了建筑安装生产工人的工资水平和一个工人在一个工作日中可以得到的报酬。

人工日工资单价是指施工企业平均技术熟练程度的生产工人在每工作日（国家法定工作时间内）按规定从事施工作业应得的日工资总额。合理确定人工日工资单价是正确计算人工费和工程造价的前提和基础。

目前我国的人工单价均采用综合人工单价的计价方式，即根据综合取定的不同工种、技术等级工资单价及相应的工时比例进行加权平均，得出能够反映工程建设中生产工人一般综合价格水平的人工综合单价。

2. 人工单价的组成内容

按照我国现行《建筑安装工程费用项目组成》（建标［2013］44 号）的规定，人工日工资单价由计时工资或计件工资、奖金、津贴补贴、加班加点工资以及特殊情况下支付的工资组成。人工单价的费用组成如表 4.1 所示。

表 4.1　建筑安装工程人工费内容组成表

费用名称		费用组成内容
人工费	计时工资或计件工资	是指按计时工资标准和工作时间或对已做工作按计件单价支付给个人的劳动报酬
	奖金	是指对超额劳动和增收节支而支付给个人的劳动报酬。如节约奖、劳动竞赛奖等
	津贴补贴	是指为了补偿职工特殊或额外的劳动消耗和因其他特殊原因支付给个人的津贴，以及为了保证职工工资水平不受物价影响而支付给个人的物价补贴。如流动施工津贴、特殊地区施工津贴、高温（寒）作业临时津贴、高空津贴等
	加班加点工资	是指按规定支付的在法定节假日工作的加班工资和在法定日工作时间外延时工作的加点工资
	特殊情况下支付的工资	是指根据国家法律、法规和政策规定，因病、工伤、产假、婚丧假、事假、探亲假、定期休假、停工学习、执行国家或社会义务等原因按计时工资标准或计时工资标准的一定比例支付的工资

3. 人工单价确定的依据和方法

工程造价管理机构确定日工资单价应根据工程项目的技术要求，通过市场调查并参考实物的工程量人工单价综合分析确定，最低日工资单价不得低于工程所在地人力资源和社会保障部门所发布的最低工资标准的：普工 1.3 倍、一般技工 2 倍、高级技工 3 倍。

人工日工资单价确定方法如下。

（1）年平均每月法定工作日。由于人工日工资单价是每一个法定工作日的工资总额，因此需要对年平均每月法定工作日进行计算。计算公式如下：

$$年平均每月法定工作日 = \frac{全年日历日 - 法定假日}{12} \tag{4-9}$$

式中，法定假日指双休日和法定节日。

（2）人工日工资单价的计算。确定了年平均每月法定工作日后，将表 4.1 中工资总额进行分摊，即形成了人工日工资单价。计算公式如下：

$$日工资单价 = \frac{生产工人平均月工资(计时、计件) + 平均月(奖金 + 津贴补贴 + 加班加点工资 + 特殊情况下支付的工资)}{年平均每月法定工作日} \tag{4-10}$$

式中，$$年平均每月法定工作日 = \frac{全年日历日 - 法定假日}{12}$$

注：法定假日指双休日和法定节日。

（3）人工日工资单价的管理。虽然施工企业投标报价时可以自主确定人工费，但由于人工日工资单价在我国具有一定的政策性，为适应工程量清单计价制度的改革，真正实现量价分离，由政府宏观调控，企业自主报价，通过市场竞争形成价格。传统方法确定的工日单价在一定时期是固定不变的，而市场人工价格在不断变化。工程造价工作必须适应当前计价制度的改革，适应建筑市场发展的需要，以定额为导向，以市场为依据，建立人工价格信息系统，实现人工单价市场化；及时了解市场人工成本费用行情，了解市场人工价格的变动，合理地确定人工价格水平，对提高工程造价水平具有重要意义。

人工日工资单价计算公式：

$$人工费 = \sum(工日消耗量 \times 日工资单价) \tag{4-11}$$

公式(4-11) 主要适用于施工企业投标报价时自主确定人工费，也是工程造价管理机构编制计价定额确定定额人工单价或发布人工成本信息的参考依据。

公式(4-10) 适用于工程造价管理机构编制计价定额时确定定额人工费，是施工企业投标报价的参考依据。

4. 影响人工单价的因素

影响建筑安装工人人工单价的因素很多，归纳起来有以下几方面。

（1）社会平均工资水平。建筑安装工人人工日工资单价必然和社会平均工资水平趋同。社会平均工资水平取决于经济发展水平。由于经济的增长，社会平均工资也会增长，从而影响人工日工资单价的提高。

（2）生活消费指数。生活消费指数的提高会促进人工单价的提高，以减少生活水平的下降，或维持原来的生活水平。生活消费指数的变动取决于物价的变动，尤其取决于生活消费品的变动。

（3）人工单价的组成内容。例如，住房消费、养老消费、医疗保险、失业保险等若列入人工单价，会使人工单价提高。《关于印发〈建筑安装工程费用项目组成〉的通知》（建标〔2013〕44 号）规定将职工福利费和劳动保护费从人工日工资单价中删除，这也必然影响人工日工资单价的变化。

（4）劳动力市场供需变化。在劳动力市场如果需求大于供给，人工单价就会提高；供给大于需求，市场竞争激烈，人工单价就会下降。

（5）政府推行的社会保障和福利政策也会影响人工单价的变动。

近年来，各省、市发布提高最低工资标准、企业工资指导线增长也在一定程度上促使各行各业也包括建筑市场人工单价的上涨。

特别提示

　　定额人工单价不能与市场人工单价（市场劳务价）画等号。

　　市场人工单价目前报价 200～300 元/天。而湖北省 2018 年消耗量定额中人工工日单价取定：普工 92 元/工日，技工 142 元/工日，高级技工 212 元/工日。

（二）材料（预算）单价

1. 材料（预算）单价的概念

材料单价是指建筑材料从其来源地运到施工工地仓库，直至出库形成的综合单价。材料单价由材料原价（或供应价格）、材料运杂费、运输损耗费以及采购保管费合计而成。

2. 材料单价的组成内容

在建筑工程中，材料费约占总造价的 60%～70%，在金属结构工程中所占比重更大。因此，合理确定材料价格构成，正确计算材料单价，有利于合理确定和有效控制工程造价。

（1）材料原价（或供应价格）

材料原价是指国内采购材料的出厂价格、销售部门的批发牌价和市场采购价格（或信息价），国外采购材料抵达买方边境、港口或车站并交纳完各种手续费、税费（不含增值税）后形成的价格。

在确定原价时，凡同一种材料因来源地、交货地、供货单位、生产厂家不同，而有几种价格（原价）时，根据不同来源地供货数量的比例，采取加权平均的方法确定其综合原价。其计算公式为：

$$加权平均原价 = \frac{K_1 C_1 + K_2 C_2 + \cdots + K_n C_n}{K_1 + K_2 + \cdots + K_n} \quad (4-12)$$

式中　K_1，K_2，$\cdots$，K_n——各不同供应地点的供应量或各不同使用地点的需要量；

　　　　C_1，C_2，$\cdots$，C_n——各不同供应地点的原价。

特别提示

　　若材料供货价格为含税价格,则材料原价应以购进货物适用的税率(按国家现行政策规定的 17% 或 11% 或 10%)或征收率(3%)扣减增值税进项。

（2）材料运杂费

材料运杂费是指国内采购材料自来源地、国外采购材料自到岸港运至工地仓库或指定堆放地点发生的费用（不含增值税）。含外埠中转运输过程中所发生的一切费用和过境过桥费用，包括调车和驳船费、装卸费、运输费及附加工作费等。

同一种材料有若干个来源地，根据不同来源地供货数量的比例，采取加权平均的方法确定材料运杂费。其计算公式为：

$$加权平均运杂费 = \frac{K_1 T_1 + K_2 T_2 + \cdots + K_n T_n}{T_1 + T_2 + \cdots + T_n} \quad (4-13)$$

式中 K_1，K_2，$\cdots$，K_n——各不同供应地点的供应量或各不同使用地点的需要量；

T_1，T_2，$\cdots$，T_n——各不同运距的运费。

若运输费用为含税价格，则需要按"两票制"和"一票制"两种支付方式分别调整。

① "两票制"支付方式。所谓"两票制"材料，是指材料供应商就收取的货物销售价款和运杂费向建筑业企业分别提供货物销售和交通运输两张发票的材料。在这种方式下，运杂费以交通运输与服务适用税率11%扣减增值税进项税额。

② "一票制"支付方式。所谓"一票制"材料，是指材料供应商就收取的货物销售价款和运杂费合计金额向建筑业企业仅提供一张货物销售发票的材料。在这种方式下，运杂费采用与材料原价相同的方式扣减增值税进项税额。

特别提示

若运输费用为含税价格,对于"两票制"供应的材料,运杂费以接受交通运输与服务适用税率11%扣减增值税进项税额;对于"一票制"供应的材料,运杂费采用与材料原价相同的方式扣减增值税进项税额。

（3）运输损耗费

在材料的运输过程中，应考虑一定的场外运输损耗费用。这是材料在运输装卸过程中不可避免的损耗。运输损耗费的计算公式为：

$$运输损耗费＝(材料原价＋运杂费)×相应材料运输损耗率 \qquad (4\text{-}14)$$

（4）采购及保管费

采购及保管费是指材料供应部门（包括工地仓库及其以上各级材料主管部门）在组织采购、供应和保管材料过程中所需的各项费用。包括采购费、仓储费、工地管理费和仓储损耗费。采购及保管费一般按照材料的到库价格乘以费率取定。采购及保管费的计算公式为：

$$采购及保管费＝(材料原价＋运杂费＋运输损耗费)×采购及保管费率$$

3. 材料（预算）单价的确定方法

上述费用汇总之后，得到材料单价的计算公式为：

$$材料单价＝\{(供应价格＋运杂费)×(1＋运输损耗率\%)\}×(1＋采购保管费率\%)$$

$$(4\text{-}15)$$

由于我国幅员辽阔，建筑材料产地与使用地点的距离各地差异很大，采购、保管、运输方式也不尽相同，因此材料单价原则上按地区范围编制。

【例4.3】 某办公大楼施工所需的水泥材料从甲、乙两个地方采购，其采购量及有关费用如表4.2所示，表中原价（适用13%增值税率）、运杂费（适用9%增值税率）均为含税价格，且材料采用"两票制"支付方式。求该水泥的单价。

表4.2 水泥采购信息表

采购处	采购量/t	原价/(元/t)	运杂费/(元/t)	运输损耗率/%	采购及保管费率/%
甲	300	250	25	0.5	3.5
乙	200	260	20	0.4	

解 材料含税价＝不含税价＋增值税＝不含税价＋不含税价×增值税率＝不含税价×(1＋增值税率)

（1）将水泥原价调整为不含税价格

甲地的水泥原价（不含税）＝250/1.13＝221.24（元/t）

乙地的水泥原价（不含税）＝260/1.13＝230.09（元/t）

$$水泥加权平均原价＝\frac{221.24×300＋230.09×200}{300＋200}＝224.78（元/t）$$

（2）将水泥运杂费调整为不含税价格

甲地的水泥运杂费（不含税）＝25/1.09＝22.94（元/t）

乙地的水泥运杂费（不含税）＝20/1.09＝18.35（元/t）

$$水泥加权平均运杂费＝\frac{22.94×300＋18.35×200}{300＋200}＝21.10（元/t）$$

（3）计算加权平均运输损耗费

甲地的水泥运输损耗费＝（221.24＋22.94）×0.5%＝1.22（元/t）

乙地的水泥运输损耗费＝（230.09＋18.35）×0.4%＝0.99（元/t）

$$加权平均运输损耗费＝\frac{1.22×300＋0.99×200}{300＋200}＝1.13（元/t）$$

材料单价＝（224.78＋21.10＋1.13）×（1＋3.5%）＝255.66（元/t）

或者：

$$加权平均运输损耗率＝\frac{0.5%×300＋0.4%×200}{300＋200}＝0.46%$$

材料单价＝（224.78＋21.10）×（1＋0.46%）×（1＋3.5%）＝255.66（元/t）

4. 影响材料价格变动的因素

（1）市场供需变化。材料原价是材料预算价格中最基本的组成。市场供给大于需求，价格就会下降；反之，价格就会上升。市场供求变化会影响材料预算价格的涨落。

（2）材料生产成本的变动。这是影响采购价格最根本、最直接的因素。

（3）流通环节的多少和材料供应体制。

（4）运输距离和运输方法。

（5）国际市场行情会对进口材料价格产生影响。

（三）施工机械台班单价

1. 施工机械台班单价的概念

施工机械台班单价亦称"施工机械台班预算费"，是指每台施工机械正常工作一个班（按8h计）发生的各项费用。它包括基本折旧费、台班检修费、台班维护费、替换设备费、润滑油及擦拭材料费、安装拆卸及辅助设施费、机械管理费等固定费用和机上工作人员工资、施工机械运转动力费、燃料费、牌照税及保养费等变动费用。它是编制建筑安装工程单位估价表和施工图预算的依据。正确确定施工机械台班使用费，有利于降低工程预算造价，促进企业不断改善施工机械设备，提高基本建设的劳动生产率和加快建设工程进度。

2. 施工机械台班单价的组成

根据住建部《建设工程施工机械台班费用编制规则》（2015版）及《建设工程施工仪器仪表台班费用编制规则》（2015版）的规定，施工机械划分为十二个类别：土石方及筑路机械、桩工机械、起重机械、水平运输机械、垂直运输机械、混凝土及砂浆机械、加工机械、泵类机械、焊接机械、动力机械、地下工程机械和其他机械。

施工机械台班单价由七项费用组成，这些费用按性质分为两类费用，即第一类费用和第二类费用。

Ⅰ．第一类费用

第一类费用（亦称不变费用），是指属于分摊性质的费用，包括以下四项。

（1）折旧费的组成及确定

折旧费是指施工机械在规定的耐用总台班内，陆续收回其原值的费用。折旧费的计算依据包括：机械预算价格、残值率、贷款利息系数、耐用总台班。计算公式如下。

1）机械预算价格

① 国产施工机械的预算价格。国产施工机械的预算价格按照机械原值、相关手续费和一次运杂费以及车辆购置税之和计算。

机械原值应按下列途径询价、采集：

a．编制期施工企业购进施工机械的成交价格；

b．编制期施工机械展销会发布的参考价格；

c．编制期施工机械生产厂、经销商的销售价格；

d．其他能反映编制期施工机械价格水平的市场价格。

其中车辆购置税应按下列公式计算：

$$车辆购置税＝（机械原值＋相关手续费和一次运杂费）×车辆购置税率（\%） \qquad (4-16)$$

车辆购置税率应按编制期间国家有关规定计算。

② 进口施工机械的预算价格。进口施工机械的预算价格按照到岸价格、关税、消费税、相关手续费和国内一次运杂费、银行财务费、车辆购置税之和计算。

a．进口施工机械原值应按下列方法取定。

（a）进口施工机械原值应按"到岸价格＋关税"取定，到岸价格应按编制期施工企业签订的采购合同、外贸与海关等部门的有关规定及相应的外汇汇率计算取定；

（b）进口施工机械原值应按不含标准配置以外的附件及备用零配件的价格定。

b．关税、消费税及银行财务费应执行编制期国家有关规定，并参照实际发生的费用计算。也可按其占施工机械原值的百分率取定。

c．相关手续费和国内一次运杂费应按实际费用综合取定，也可按其占施工机械原值的百分率确定。

d．车辆购置税应按下列公式计算。

$$车辆购置税＝（到岸价格＋关税＋消费税）×车辆购置税率 \qquad (4-17)$$

车辆购置税率应执行编制期间国家有关规定计算。

2）残值率　残值率是指机械报废时回收其残余价值占施工机械预算价格的百分数。残值率应按编制期国家有关规定确定，目前各类施工机械均按5%计算。

3）耐用总台班　耐用总台班指施工机械从开始投入使用至报废前使用的总台班数，应按相关技术指标取定。

年工作台班指施工机械在一个年度内使用的台班数量。年工作台班应在编制期制度工作日基础上扣除检修、维护天数及考虑机械利用率等因素综合取定。

机械耐用总台班的计算公式为：

$$耐用总台班＝折旧年限×年工作台班＝检修间隔台班×检修周期$$

检修间隔台班是指机械自投入使用起至第一次检修止或自上一次检修后投入使用起至下

一次检修止，应达到的使用台班数。

检修周期是指机械正常的施工作业条件下，将其寿命期（即耐用总台班）按规定的检修次数划分为若干个周期。其计算公式：检修周期＝检修次数＋1。

$$台班折旧费＝\frac{机械预算价格×（1－残值率）×时间价值系数}{耐用总台班} \tag{4-18}$$

$$时间价值系数＝1＋\frac{（折旧年限＋1）}{2}×年折现率 \tag{4-19}$$

（2）检修费的组成及确定

检修费是指施工机械在规定的耐用总台班内，按规定的检修间隔进行必要的检修，以恢复其正常功能所需的费用。检修费是机械使用期限内全部检修费之和在台班费用中的分摊额，它取决于一次检修费、检修次数和耐用总台班的数量。其计算公式为：

检修费＝一次检修费×检修次数×除税系数÷耐用总台班

① 一次检修费指施工机械一次检修发生的工时费、配件费、辅料费、燃料费等。一次检修费应按施工机械的相关技术指标和参数为基础，结合编制期市场价格综合确定。可按其占预算价格的百分率取定。

② 检修次数是指施工机械在其耐用总台班内的检修次数。检修次数应按施工机械的相关技术指标取定。

$$除税系数＝自行检修比例＋委外检修比例/（1＋税率） \tag{4-20}$$

③ 自行检修比例、委外检修比例是指施工机械自行检修、委托专业修理修配部门检修占检修费的比例。具体比值应结合本地区（部门）施工机械检修实际综合取定。税率按增值税修理修配劳务适用税率计取。

（3）维护费的组成及确定

维护费指施工机械在规定的耐用总台班内，按规定维护间隔进行各级维护和临时故障排除所需的费用。保障机械正常运转所需替换与随机配备工具附具的摊销和维护费用、机械运转及日常保养维护所需润滑与擦拭的材料费用及机械停滞期间的维护费用等。各项费用分摊到台班中，即为维护费。其计算公式为：

$$台班维修费＝\frac{（各级维护一次费用×除税系数×各级维护次数）＋临时故障排除费}{耐用总台班}$$

$$\tag{4-21}$$

当维护费计算公式中各项数值难以确定时，也可按下列公式计算：

$$台班维护费＝台班检修费×K \tag{4-22}$$

式中　K——维护费系数，指维护费占检修费的百分数。

① 各级维护一次费用应按施工机械的相关技术指标，结合编制期市场价格综合取定。

② 各级维护次数应按施工机械的相关技术指标取定。

③ 临时故障排除费可按各级维护费用之和的百分数取定。

④ 替换设备及工具附具台班摊销费应按施工机械的相关技术指标，结合编制期市场价格综合取定。

⑤ 除税系数。除税系数是指一部分维护可以考虑购买服务，从而需扣除维护费中包括的增值税进项税额。

$$除税系数＝自行维护比例＋委外维护比例/（1＋税率） \tag{4-23}$$

自行维护比例、委外维护比例是指施工机械自行维护、委托专业修理修配部门维护占维护费比例。具体比值应结合本地区（部门）施工机械维护实际综合取定。税率按增值税修理修配劳务适用税率计取。

（4）安拆费及场外运费的组成和确定

安拆费指施工机械在现场进行安装与拆卸所需的人工、材料、机械和试运转费用以及机械辅助设施的折旧、搭设、拆除等费用。场外运费指施工机械整体或分体自停放地点运至施工现场或由一施工地点运至另一施工地点的运输、装卸、辅助材料及架线等费用。

安拆费及场外运费根据施工机械不同分为计入台班单价、单独计算和不需计算三种类型。

① 安拆简单、移动需要起重及运输机械的轻型施工机械，其安拆费及场外运费计入台班单价。安拆费及场外运费应按下列公式计算：

$$台班安拆及场外运费=\frac{一次安拆及场外运费\times 年平均安拆次数}{年工作台班} \tag{4-24}$$

a. 一次安拆费应包括施工现场机械安装和拆卸一次所需的人工费、材料费、机械费、安全监测部门的检测费及试运转费；

b. 一次场外运费应包括运输、装卸、辅助材料和回程等费用；

c. 年平均安拆次数按施工机械的相关技术指标，结合具体情况综合确定；

d. 运输距离均按平均 30km 计算。

② 单独计算的情况包括：

a. 安拆复杂、移动需要起重及运输机械的重型施工机械，其安拆费及场外运费单独计算；

b. 利用辅助设施移动的施工机械，其辅助设施（包括轨道和枕木）等的折旧、搭设和拆除等费用可单独计算。

③ 不需计算的情况包括：

a. 不需安拆的施工机械，不计算一次安拆费；

b. 不需相关机械辅助运输的自行移动机械，不计算场外运费；

c. 固定在车间的施工机械，不计算安拆费及场外运费。

④ 自升式塔式起重机、施工电梯安拆费的超高起点及其增加费，各地区、部门可根据具体情况确定。

Ⅱ. 第二类费用

第二类费用（亦称可变费用），是指属于支出性质的费用，包括以下三项。

（1）机上人工费

人工费指机上司机（司炉）和其他操作人员的人工费。按下列公式计算：

$$台班人工费=人工消耗量\times\left(1+\frac{年制度工作日-年工作台班}{年工作台班}\right)\times 人工单价 \tag{4-25}$$

① 人工消耗量指机上司机（司炉）和其他操作人员工日消耗量。

② 年制度工作日应执行编制期国家有关规定。

③ 人工单价应执行编制期工程造价管理机构发布的信息价格。

【例 4.4】 某载重汽车配司机 1 人，当年制度工作日为 280 天，年工作台班为 250 台班，人工单价为 80 元。求该载重汽车的人工费为多少？

解 人工费$=1\times[1+(280-250)/250]\times80=89.60$（元/台班）

（2）燃料、动力费

燃料动力费是指施工机械在运转作业中所耗用的燃料及水、电等费用。计算公式如下：

$$台班燃料动力费=\sum（燃料动力消耗量\times燃料动力单价）\tag{4-26}$$

① 燃料动力消耗量应根据施工机械技术指标等参数及实测资料综合确定。可采用下列公式：

$$台班燃料动力消耗量=（实测数\times4+定额平均值+调查平均值）/6\tag{4-27}$$

② 燃料动力单价应执行编制期工程造价管理机构发布的不含税信息价格。

（3）其他费用

其他费用是指施工机械按照国家规定应缴纳的车船税、保险费及检测费等。其计算公式为：

$$台班其他费=\frac{年车船税+年保险费+年检测费}{年工作台班}\tag{4-28}$$

① 年车船税、年检测费应执行编制期国家及地方政府有关部门的规定。

② 年保险费应执行编制期国家及地方政府有关部门强制性保险的规定，非强制性保险不应计算在内。

【例4.5】 某土方施工机械原值为150000元，耐用总台班为6000台班，一次检修费为9000元，检修次数为4，台班维护费系数为20%，每台班发生的其他费用合计为30元/台班，忽略残值和资金时间价值，试计算该机械的台班单价为多少？

解 折旧费$=150000/6000=25$（元/台班）

检修费$=9000\times4/6000=6.0$（元/台班）

维护费$=6.0\times20\%=1.2$（元/台班）

台班单价$=25+6.0+1.2+30=62.2$（元/台班）

3. 《湖北省施工机具使用费定额》关于施工机械台班单价的规定

《湖北省施工机具使用费定额》（2018版）是根据《建设工程施工机械台班费用编制规则》（2015版）、《建设工程施工仪器仪表台班费用编制规则》（2015版）及《湖北省施工机械台班费用定额》（2013版）为基础进行编制的，是湖北省建设工程各专业消耗量的施工机械台班单价确定和计算的依据。它包括施工机械使用费定额和施工仪器仪表使用费定额两部分。

（1）施工机械台班单价的内容

施工机械台班单价包括：土石方及筑路机械、桩工机械、起重机械、水平运输机械、垂直运输机械、混凝土及砂浆机械、加工机械、泵类机械、焊接机械、动力机械、地下工程机械、其他机械和补充机械共计十三类及单独计算费用。

表4.3为土石方及筑路机械种类中履带式推土机的台班单价（示例），摘自《湖北省施工机具使用费定额》（2018版）。

（2）施工机械台班单价的表现形式

施工机械台班单价有台班单价和扣燃动费台班单价两种表现形式。

① 台班单价。

施工机械台班单价由台班折旧费、台班检修费、台班维护费、台班安拆费及场外运费、台班人工费、台班燃料动力费、台班其他费七项组成。

表 4.3 履带式推土机的台班单价

一、土石方及筑路机械

编号	编码	名称、规格、型号	费用组成								人工及燃料动力费						
		名称、规格、型号	台班单价	台班单价（扣燃动费）	折旧费	检修费	维护费	安拆费及场外运费	人工费	燃料动力费	其他费	人工	汽油	柴油	电	煤	木柴	水
			元	元	元	元	元	元	元	元	元	工日	kg	kg	kW·h	t	kg	m³
												142.00	6.03	5.26	0.75	0.65	0.26	3.39
1	JX17010010	履带式推土机50kW	538.93	351.67	25.84	11.62	30.21	0.00	284.00	187.26		2.00		35.60				

施工仪器仪表台班单价由台班折旧费、台班维护费、台班校验费、台班动力费四项组成。

② 扣燃动费台班单价。

施工机械台班单价（扣燃动费）由台班折旧费、台班检修费、台班维护费、台班安拆费及场外运费、台班人工费、台班其他费六项组成。

施工仪器仪表台班单价（扣燃动费）由台班折旧费、台班维护费、台班校验费三项组成。

（3）施工机械台班单价的有关规定

① 施工机械台班单价中每台班按 8h 工作制计算。人工单价按技工 128 元/工日计取。燃料动力单价按表 4.4 计取。

表 4.4 燃料动力单价计取表

序号	名称	单位	价格/元
1	汽油（92#）	kg	6.03
2	柴油（0#）	kg	5.26
3	煤	kg	0.65
4	电	kW·h	0.75
5	水	m³	3.39
6	木柴	kg	0.26

② 施工机械台班单价中燃料动力费并入消耗量定额的材料中。材料数量调整时，不调整燃料动力材料数量。

机械台班单价按《湖北省施工机具使用费定额》（2018 版）扣燃料动力费的除税价格取定。机械台班数量调整时，同步调整燃料动力材料数量。

例如：某工程土方 100m³，使用 0.6m³ 反铲挖一二类土，不装车，地勘报告说明土壤含水率≥25%。

查看定额，套用 G1-75，反铲挖掘机、不装车（斗容量 0.6m³）、材料中柴油［机械］104.584kg。

根据说明，机械挖运湿土，相应人工、机械乘以系数 1.15。

本定额材料中人工、机械消耗量乘以系数 1.15，同时材料中燃动费柴油［机械］

$104.584 \times 1.15 = 120.272$ (kg)。

（4）施工机械台班单价的计算案例

案例一

施工机械台班单价（含税价）计算案例，已知汽车式起重机（60t）的基础数据（除税）如表4.5所示，试计算其台班单价（含税价）。

表 4.5　汽车式起重机的基础数据（除税）

折旧年限/年	预算价格/元	残值率/%	年工作总台班/台班	耐用总台班/台班	检修次数/次	一次检修费/元	一次安拆费及场外运费	年平均安拆次数	K 值	机上人工
10～14	2179744	5	200	2250	2	473504			2.07	2

解　依据《湖北省施工机具使用费定额》（2018 版）附录 3，施工机械台班单价（含税价）编制规则见表 4.6。

表 4.6　施工机械台班单价（含税价）**编制规则**

序号	机械台班单价	施工机械台班单价（含税价）编制规则
1	机械台班单价	各组成内容按以下方法分别调整
1.1	台班折旧费（含税）	预算价格（除税）×（1+残值率）÷耐用总台班×（1+增值税率17%）
1.2	检修费（含税）	中小型机械：一次检修费（除税）×检修次数÷耐用总台班÷[自行检修比例60%+委托检测比例40%÷（1+增值税率17%）] 大型机械：一次检修费（除税）×检修次数÷耐用总台班÷[自行检修比例10%+委托检修比例90%÷（1+增值税率17%）]
1.3	维护费（含税）	中小型机械：台班维护费（除税）÷[自行检修比例60%+委托检修比例40%÷（1+增值税率17%）] 大型机械：台班维护费（除税）÷[自行检修比例10%+委托检修比例90%÷（1+增值税率17%）] 或台班维护费=台班检修费（含税）×K 式中，K 为维护费系数
1.4	安拆费及场外运输费（含税）	
1.4.1	计入台班单价（中小型机械）	安拆费及场外运输费（除税）÷[考虑自行安装不可扣减比例50%+可扣减比例50%÷（1+增值税率17%）]

依据国家最新税率调整的文件《财政部税务总局关于调整增值税税率的通知》（财税［2018］32 号）规定，自 2019 年 5 月 1 日起增值税率调整为 9%。

计算施工机械台班单价应按下列公式计算：

台班单价（扣燃动费）= 台班折旧费+台班检修费+台班维护费+台班安拆费及场外运费+台班人工费+台班其他费

1. 台班折旧费（含税）= 机械预算价格（含税）×（1－残值率）÷耐用总台班

折旧费计算公式发生变化，不考虑时间价值系数。

预算价格（含税）= 预算价格（除税）×（1+增值税率）

$$= 2179744 \times (1+9\%) = 2375920.96 （元）$$

台班折旧费（含税）= $2375920.96 \times (1-5\%) \div 2250 = 1003.17$ （元/台班）

2. 台班检修费（含税）= 一次检修费（除税）×检修次数÷耐用总台班÷

$$[（自行检测比例10\%+委托检修比例90\%）÷（1+增值税率9\%）]$$

$$= 473504 \times 2 \div 2250 \div (0.1+0.9 \div 1.09) = 457.15 （元/台班）$$

3. 台班维护费（含税）= 检修费（含税）×K = $457.15 \times 2.07 = 946.30$ （元/台班）

4. 人工费＝人工消耗量×人工单价＝2×142＝284（元/台班）

5. 其他费，查《湖北省施工机具使用费定额》（2018版）附录3其他费（含税）费用表，可知汽车式起重机（60t）其他费＝276.56（元/台班）

合计，扣燃料动力费施工机械台班单价（含税）＝1003.17＋457.15＋946.30＋284＋276.56＝2967.18（元/台班）

案例二

施工仪器仪表台班单价（含税价）计算案例。已知多功能交直流钳形测量仪基础数据（除税）如表4.7所示，试计算扣燃料动力费施工仪器仪表台班单价（含税价）。

表 4.7　多功能交直流钳形测量仪基础数据（除税）

预算价格/元	折旧年限/年	残值率/%	耐用总台班/台班	年工作台班/台班	年使用率/%	年维护费/元	年校验费/元	台班耗电量/(kW·h)
2051	5	5	875	175	70	103.21	383.97	0.16

解　依据《湖北省施工机具使用费定额》（2018版）附录2，施工机械台班单价（含税价）编制规则见表4.8。

表 4.8　施工仪器仪表台班单价（含税价）编制规则

仪器仪表台班单价	施工仪器仪表台班单价（含税价）编制规则
折旧费（含税）	折旧费（除税）×（1＋增值税率17%）
维护费（含税）	维护费（除税）×（1＋增值税率17%）
校验费（含税）	校验费（除税）×（1＋增值税率17%）
动力费（含税）	动力费＝台班耗电量×电价（含税）

依据国家最新税率调整的文件《财政部税务总局关于调整增值税税率的通知》（财税〔2018〕32号）规定，自2019年5月1日起增值税率调整为9%。

施工仪器仪表台班单价应按下列公式计算：

台班单价（扣燃动费）＝台班折旧费＋台班维护费＋台班校验费

台班折旧费＝机械预算价格×（1－残值率）÷耐用总台班

机械预算价格（含税）＝预算价格（不含税）×（1＋增值税率）

＝2051×1.09＝2235.59（元/台班）

台班折旧费（含税）＝2235.59×（1-5%）÷875＝2.43（元/台班）

年维护费＝年维护费×（1＋增值税率）＝103.21×1.09＝112.50（元/台班）

年校验费＝年校验费×（1＋增值税率）＝183.97×1.09＝200.53（元/台班）

合计：多功能交直流钳形测量仪的扣燃动费台班单价（含税）＝2.43＋112.50＋200.53＝315.46（元/台班）。

任务3　消耗量定额

一、消耗量定额概述

(一) 消耗量定额的概念

消耗量定额是指由建设行政主管部门根据合理的施工组织设计，按照正常施工条件制定的，生产一个规定计量单位工程合格产品所需人工、材料、机械台班的社会平均消耗量标准。

消耗量定额是由劳动消耗定额、材料消耗定额和机械台班消耗定额组成。

从本质上讲，消耗量定额从属于预算定额，具有预算定额的作用。

预算定额"量""价"合一，量就是在社会平均水平的基础上完成一定计量单位的建筑产品所消耗的人、材、机的数量；价是预算单价，就是建筑工程单位产品的基本价格（人工费、材料费、机械费）。

1995年之前我国没有消耗量定额之说，1995年国家颁布了《全国统一建筑工程基础定额》，基础定额又称为消耗量定额，为了配合清单计价模式的推行，各省以"95基础定额"为基础编制了各省的消耗量定额，消耗量定额只有量（消耗量）没有价（预算单价），是国家在推行清单计价时，预算定额的新的表现形式，就是以预算定额为基础编制的只有消耗量的定额，为了和原来的预算定额进行区分，取名为消耗量定额。

（二）消耗量定额的作用

消耗量定额有以下几个方面的作用。

（1）消耗量定额是确定工程造价、编制招标标底和确定投标报价的基础。

（2）消耗量定额是企业编制工程计划、科学组织和管理施工的重要依据。

（3）消耗量定额是建筑企业计算劳动报酬与奖励、推行经济责任制的重要依据。

（4）消耗量定额是建筑企业提高劳动生产率，降低工程成本，进行经济分析、成本核算的重要工具。

（5）消耗量定额是建筑企业总结经验、改进工作方法、提高企业竞争力的重要手段。

（三）消耗量定额的主要特点

（1）实行"量"与"价"完全分离，子目中只有消耗量没有价。

（2）重新划分定额章节及定额子目，使子目的设置与清单计价规则相适应，力争和工程实际相一致。

（3）各章节说明突出其指导性、参考性，弱化其规定性。

（4）绝大多数子目为单项定额（个别是综合定额），即该定额子目中没有再包括其他工作内容。

（5）表现形式上将"工作内容"放在了子目的上方，便于查阅。

（四）消耗量定额的分类

1. 按生产要素分类

可分为劳动消耗定额、材料消耗定额和机械台班消耗定额。

2. 按主编单位和执行范围分类

可分为全国统一定额、主管部门定额、地方统一定额及企业定额等。

全国统一消耗量定额，最新的有住房和城乡建设部组织修订的《房屋建筑与装饰工程消耗量定额》（编号为 TY01-31-2015）、《通用安装工程消耗量定额》（编号为 TY02-31-2015）、《市政工程消耗量定额》（编号为 ZYA1-31-2015）、《建设工程施工机械台班费用编制规则》以及《建设工程施工仪器仪表台班费用编制规则》《装配式建筑工程消耗量定额》。

地方统一消耗量定额，湖北省最新的有住建厅组织编制的《湖北省房屋建筑与装饰工程消耗量定额及全费用基价表》《湖北省通用安装工程消耗量定额及全费用基价表》《湖北省建设工程公共专业消耗量定额及全费用基价表》《湖北省市政工程消耗量定额及全费用基价表》《湖北省园林绿化工程消耗量定额及全费用基价表》《湖北省装配式建筑工程消耗量定额及全费用基价表》《湖北省施工机具使用费定额》《湖北省建筑安装工程费用定额》《湖北省绿色建筑工程消耗量定额及全费用基价表》《湖北省城市地下综合管廊工程消耗量定额及全费用基价表》等定额。

3. 根据专业性质不同分类

根据专业性质不同可分为建筑工程定额、安装工程定额、装饰工程定额、仿古建筑及园林工程定额、市政工程定额、公路工程定额、铁路工程定额、井巷工程定额等。

二、消耗量定额的组成

消耗量定额的内容，一般由总说明、建筑面积计算规范、分部说明和工程量计算规则、分项工程定额表和有关的附录（附表）组成。

（一）总说明

总说明是对定额的使用方法及全册共同性问题所作的综合说明和统一规定。要正确地使用消耗量定额，就必须首先熟悉和掌握总说明内容，以便对整个定额手册有全面了解。

总说明内容一般如下：

（1）定额的编制依据、适用范围；

（2）定额的内容和作用；

（3）人工、材料、机械台班定额消耗量（"三量"）和价格（"三价"）确定的说明和规定；

（4）定额基价的组成；

（5）定额的其他规定等。

（二）建筑面积计算规范

建筑面积是以"m^2"为计量单位，反映房屋建设规模的实物量指标。建筑面积计算规范是按国家统一规定编制的，是计算工业与民用建筑建筑面积的依据。

（三）分部说明和工程量计算规则

1. 分部说明

分部说明是对本分部编制内容、使用方法和共同性问题所作的说明与规定，它是消耗量定额的重要组成部分。

2. 工程量计算规则

工程量计算规则是对本分部中各分项工程工程量的计算方法所作的规定，它是编制预算时计算分项工程工程量的重要依据。

（四）分项工程定额表

定额表是定额最基本的表现形式，分项工程定额表包括分项工程基价、分项工程消耗指标、材料预算价格、机械台班预算价格。每一定额表均列有工作内容、定额编号、项目名称、计量单位、定额消耗量、基价和附注等。

（1）工作内容。在定额表表头上方说明分项工程的工作内容，包括主要工序、操作方法、计量单位等。

（2）定额编号。在编制工程造价时，必须注明选套的定额编号。对分项工程或结构构件均须手工填写（或软件输入）定额编号，其目的是一方面起到快速查阅定额的作用；另一方面也便于预算审核人检查定额项目套用是否正确合理，以起到减少差错、提高管理水平的作用；同时定额编号是消耗量定额表的主要组成内容。定额编号通常有"三符号"和"两符号"的编号方法。

① 三符号编号法。三符号编号法有两种形式。一种是第一个符号表示分部工程（章）的序号，第二个符号表示分项工程（节）的序号，第三个符号表示分项工程中子项目的序号，其表达形式如图 4.1 所示。

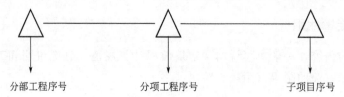

图 4.1　三符号编号法表达方式之一

以 2018 年《湖北省房屋建筑与装饰工程消耗量定额及全费用基价表》为例，定额编号用"三符号"编号法来表示。其表达方式如下：

其中，分册序号用英文字母 A、C、D、E、G…表示。"A"表示房屋建筑与装饰工程、"C"表示通用安装工程、"D"表示市政工程、"E"表示园林绿化工程、"G"表示公共专业工程和装配式结构工程。

分部工程序号，用阿拉伯数字 1、2、3、4…表示。

每一分部中分项工程或结构构件顺序号从小到大按序编制，用阿拉伯数字 1、2、3、4…表示。

例如，《湖北省房屋建筑与装饰工程消耗量定额及全费用基价表》（2018 版）定额编号 A1-31 中："A"表示建筑工程，"1"表示结构屋面分册中的第 1 个分部工程——砌筑工程，"31"表示第 31 个子项目，即干混砌筑砂浆 DM M10 砌筑≤150mm 厚蒸压加气混凝土砌块墙。

另外有一种是第一个符号表示分部工程（章）的序号，第二个符号表示定额页码的序号，第三个符号表示分项工程中子项目的序号，其表达形式如图 4.2 所示。

图 4.2　三符号编号法表达方式之二

② 两符号编号法。两符号编号法是第一个符号表示分部工程（章）的序号，第二个符号表示分项工程（节）的序号，其表达形式如图 4.3 所示。我国现行《房屋建筑与装饰工程

消耗量定额》（TY01-31-2015）都是采用两符号进行编号的。

图 4.3　两符号编号法表达方式

例如，《房屋建筑与装饰工程消耗量定额》（TY01-31-2015）中采用厚度 100mm 以内水泥珍珠岩的屋面保温隔热项目，编排在第四章第十三栏目内，其编号为 4-13。

（3）分项工程定额名称。

（4）定额基价，包括人工费、材料费、机械费。

（5）人工表现形式，包括工日数量和工日单价。

（6）材料（含成品、半成品）表现形式。材料栏中主要列出主要材料、辅助材料和零星材料等名称及消耗量，并计入相应损耗。

（7）施工机具的表现形式。栏中主要列出施工机具的名称、规格和数量。

（五）附录

附录是消耗量定额的有机组成部分，各省、市、自治区、直辖市编入内容不尽相同，一般包括定额砂浆与混凝土配合比表、建筑机械台班费用定额、主要材料施工损耗表、建筑材料预算价格取定表、某些工程量计算表以及简图等。定额附录内容可作为定额换算与调整和制定补充定额的参考依据。

以目前最新的《房屋建筑与装饰工程消耗量定额》（TY01-31-2015）为例，它包括：土石方工程，地基处理及边坡支护工程，桩基工程，砌筑工程，混凝土及钢筋混凝土工程（含模板工程），金属结构工程，木结构工程，门窗工程，屋面及防水工程，保温、隔热、防腐工程，楼地面装饰工程，墙、柱面装饰与隔断、幕墙工程，天棚工程，油漆、涂料、裱糊工程，其他装饰工程，拆除工程，措施项目共十七章（分部工程）。附录只有模板一次使用量表。

定额项目表示例。表 4.9 是全国《房屋建筑与装饰工程消耗量定额》（TY01-31-2015）中的第五章"混凝土及钢筋混凝土"分部工程（摘录）矩形柱、构造柱、异形柱、圆形柱 4 个子目的定额表。

表 4.9　《房屋建筑与装饰工程消耗量定额》（TY01-31—2015）（摘录）

柱编码：010502

工作内容：浇筑、振捣、养护等　　　　　　　　　　　　　　　　　　　　　定额计量单位：10m³

定额编号			5-11	5-12	5-13	5-14
项目			矩形柱	构造柱	异形柱	圆形柱
名称		单位	消耗量			
人工	合计工日		工日	7.211	12.072	7.734	7.744
	其中	普工	工日	2.164	3.622	2.321	2.323
		一般技工	工日	4.326	7.243	4.640	4.647
		高级技工	工日	0.721	1.207	0.773	0.774

续表

定额编号		5-11	5-12	5-13	5-14
项目		矩形柱	构造柱	异形柱	圆形柱
名称	单位	消耗量			
材料 预拌混凝土 C20	m³	9.797	9.797	9.797	9.797
土工布	m³	0.912	0.885	0.912	0.885
水	m³	0.911	2.105	2.105	1.950
预拌水泥砂浆	m³	0.303	0.303	0.303	0.303
电	kW·h	3.750	3.720	3.720	3.750

拓 展 阅 读

《房屋建筑与装饰工程消耗量定额》

以目前最新的《湖北省房屋建筑与装饰工程消耗量定额及全费用基价表》(2018 版)为例，一共有三个分册：《湖北省建设工程公共专业消耗量定额及全费用基价表》《湖北省房屋建筑与装饰工程消耗量定额及全费用基价表》(结构·屋面)、《湖北省房屋建筑与装饰工程消耗量定额及全费用基价表》(装饰·措施)。

三、消耗量定额的应用

(一) 定额的直接套用

当图纸设计工程项目的内容与定额项目的内容一致时，可直接套用定额，确定工料机消耗量。此类情况在编制施工预算时属于大多数情况。

直接套用定额的主要内容，包括定额编号、项目名称、计量单位、工料机消耗量、定额基价等。

现以《湖北省房屋建筑与装饰工程消耗量定额及全费用基价表》(2018 版)中"砌筑工程"为例，说明消耗量定额的具体识读和使用方法。见表 4.10。

表 4.10 砖墙、空斗墙、空花墙

工作内容：调、运、铺砂浆，运、砌砖，安放木砖，垫块　　　　　　定额计量单位：10m³

定额编号		A1-6	A1-7
项目		混水砖墙砖	
		1砖半	2砖及2砖以上
全费用/元		6780.81	6602.40
其中	人工费/元	1625.23	1534.09
	材料费/元	2947.59	2957.53
	机械费/元	45.71	46.64
	费用/元	1490.31	1409.85
	增值税/元	671.97	654.29

续表

定额编号			A1-6	A1-7
项目			混水砖墙砖	
			1 砖半	2 砖及 2 砖以上
名称	单位	单价/元	数量	
人工	普工	工日	92.00	2.764	2.609
	技工	工日	142.00	5.528	5.218
	高级技工	工日	212.00	2.764	2.609
材料	蒸压灰砂砖 240×115×53	千块	349.57	5.332	5.296
	干混砌筑砂浆 DM M10	t	257.35	4.148	4.235
	水	m³	3.39	1.680	1.683
	其他材料费	%	—	0.180	0.180
	电[机械]	kW·h	0.75	6.956	7.099
机械	干混砂浆罐式搅拌机 2000L	台班	187.32	0.244	0.249

表 4.10 中 1 砖半混水砖墙定额项目，定额编号为 A1-6，计量单位为 10m³，全费用是由人工费、材料费、机械费、费用、增值税汇总计算出来的，其中，人工费、材料费、机械费分别是数量乘以单价而得出来的结果。费用包括总价措施费、企业管理费、利润和规费。根据湖北省建筑安装工程费用定额的规定，取费基数为人工费＋机械费，即费用＝（人工费＋机械费）×总价措施费率＋（人工费＋机械费）×企业管理费率＋（人工费＋机械费）×利润率＋（人工费＋机械费）×规费费率。增值税是一般计税法下销项税，增值税＝（人工费＋材料费＋机械费＋费用）×增值税率。湖北省各专业消耗量定额及全费用基价表中的增值税是按一般计税方法的税率（11%）计算的，见表 4.16。

表 4.10 中数据计算过程如下。

全费用：$1625.23＋2947.59＋45.71＋1490.31＋671.97＝6780.81$（元）

材料费：$（349.57×5.332＋257.35×4.148＋3.39×1.680）×（1＋0.18\%）＋0.75×6.956＝2947.59$（元）

人工费：$92.00×2.764＋142×5.528＋212×2.764＝1625.23$（元）

机械费：$187.32×0.244＝45.71$（元），扣除燃动费的机械台班单价

费用：$（1625.23＋45.71）×（13.64\%＋0.7\%）＋（1625.23＋45.71）×28.27\%＋（1625.23＋45.71）×19.73\%＋（1625.23＋45.71）×26.85\%＝1490.31$（元）

增值税：$（1625.23＋2947.59＋45.71＋1490.31）×11\%＝671.97$（元）

单价和数量分别是人材机消耗量"三量"和预算单价"三价"。电并入材料费，干混砂浆罐式搅拌机 20000L 扣除燃动费的机械台班单价。一般计税法的费率标准见表 4.11～表 4.16。

（1）总价措施项目费

① 安全文明施工费，费率见表 4.11。

表 4.11　安全文明施工费费率　　　　　　　　　　单位：%

专业	房屋建筑工程	装饰工程	通用安装工程	市政工程	园建工程	绿化工程	土石方工程
计费基数	人工费＋施工机具使用费						
费率	13.64	5.39	9.29	12.44	4.30	1.76	6.58

续表

专业		房屋建筑工程	装饰工程	通用安装工程	市政工程	园建工程	绿化工程	土石方工程
其中	安全施工费	7.72	3.05	3.67	3.97	2.33	0.95	2.01
	文明施工费	3.15	1.20	2.02	5.41	1.19	0.49	2.74
	环境保护费							
	临时设施费	2.77	1.14	3.60	3.06	0.78	0.32	1.83

② 其他总价措施项目费，费率见表 4.12。

表 4.12　其他总价措施项目费费率　　　　　单位：%

专业		房屋建筑工程	装饰工程	通用安装工程	市政工程	园建工程	绿化工程	土石方工程
计费基数		人工费＋施工机具使用费						
费率		0.70	0.60	0.66	0.90	0.49	0.49	1.29
其中	夜间施工增加费	0.16	0.14	0.15	0.18	0.13	0.13	0.32
	二次搬运费	按施工组织设计						
	冬雨季施工增加费	0.40	0.34	0.38	0.54	0.26	0.26	0.71
	工程定位复测费	0.14	0.12	0.13	0.18	0.10	0.10	0.26

（2）企业管理费，费率见表 4.13。

表 4.13　企业管理费费率　　　　　单位：%

专业	房屋建筑工程	装饰工程	通用安装工程	市政工程	园建工程	绿化工程	土石方工程
计费基数	人工费＋施工机具使用费						
费率	28.27	14.19	18.86	25.61	17.89	6.58	15.42

（3）利润，费率见表 4.14。

表 4.14　费率　　　　　单位：%

专业	房屋建筑工程	装饰工程	通用安装工程	市政工程	园建工程	绿化工程	土石方工程
计费基数	人工费＋施工机具使用费						
费率	19.73	14.64	15.31	19.32	18.15	3.57	9.42

（4）规费，费率见表 4.15。

表 4.15　规费的费率　　　　　单位：%

专业		房屋建筑工程	装饰工程	通用安装工程	市政工程	园建工程	绿化工程	土石方工程
计费基数		人工费＋施工机具使用费						
费率		26.85	10.15	11.97	26.34	11.78	10.67	11.57
	社会保险费	20.08	7.58	8.94	19.70	8.78	8.50	8.65
其中	养老保险金	12.68	4.87	5.75	12.45	5.65	5.55	5.49
	失业保险金	1.27	0.48	0.57	1.24	0.56	0.55	0.55

	专业	房屋建筑工程	装饰工程	通用安装工程	市政工程	园建工程	绿化工程	土石方工程
其中	医疗保险金	4.02	1.43	1.68	3.94	1.65	1.62	1.73
	工伤保险金	1.48	0.57	0.67	1.45	0.66	0.52	0.61
	生育保险金	0.63	0.23	0.27	0.62	0.26	0.26	0.27
住房公积金		5.29	1.91	2.26	5.19	2.21	2.17	2.28
工程排污费		1.48	0.66	0.77	1.45	0.79	—	0.64

（5）增值税，费率见表 4.16。

表 4.16　增值税税率　　　　单位：%

增值税计税基数	不含税工程造价
税率	11

直接套用定额时应注意以下要点。

① 根据施工图纸、设计说明、做法说明、分项工程施工过程划分来选择合适的定额项目。

② 要从工程内容、技术特征和施工方法及材料机械规格与型号上仔细核对与定额规定的一致性，才能正确地确定相应的定额项目。

③ 分项工程的名称、计量单位必须要与消耗量定额相一致，计量口径不一的，不能直接套用定额。

④ 要注意定额表上的工作内容，工作内容中列出的内容，其工、料、机消耗已包括在定额内，否则需另列项目计取。

现以《湖北省房屋建筑与装饰工程消耗量定额及全费用基价表》（2018版）为例，说明消耗量定额的直接套用方法（以后各例同）。

【例 4.6】　某工程现用 DM M10 干混砌筑砂浆和标准蒸压灰砂砖砌一砖厚混水砖墙 10m³，试计算其工料机消耗量和定额基价、人工费。

解　根据《湖北省房屋建筑与装饰工程消耗量定额及全费用基价表》（2018版），查找对应的定额子目。砌筑工程——砌砖——砖墙——A1-5，见表 4.17。

表 4.17　《湖北省房屋建筑与装饰工程消耗量定额及全费用基价表》（2018版）（摘录）

砖墙、空斗墙、空花墙

工作内容：调、运、铺砂浆，运、砌砖，安放木砖，垫块　　　　定额计量单位：10m³

定额编号		A1-5
项目		1 砖混水砖墙砖
全费用/元		6864.11
其中	人工费/元	1688.88
	材料费/元	2907.88
	机械费/元	42.71
	费用/元	1544.41
	增值税/元	680.23

续表

定额编号				A1-5
项目				1 砖混水砖墙砖
名称		单位	单价/元	数量
人工	普工	工日	92.00	2.872
	技工	工日	142.00	5.745
	高级技工	工日	212.00	2.872
材料	蒸压灰砂砖 240×115×53	千块	349.57	5.379
	干混砌筑砂浆 DM M10	t	257.35	3.932
	水	m³	3.39	1.638
	其他材料费	%	—	0.180
	电[机械]	kW·h	0.75	6.500
机械	干混砂浆罐式搅拌机 20000L	台班	187.32	0.228

① 确定定额编号：A1-5。

② 计算主要工料机消耗量。

人工消耗量：普工＝2.872 工日/10m³；技工＝5.745 工日/10m³；高级技工＝2.872 工日/10m³。

材料消耗量：标准蒸压灰砂砖用量＝5.379 千块/10m³

DM M10 干混砌筑砂浆用量＝3.932t/10m³

水用量＝1.638m³/10m³

其他材料费＝0.18%

电＝6.50kW·h

机械台班消耗量：干混砂浆罐式搅拌机 20000L＝0.228 台班/10m³

⑤ 查阅时应特别注意定额表下附注，附注作为定额表的一种补充与完善，套用时必须严格执行。

【例 4.7】 某住宅钢结构工程采用 H 形梁间支撑 4.5t，试确定其人工费、材料费和机械费。

解 查阅 2018 年《湖北省房屋建筑与装饰工程消耗量定额及全费用基价表》(结构·屋面) 分册第 115 页，可见定额表下附注："H 形、箱形梁间支撑套用钢梁安装定额"。因此直接套用钢梁定额子目，定额编号 A3-50。如表 4.18 所示。

表 4.18 《湖北省房屋建筑与装饰工程消耗量定额及全费用基价表》(2018 版)(摘录)

钢梁

工作内容：放线、卸料、校验、划线、构件拼装、加固、翻身就位、绑扎吊装、校正、焊接、固定、补漆、清理等

定额计量单位：t

定额编号		A3-50
项目		钢梁质量≤5t
全费用/元		6116.32
其中	人工费/元	225.31
	材料费/元	4890.51
	机械费/元	102.24
	费用/元	292.14
	增值税/元	606.12

续表

定额编号			A3-50
项目			钢梁质量≤5t
名称		单位	单价/元	数量

	名称	单位	单价/元	数量
人工	普工	工日	92.00	0.532
	技工	工日	142.00	1.242
材料	成品钢梁	t	4705.84	1.000
	低合金钢焊条 E43 系列	kg	6.92	1.672
	热轧厚钢板 δ12～16	kg	2.69	5.712
	二氧化碳气体	m³	1.03	1.650
	焊丝 φ3.2	kg	10.52	2.884
	钢丝绳	kg	6.61	3.280
	垫木	m³	1855.33	0.012
	环氧富锌底漆　封闭漆	kg	23.53	1.060
	环氧富锌底漆　稀释剂	kg	27.12	0.085
	吊装夹具	套	102.67	0.020
	其他材料费	%	—	0.500
	柴油[机械]	kg	5.26	1.262
	电[机械]	kW·h	0.75	28.833
机械	汽车式起重机 40t	台班	1342.44	0.026
	交流弧焊机 32kV·A	台班	158.90	0.220
	二氧化碳气体保护焊机 500A	台班	231.25	0.140

注：H形、箱形梁间（屋面）支撑套用钢梁安装定额。

可知，定额人工费＝225.31 元/t，定额材料费＝4890.51 元/t，定额机械费＝102.24 元/t
则该住宅钢结构工程采用 H 形梁间支撑

人工费＝4.5×225.31＝1013.90（元）

材料费＝4.5×4890.51＝22007.30（元）

机械费＝4.5×102.24＝460.08（元）

⑥ 查阅时应特别注意定额说明，定额规定不允许调整的分项工程，即使不同，也不得调整。

【例 4.8】　某步行街服装商店制作安装 100m² 橱窗，橱窗玻璃厚度 15mm，试确定其人工费、材料费、机械费和基价。

解　查阅 2018 年《湖北省房屋建筑与装饰工程消耗量定额及全费用基价表》（结构·屋面）分册，如表 4.19 所示。定额编号 A5-188，定额说明：玻璃厚度不同时，按此定额子目套用。也就是定额规定不允许调整，因此，直接套用定额子目，查到：

人工费＝39483.61（元），材料费＝30297.15（元），机械费＝0（元）

因此基价＝人工费＋材料费＋机械费＝39483.61＋30297.15＝69780.76（元/100m²）

表 4.19　《湖北省房屋建筑与装饰工程消耗量定额及全费用基价表》（2018 版）（摘录）

橱窗制作安装

工作内容：1. 制作：型材矫正、放样下料、切割断料、钻孔组装

2. 安装：现场搬运，安装框料、玻璃、配件，周边塞口、清扫　　　定额计量单位：100m²

定额编号	A5-188
项目	橱窗制作安装（玻璃厚度 10mm）双面
全费用/元	116545.77

续表

定额编号	A5-188
项目	橱窗制作安装（玻璃厚度10mm）双面

其中	人工费/元	39483.61
	材料费/元	30297.15
	机械费/元	—
	费用/元	35215.43
	增值税/元	11549.58

	名称	单位	单价/元	数量
人工	普工	工日	92.00	73.064
	技工	工日	142.00	105.811
	高级技工	工日	212.00	23.380
材料	平板玻璃δ10	m²	51.07	220.000
	铝合金型材　综合	kg	23.56	486.000
	不锈钢压条80×1.5	m	14.36	420.000
	铝合金双槽滑轨	m	0.97	110.000
	玻璃胶310g	支	11.89	18.000
	玻璃推拉门锁	把	5.13	25.000
	滑轮	套	3.51	105.000
	铝拉铆钉	百个	8.42	8.000
	自攻螺钉ST4×15	个	0.02	1600.000
	小五金费	元	—	160.000
	其他材料费	%	—	1.690

注：1. 不含橱窗内部设施（如托架、分层玻璃、内隔断等）。

2. 玻璃厚度不同时，按此定额子目套用。

⑦ 在确定配合比材料消耗量（如砂浆、混凝土中的砂、石、水泥的消耗量）时，要正确应用定额附录。

【例4.9】 试求20m³预拌混凝土C20独立基础人工和材料的消耗量。

解 查阅2018年《湖北省房屋建筑与装饰工程消耗量定额及全费用基价表》（结构·屋面）分册，定额编号A2-5。如表4.20所示。

表4.20 《湖北省房屋建筑与装饰工程消耗量定额及全费用基价表》（2018版）（摘录）

基础

工作内容：混凝土浇筑、振捣、养护等。　　　　　　　　定额计量单位：10m³

定额编号	A2-5
项目	现浇混凝土独立基础
全费用/元	4532.43

其中	人工费/元	317.52
	材料费/元	3482.55
	机械费/元	—
	费用/元	283.20
	增值税/元	449.16

	名称	单位	单价/元	数量
人工	普工	工日	92.00	1.525
	技工	工日	142.00	1.248
材料	预拌混凝土C20	m³	341.94	10.10
	塑料薄膜	m²	1.47	15.927
	水	m³	3.39	1.125
	毛石综合	m³	79.33	—
	电	kW·h	0.75	2.31

可进行第一次工料分析。

人工消耗量：普工 $1.525 \times 2 = 3.05$（工日），技工 $1.248 \times 2 = 2.50$（工日）

材料消耗量：

预拌混凝土 C20 $= 10.10 \times 2 = 20.20$（m³）

塑料薄膜 $= 15.927 \times 2 = 31.854$（m²）

水 $= 1.125 \times 2 = 2.25$（m³）

电 $= 2.31 \times 2 = 4.32$（kW·h）

再进行第二次工料分析。

要分析 20.20m³ 预拌混凝土 C20 中具体消耗多少水泥、砂、碎石，还需要查阅定额附表中的混凝土配合比表。根据《湖北省房屋建筑与装饰工程消耗量定额及全费用基价表》总说明"本定额所使用的混凝土均按预拌混凝土编制。实际采用现场浇捣时，混凝土坍落度取定如下"。

名称	现浇混凝土	防水混凝土	泵送混凝土
坍落度/mm	30~50	30~50	110~130

找到对应的坍落度 30~50mm 和石子粒径，在定额附录混凝土配合比表找到与之对应的定额编号 1-44，见表 4.21。

表 4.21　附录一　混凝土、砂浆配合比表（摘录）

坍落度 30~50mm　　石子最大粒径 20mm　　　　　　　　　　　　　　定额计量单位：m³

定额编号			1-42	1-43	1-44	1-45	1-46	1-47
项目			C10	C15	C20	C25	C30	C35
单价/元			271.61	277.39	283.51	7.04	290.23	300.54
名称	单位	单价/元	数量					
水泥 32.5	kg	0.34	285.00	306.00	—	—	—	—
水泥 42.5	kg	0.36	—	—	306.00	316	332	368.00
中（粗）砂	m³	128.68	0.570	0.579	0.55	0.55	0.52	0.49
碎石	m³	121.31	0.830	0.84	0.84	0.84	0.85	0.86
水	m³	3.39	0.2000	0.200	0.200	0.200	0.200	0.200

可知每立方米 C20 混凝土消耗：

42.5 水泥 $= 306kg/m³$，中（粗）砂 $= 0.55m³/m³$，碎石 20mm 粒径 $= 0.84m³/m³$，水 $0.20m³/m³$

所以，20.20m³ C20 预拌混凝土独立基础中工料消耗：

42.5 水泥 $= 306kg/m³ \times 20.20m³ = 6181.20$（kg）

中（粗）砂 $= 0.55m³/m³ \times 20.20m³ = 11.11$（m³）

碎石 20mm $= 0.84m³/m³ \times 20.20m³ = 16.97$（m³）

水 $= 0.20m³/m³ \times 20.20m³ = 4.04$（m³）

二维码10

扫码视频学习

（二）消耗量定额的换算

当施工图纸设计要求与定额的工程内容、材料的规格型号、施工方法等条件不完全相符，按定额有关规定允许进行调整与换算时，则该分项项目或结构能套用相应定额项目，但须按规定进行调整与换算。

消耗量定额调整与换算的实质是按定额规定的换算范围、内容和方法，对某些分项工程项目或结构构件按设计要求进行调整与换算。通常，对于调整与换算后的定额项目编号在右下角应注明"换"字，以示区别。

根据 2018 年《湖北省房屋建筑与装饰工程消耗量定额及全费用基价表》给出的换算内容，可以归纳出常见的换算类型有以下几种。

1. 砂浆、混凝土换算

（1）砂浆、混凝土配合比换算

砂浆、混凝土配合比换算是指当设计砂浆、混凝土配合比与定额规定不同时，砂浆、混凝土用量不变，即人工费、机械费不变，只调整材料费。换算应按定额规定的换算范围进行。其换算公式如下：

$$换算后基价＝原定额基价＋[换入砂浆（或混凝土）单价－定额砂浆$$
$$（或混凝土）单价]×定额砂浆（或混凝土）用量 \tag{4-29}$$
$$换算后相应定额消耗量＝原定额消耗量＋[设计砂浆（或混凝土）单位用量－$$
$$定额砂浆（或混凝土）单位用量]×定额砂浆（或混凝土）用量 \tag{4-30}$$

【例 4.10】 试确定武汉市 M15 干混砌筑砂浆砌一砖厚混水砖墙 $10m^3$ 的定额编号、定额基价、人工费、材料费、机械费。

解 查阅 2018 年《湖北省房屋建筑与装饰工程消耗量定额及全费用基价表》（结构·屋面）分册和武汉市 3 月市场信息价，详见表 4.22、表 4.23，可知：

表 4.22　砌筑工程消耗量定额及全费用基价表（混水砖墙）

砖墙、空斗墙、空花墙

工作内容：调、运、铺砂浆，运、砌砖、安放木砖、垫块。　　　　　　　　　　定额计量单位：$10m^3$

定额编号				Al-2	Al-3	Al-4	Al-5
项目				混水砖墙			
				1/4 砖	1/2 砖	3/4 砖	1 砖
全费用/元				10699.52	8102.19	7966.45	6864.11
其中	人工费/元			3652.66	2315.69	2228.52	1688.88
	材料费/元			2686.21	2848.05	2883.94	2907.88
	机械费/元			22.48	37.09	40.65	42.71
	费用/元			3277.86	2098.44	2023.87	1544.41
	增值税/元			1060.31	802.92	789.47	680.23
名称		单位	单价/元	数量			
人工	普工	工日	92.00	6.212	3.983	3.790	2.872
	技工	工日	142.00	12.424	7.877	7.580	5.745
	高级技工	工日	212.00	6.212	3.983	3.790	2.872
材料	蒸压灰砂砖 240×115×53	千块	349.57	6.148	5.629	5.499	5.379
	干混砌筑砂浆 DM M10	t	257.35	2.038	3.363	3.677	3.932
	水	m^3	3.39	1.530	1.625	1.641	1.638
	其他材料费	%	—	0.180	0.180	0.180	0.180
	电[机械]	kW·h	0.75	3.421	5.645	6.187	6.500
机械	干混砂浆罐式搅拌机 2000L	台班	187.32	0.120	0.198	0.217	0.228

表 4.23   武汉市 2019 年 3 月预拌砂浆综合信息价

序号	名称	规格型号	单位	含税价/元	除税价/元	备注
				预拌砂浆		
1	干混砌筑砂浆(散装)	DM M5.0	t	328.00	283.72	M2.5、M5 混合砂浆;M2.5、M5 水泥砂浆
2	干混砌筑砂浆(散装)	DM M7.5	t	333.00	288.03	M7.5 混合砂浆、M7.5 水泥砂浆
3	干混砌筑砂浆(散装)	DM M10	t	338.00	292.34	M10.0 混合砂浆、M10.0 水泥砂浆
4	干混砌筑砂浆(散装)	DM M15	t	347.00	300.10	M15.0 水泥砂浆
5	干混砌筑砂浆(散装)	DM M20	t	377.00	325.96	M20.0 水泥砂浆
6	干混砌筑砂浆(散装)	DM M25	t	423.00	365.61	
7	干混砌筑砂浆(散装)	DM M30	t	446.00	385.44	

干混砌筑砂浆砌一砖厚混水砖墙对应的定额编码为 A1-5,但是定额材料中使用的砂浆为 DM M10,而本题所用的砂浆为 DM M15,故需要对砂浆进行换算。其中,砂浆的单位消耗量不会改变,仅需要对砂浆的价格进行换算。

由题设可知,工程建设地点为武汉,则可以查阅武汉市的 DM M15 的市场信息价,详见表 4.23。

$A1\text{-}5_{换}$ 基价 $=1688.88+2907.88+42.71+3.932 \times (300.10-257.35)=4807.56$ (元/$10m^3$)

材料费 $=2907.88+3.932 \times (300.10-257.35)=3075.97$ (元/$10m^3$)

人工费 $=1688.88$ (元/$10m^3$)

机械费 $=42.71$ (元/$10m^3$)

 特别提示

预拌砂浆综合信息价中,预拌砂浆 DM M15 的价格有两列,一列是含税价 347.00 元,另一列是除税价 300.10 元。 2018 年《湖北省房屋建筑与装饰工程消耗量定额及全费用基价表》中列出的材料价格是从材料来源地(或交货地)至工地仓库(或存放地)后的出库除税价格,由除税的材料原价(或供应价)、运杂费、运输损耗费、采购及保管费组成。 所以,在进行定额换算时,需要选择除税价带入换算。 有关含税价的使用,可参考费用定额中简易计税法相关内容。

(2)砂浆厚度的换算

砂浆厚度换算指设计规定的砂浆找平或抹灰厚度与定额规定不相符时,砂浆用量需要改变,因而人工费、材料费、机械费均需要换算,在定额允许的范围内,对砂浆单价进行换算。

二维码11

扫码视频学习

【例 4.11】 试确定 25 厚细石混凝土干混地面砂浆 DS M25 找平层,24.5m² 的定额基价与合价。(已知武汉市干混地面砂浆 DS M25,2019 年 3 月的含税价为 423.00 元/t,除税价格为 365.61 元/t)

解 查阅 2018 年《湖北省房屋建筑与装饰工程消耗量定额及全费用基价表》(装饰·措施)分册,详见表 4.24。

定额中所给的干混地面砂浆为 DS M20,而设计砂浆为 DS M25,所以要对砂浆强度等级进行换算。定额中给出的砂浆找平层的厚度为 20mm,而设计找平层的厚度为 25mm,所以还需要对砂浆找平层的厚度进行调整换算。

表 4.24　楼地面工程消耗量定额及全费用基价表（平面砂浆找平层）

找平层

工作内容：清理基层、调运砂浆、抹干，压实。　　　　　　　　　　定额计量单位：100m²

定额编号				A9-1	A9-2	A9-3
项目				平面砂浆找平层		
				混凝土或硬基层上	填充材料上	每增减 5mm
				20mm		
全费用/元				2393.23	2931.44	473.89
其中	人工费/元			678.08	810.49	92.74
	材料费/元			1080.72	1350.56	269.41
	机械费/元			63.69	79.61	15.92
	费用/元			333.57	400.28	48.86
	增值税/元			237.17	290.50	46.96
名称		单位	单价/元	数量		
人工	普工	工日	92.00	1.783	2.131	0.244
	技工	工日	142.00	3.620	4.327	0.495
材料	干混地面砂浆 DS M20	t	308.64	3.468	4.335	0.867
	水	m³	3.39	0.910	1.038	—
	电［机械］	kW·h	0.75	9.693	12.117	2 423
机械	干混砂浆罐式搅拌机 20000L	台班	187.32	0.340	0.425	0.085

通过查阅定额，混凝土硬基层上做砂浆找平层，可查阅 A9-1 编码，其对应厚度为 20mm，A9-3 编码为定额调整项目码，该定额换算应为：

A9-1换 ＋ A9-3换

A9-1换基价 ＝ 678.08 ＋ 1080.72 ＋ 3.468 × (365.61 － 308.64) ＋ 63.69 ＝ 2020.06（元/100m²）

A9-3换基价 ＝ 92.74 ＋ 269.41 ＋ 0.867 × (365.61 － 308.64) ＋ 15.92 ＝ 427.46（元/100m²）

总基价 ＝ 2020.06 ＋ 427.46 ＝ 2447.52（元/100m²）

合价 ＝ (2020.06 ＋ 427.46) × 0.245 ＝ 599.64（元）

（3）预拌砂浆与现拌砂浆换算

通常情况下，根据砂浆的生产方式的不同，预拌砂浆主要分为湿拌砂浆和干混砂浆两大类。将加水拌和而成的湿拌拌合物称为湿拌砂浆，将干态材料混合而成的固态混合物称为干混砂浆。湖北省 2018 版定额中的砌筑砂浆都是按照干混预拌砂浆所编制的。如果现场使用的是现拌砂浆，那么就需要进行换算。

【例 4.12】　试确定 M7.5 现拌干混砌筑砂浆砌一砖空心砖墙 10m³ 的定额编号、定额基价、人工费、材料费、机械台班价格。（已知干混砌筑砂浆 M7.5，2019 年 3 月的市场含税价为 333.00 元/m³，市场除税价格为 288.03 元/m³）

分析：此例题需要用到现拌干混砌筑砂浆，而消耗量定额项目中的砂浆均为预拌干混砌筑砂浆。通过查阅《湖北省房屋建筑与装饰工程消耗量定额及全费用基价表》总说明，本定额中所使用的砂浆均按干混预拌砂浆编制，如果实际使用的是现拌砂浆或湿拌预拌砂浆时，按表 4.25 调整。

表 4.25　实际使用现拌砂浆调整表　　　　　　　　　定额计量单位：t

材料名称	技工/工日	水/m³	现拌砂浆/m³	罐式搅拌机	灰浆搅拌机/台班
干混砌筑砂浆	+0.225	−0.147	×0.588	减定额台班量	+0.01
干混地面砂浆					
干混抹灰砂浆	+0.232	−0.151	×0.606		

根据题设，M7.5 现拌干混砂浆砌筑一砖空心砖墙，可查定额 A1-11 子项，见表 4.26。

表 4.26　砌筑工程消耗量定额及全费用基价表（空心砖墙、空斗墙、空花墙）

工作内容：调、运、铺砂浆，运、砌砖、安放木砖、垫块。　　　　　　定额计量单位：10m³

定额编号				A1-10	A1-11	A1-12	A1-13
项目				空心砖墙		空斗墙	空花墙
				1/2 砖	1 砖	一眠一斗	
全费用/元				4743.64	4350.16	5735.47	7115.01
其中	人工费/元			1515.42	1240.54	1573.49	2337.89
	材料费/元			1374.99	1524.96	2140.94	1944.34
	机械费/元			16.17	24.91	26.04	22.48
	费用/元			1366.47	1128.65	1426.62	2105.21
	增值税/元			470.09	431.10	568.38	705.09
名称		单位	单价/元	数量			
人工	普工	工日	92.00	2.577	2.110	2.676	3.976
	技工	工日	142.00	5.155	4.219	5.352	7.952
	高级技工	工日	212.00	2.577	2.110	2.676	3.976
材料	空心砖 240×240×115	千块	680.27	1.433	1.370	—	—
	蒸压灰砂砖 240×115×53	千块	349.57	—	—	4.357	4.032
	干混砌筑砂浆 DM M10	t	257.35	1.520	2.264	2.356	2.038
	水	m³	3.39	1.324	1.363	1.207	1.110
	其他材料费	%	—	0.190	0.190	0.210	0.210
	电[机械]	kW·h	0.75	2.537	3.792	3.963	3.421
机械	干混砂浆罐式搅拌机 20000L	台班	187.32	0.089	0.133	0.139	0.120

解　A1-11换　先执行干混砌筑砂浆 DM M10 换算现拌砌筑砂浆 DM M7.5

现拌砌筑砂浆 M7.5 = 2.264×0.588 = 1.331（m³）

技工 = 4.219+2.264×0.225 = 4.728（工日）

水 = 1.363−2.264×0.147 = 1.030（m³）

灰浆搅拌机 = 2.264×0.01 = 0.023（台班）

完成以上步骤后，根据表 4-25 实际使用现拌砂浆调整表，还需完成：

① 罐式搅拌机减定额台班量，材料费中的电[机械]也要相应核减；

② 需要补充原定额没有的干混砌筑砂浆灰浆搅拌机及燃动材料费。

查机械台班费用定额，见表 4.27。

表 4.27　灰浆搅拌机拌筒容量 200L 机械台班定额

编码	名称及规格型号		台班单价	台班单价(扣燃动费)	折旧费	检修费	维护费	安拆费及场外运费	人工费	燃料动力费	人工	汽油	柴油	电	水
			元	元	元	元	元	元	元	元	工日	kg	kg	kW·h	t
											142.00	6.03	5.26	0.75	3.39
JX17060690	灰浆搅拌机拌筒容量 200L	小	162.91	156.45	2.55	0.36	1.44	10.10	142.00	6.46	1.00			8.61	

增加灰浆搅拌机　电[机械]＝0.023×8.61＝0.198（kW·h）

或　0.023×8.61×0.75＝0.1485（元）（计入材料费）

A1-11$_换$

人工费＝1240.54＋142×(4.728−4.219)＝1312.82（元/10m³）

材料费＝1524.96−257.35×2.264＋1.331×288.03−1.363×3.39＋1.030×3.39−3.792×0.75＋0.198×0.75＝1321.71（元/10m³）

机械台班费＝156.45×0.023＝3.60（元/10m³）

调整后的定额基价＝1312.82＋1321.71＋3.60＝2638.13（元/10m³）

思考

在定额项目中，有些子目的材料消耗中含有干混砂浆，但不含罐式搅拌机，例如 A5-23 钢制防盗门安装子目，该定额子目材料中含有干混抹灰砂浆 DP M15，但是其对应的机械为交流弧焊机 21kV·A，并不含有换算表中所列的罐式搅拌机。那么这种情况下又该如何完成机械费用的换算呢？

（4）现场搅拌混凝土增加费换算

2018 版《湖北省房屋建筑与装饰工程消耗量定额及全费用基价表》（结构·屋面）分册中混凝土及钢筋混凝土工程较 2013 版定额共删减了 281 项子目，包括删减了现场搅拌混凝土、集中搅拌混凝土等章节。

2018 版定额规定，混凝土及钢筋混凝土工程章节的混凝土项目按预拌混凝土编制，采用现场搅拌时，执行相应的预拌混凝土项目，再执行现场搅拌混凝土调整费项目。其中，预拌混凝土是指在混凝土厂集中搅拌、运输、泵送到施工现场并入模的混凝土。圈梁、过梁及构造柱、设备基础项目，综合考虑了施工条件限制不能直接入模的因素。执行现场搅拌混凝土项目时需要注意，该子项仅针对构件的混凝土用量进行换算与调整，故需要考虑每项构件的混凝土含量。

【例 4.13】试确定 C20 现场搅拌混凝土阳台板 65.7m³ 的定额编号、定额基价及合价。

分析：根据设计要求，本题需采用现场搅拌混凝土完成阳台板的浇筑工作。可查定额编码 A2-44 和 A2-59，详见表 4.28，表 4.29。但该子目对应的混凝土为预拌混凝土 C20，需要换算。

表 4.28　混凝土及钢筋混凝土工程消耗量定额及全费用基价表（雨篷、悬挑、阳台板等）

工作内容：混凝土浇筑、振捣、养护等。　　　　　　　　　　　定额计量单位：10m³

定额编号			A2-42	A2-43	A2-44	A2-45
项目			雨篷板	悬挑板	阳台板	预制板间补现浇板缝
全费用/元			6397.50	6313.03	6458.90	6706.95
其中	人工费/元		1131.49	1093.12	1145.23	1293.85
	材料费/元		3622.84	3619.34	3652.17	3594.47
	机械费/元		—	—	—	—
	费用/元		1009.18	974.95	1021.43	1153.98
	增值税/元		633.99	625.62	640.07	664.65
名称		单位	单价/元	数量		
人工	普工	工日	92.00	5.435	5.251	5.501	6.215
	技工	工日	142.00	4.447	4.296	4.501	5.085
材料	预拌混凝土 C20	m³	341.94	10.100	10.100	10.100	10.100
	土工布	m²	5.99	10.100	—	0.789	12.070	—
	塑料薄膜	m²	1.47	95.650	104.895	61.559	76.720
	水	m³	3.39	7.300	0.687	9.380	7.878
	电	kW·h	0.75	5.190	6.000	5.310	1.860

表 4.29　现场搅拌混凝土调整费项目

工作内容：混凝土搅拌、水平运输等。　　　　　　　　　　　定额计量单位：10m³

定额编号			A2-59
项目			现场搅拌混凝土调整费
全费用/元			1722.13
其中	人工费/元		731.68
	材料费/元		28.98
	机械费/元		73.06
	费用/元		717.75
	增值税/元		170.66
名称		单位	单价/元	数量
人工	普工	工日	92.00	3.514
	技工	工日	142.00	2.876
材料	水	m³	3.39	3.800
	电	kW·h	0.75	21.466
机械	双锥反转出料混凝土搅拌机 500L	台班	187.33	0.390

解　现场搅拌混凝土基价为 A2-44＋A2-59

阳台板定额混凝土含量为 10.1m³/10m³，A2-59 项目，是仅对混凝土项目进行调整，已知 A2-44 子项中混凝土的消耗量为 10.100m³/10m³，故 65.7m³ 的阳台板需要消耗混凝土的工程量为：65.7×1.01=66.357（m³）

A2-44 基价=1145.23＋3652.17=4797.4（元/10m³）

A2-59 基价=731.68＋28.98＋73.06=833.72（元/10m³）

阳台板合价＝4797.4×6.57＋833.72×6.6357＝37051.24（元）

2. 系数换算

当设计的工程项目内容与定额规定的相应内容不完全相符时，按定额规定对定额中的一部分或全部乘以大于（或小于）1的系数进行换算。

如混凝土及钢筋混凝土工程项目一章中规定，楼梯是按建筑物一个自然层双跑楼梯考虑，如单坡直行楼梯（即一个自然层无休息平台）按相应项目定额乘以系数1.2；三跑楼梯（即一个自然层两个休息平台）按相应项目定额乘以系数0.9；四跑楼梯（即一个自然层三个休息平台）按相应项目定额乘以系数0.75。

【例4.14】　试确定人工挖基坑274.35m³的人工费、定额基价合价（三类土，深度3m、湿土）。

分析：根据挖土方式，土壤类别和挖土深度，该项目可查阅定额子目G1-20。详见表4.30。

表4.30　土石方工程消耗量定额及全费用基价表（人工挖基坑土方）

工作内容：挖土，弃土于坑边5m以内或装土，修整边底。

定额编号			G1-19	G1-20	G1-21
项目			人工挖基坑土方(深坑)		
			三类土		
			≤2m	≤4m	≤6m
全费用/元			626.33	722.55	834.96
其中	人工费/元		391.09	451.17	521.36
	材料费/元		—	—	—
	机械费/元		—	—	—
	费用/元		173.17	199.78	230.86
	增值税/元		62.07	71.60	82.74
名称	单位	单价/元	数量		
人工　普工	工日	92.00	4.251	4.904	5.667

解　根据定额规定，人工挖、运湿土时，相应项目人工乘以系数1.18。

查定额，G1-20换

人工费＝4.904×1.18×92＝532.38（元/10m³）

基价合价＝532.38×27.435＝14605.85（元）

3. 其他换算

（1）运距换算

【例4.15】　试确定自卸汽车（8t）运土方1780.68m³的定额基价合价、材料费、机械费（三类土、运距5km）。

分析：汽车运土时运距道路按一、二、三类道路综合取定的，已经考虑了运输过程中道路清理的人工，当需要辅助材料时，另行计算。

自卸汽车（8t）运土方，运距5km，可套用定额子目为G1-212和G1-213，详见表4.31。

表4.31 土石方工程消耗量定额及全费用基价表（自卸汽车运土方）

工作内容：运土、卸土、场内道路洒水。 定额计量单位：1000m³

定额编号				G1-212	G1-213	G1-214
项目				自卸汽车运土方（载重8t以内）		
				运距	30km以内	31～40km以内
				1km以内	每增加1km	
全费用/元				8522.08	2501.90	2311.49
其中	人工费/元			—	—	—
	材料费/元			2189.33	630.81	582.80
	机械费/元			3803.87	1125.00	1039.38
	费用/元			1684.35	498.15	460.24
	增值税/元			844.53	247.94	229.07
名称		单位	单价/元	数量		
材料	水	m³	3.39	12.000	—	—
	柴油[机械]	kg	5.26	388.262	119.925	110.798
	汽油[机械]	kg	6.03	17.643	—	—
机械	自卸汽车8t	台班	383.96	9.486	2.930	2.707
	洒水车4000L	台班	276.76	0.584		

解 定额G1-212子项仅包括运距1km以内的单价，根据定额子目划分，总运距在30km以内时，每超过1km运距就需要加上一个G1-213子项的基价。根据题设，5km的运距中，第1km的运距应对应G1-212子项，后4km的运距应该都需要套用G1-213子项。

查定额G1-212＋G1-213

材料费＝2189.33＋630.81×4＝4712.57（元）

机械费＝3803.87＋1125.00×4＝8303.87（元）

基价＝2189.33＋3803.87＋（630.81＋1125.00）×4＝13016.44（元）

基价合价＝13016.44×1.78068＝23178.11（元）

特别提示

在施工机械进行换算时，有的项目也需要对燃料价格进行调整换算。定额中柴油和汽油对应的单位是千克，而在实际生活中，加油站给出的油价单位是元/升。对应的换算公式如下。

汽油：1L＝0.73kg

柴油（轻柴油）：1L＝0.86kg

（2）人工工日调整换算

湖北省2018版消耗量定额中部分章节提到了人工工日增加的问题，但是定额中只给出了人工综合工日的增加量，并未给出具体的普工、技工、高级技工对应的增加量。因此遇到人工工日调整时，通常采用的方法是按比例增加。

【例4.16】 试确定C20商品混凝土浇筑有梁式满堂基础563.87m³的人工工日数量和定额基价、合价。

分析：该商品混凝土浇筑的基础类型为满堂基础，在混凝土及钢筋混凝土章节说明中提到，大体积混凝土（指基础底板厚度大于 1m 的地下室底板或满堂基础）养护期保温按相应定额子目每 $10m^3$ 增加人工 0.01 工日，土工布增加 $0.469m^2$；大体积混凝土温度控制费用按照经批准的专项施工方案另行计算。

根据题设可知，本例题浇筑有梁式满堂基础，其养护需要增加 0.01 工日，其基价详见表 4.32。

表 4.32　混凝土及钢筋混凝土工程消耗量定额及全费用基价表（满堂基础）

工作内容：混凝土浇筑、振捣、养护等。　　　　　　　　　　　　　　　　定额计量单位：$10m^3$

定额编号				A2-7	A2-8
项目				满堂基础	
				有梁式	无梁式
全费用/元				4622.51	4486.88
其中	人工费/元			352.19	287.51
	材料费/元			3497.66	3497.89
	机械费/元			0.24	0.21
	费用/元			314.33	256.62
	增值税/元			458.09	444.65
	名称	单位	单价/元		
人工	普工	工日	92.00	1.692	1.381
	技工	工日	142.00	1.384	1.130
材料	预拌混凝土 C20	m^3	341.94	10.100	10.100
	塑料薄膜	m^2	1.47	25.295	25.095
	水	m^3	3.39	1.339	1.520
	电	$kW \cdot h$	0.75	2.310	2.310
	电【机械】	$kW \cdot h$	0.75	0.810	0.694
机械	混凝土抹干机 5.5kW	台班	6.96	0.035	0.030

解 A2-7换

定额含量：普工 1.692 工日；技工 1.384 工日

当执行人工工日+0.01 工日时

普工工日增加量=[1.692÷(1.692+1.384)]×0.01=0.006（工日）

技工工日增加量=[1.384÷(1.692+1.384)]×0.01=0.004（工日）

换算后普工定额含量=0.006+1.692=1.698（工日）

换算后技工定额含量=0.004+1.384=1.388（工日）

人工费=1.698×92+1.388×142=353.31（元/$10m^3$）

材料项目中需要增加 $0.469m^2$ 的土工布，本题土工布单价 5.99 元（套用了其他含有土工布项目的定额子项），该价格也可以参考市场价格执行。

材料费=3497.66+0.469×5.99=3500.47（元/$10m^3$）

机械费=0.24（元/$10m^3$）

换算后定额基价=353.31+3500.47+0.24=3854.02（元/$10m^3$）

定额合价=3854.02×56.387=217316.63（元）

任务4 装配式建筑消耗量定额

一、《湖北省装配式建筑工程消耗量定额及全费用基价表》(2018版)概述

为贯彻落实创新、协调、绿色、开放、共享的发展理念，推进建造方式创新，促进传统建造方式向现代工业化建造方式转变，满足装配式建筑项目的计价需要，根据现行规范、规程、标准，湖北省建设工程标准定额管理总站结合湖北省实际，制定了《湖北省装配式建筑工程消耗量定额及全费用基价表》(2018版)。

《湖北省装配式建筑工程消耗量定额及全费用基价表》(2018版)适用于在湖北省行政区域内按照《装配式建筑评价标准》(GB/T 51129—2017)要求，采用标准化设计、工业化生产、装配化施工、一体化装修、信息化管理的建筑工程项目，包括装配式混凝土结构工程和装配式钢结构工程。

《湖北省装配式建筑工程消耗量定额及全费用基价表》(2018版)与《湖北省房屋建筑与装饰工程消耗量定额及全费用基价表》(2018版)配套使用，对装配式建筑中采用传统施工工艺的项目，应根据本定额有关说明按《湖北省房屋建筑与装饰工程消耗量定额及全费用基价表》(2018版)的相应项目及规定执行。

二、装配式混凝土结构工程

(1) 装配式混凝土结构工程包括装配式混凝土构件安装、装配式后浇混凝土浇捣两节，共49个定额子目。

(2) 装配式混凝土结构工程指预制混凝土构件通过可靠的连接方式装配而成的混凝土结构，包括装配整体式混凝土结构、全装配混凝土结构。

(3) 装配式混凝土构件安装。

① 构件安装不分构件外形尺寸、截面类型以及是否带有保温，除另有规定者外，均按构件种类套用相应定额。

② 构件安装定额已包括构件固定所需临时支撑的搭设及拆除，支撑(含支撑用预埋铁件)种类、数量及搭设方式综合考虑。

③ 柱、墙板、女儿墙等构件安装定额中，构件底部座浆按砌筑砂浆铺筑考虑，遇设计采用灌浆料的，除灌浆材料单价换算以及扣除干混砂浆罐式搅拌机台班外，每 $10m^3$ 构件安装定额另行增加人工 0.7 工日，其余不变。

④ 外挂墙板、女儿墙构件安装设计要求接缝处填充保温板时，相应保温板消耗量按设计要求增加计算，其余不变。

⑤ 墙板安装定额不分是否带有门窗洞口，均按相应定额执行。凸(飘)窗安装定额适用于单独预制的凸(飘)窗安装，依附于外墙板制作的凸(飘)窗，并入外墙板内计算，相应定额人工和机械用量乘以系数 1.2。

⑥ 外挂墙板安装定额已综合考虑了不同的连接方式，按构件不同类型及厚度套用相应定额。

⑦ 楼梯休息平台安装按平台板结构类型不同，分别套用整体楼板或叠合楼板相应定额，

相应定额人工、机械，以及除预制混凝土楼板外的材料用量乘以系数 1.3。

⑧ 阳台板安装不分板式或梁式，均套用同一定额。空调板安装定额适用于单独预制的空调板安装，依附于阳台板制作的栏板、翻沿、空调板，并入阳台板内计算。非悬挑的阳台板安装，分别按梁、板安装有关规则计算并套用相应定额。

⑨ 女儿墙安装按构件净高以 0.6m 以内和 1.4m 以内分别编制，1.4m 以上时套用外墙板安装定额。压顶安装定额适用于单独预制的压顶安装，依附于女儿墙制作的压顶，并入女儿墙内计算。

⑩ 套筒注浆不分部位、方向，按铺入套筒内的钢筋直径不同，以 $\phi18$ 以内及 $\phi18$ 以上分别编制。

⑪ 预制墙体底部密封灌浆为预制墙体底部采用专用灌浆料进行墙体底部通缝灌浆，包含密封保温条、座浆料缝边、套筒内灌浆，套取了预制墙体底部密封灌浆子目的不再套用套筒注浆子目。

⑫ 外墙嵌缝、打胶定额中注胶缝的断面按 20mm×15mm 编制，若设计断面与定额不同时，密封胶用量按比例调整，其余不变。定额中的密封胶按硅酮耐候胶考虑，遇设计采用的种类与定额不同时，材料单价进行换算。

（4）装配式后浇混凝土浇捣

① 后浇混凝土指装配整体式结构中，用于与预制混凝土构件连接形成整体构件的现场浇筑混凝土。

② 叠合构件指由预制构件部分和后浇混凝土部分组合而成的预制现浇整体式构件，叠合构件应按预制构件与叠合后浇混凝土两部分，分别套用定额。

③ 叠合楼板或整体楼板之间设计采用现浇混凝土板带拼缝的，板带混凝土浇捣并入后浇混凝土叠合梁、板内计算。

④ 墙板或柱等预制垂直构件之间设计采用现浇混凝土墙连接的，当连接墙的长度在 2m 以内时，套用后浇混凝土连接墙、柱定额，长度超过 2m 的，按《湖北省房屋建筑与装饰工程消耗量定额及全费用基价表》（2018 版）的相应项目及规定执行。

⑤ 后浇混凝土钢筋制作、安装定额按钢筋品种、型号、规格结合连接方法及用途划分，相应定额内的钢筋型号及比例已综合考虑，各类钢筋的制作成型、绑扎、安装、接头、固定以及与预制构件外露钢筋的绑扎、焊接等所用人工、材料、机械消耗已综合考虑在相应定额内。钢筋接头按《湖北省房屋建筑与装饰工程消耗量定额及全费用基价表》（2018 版）的相应项目及规定执行。

（5）装配式混凝土构件安装工程量计算规则。

① 构件安装工程量按成品构件设计图示尺寸的实体体积以 "m³" 计算，依附于构件制作的各类保温层、饰面层的体积并入相应构件安装中计算，不扣除构件内钢筋、预埋铁件、配管、套管、线盒及单个面积≤0.3m² 的孔洞、线箱等所占体积，构件外露钢筋体积亦不再增加。

② 套筒注浆按设计数量以 "个" 计算。

③ 预制墙体底部密封灌浆，按预制墙体灌浆长度以延长米计算。

④ 外墙嵌缝、打胶按构件外墙接缝的设计图示尺寸的长度，以 "m" 计算。

（6）装配式后浇混凝土浇捣工程量计算规则

① 后浇混凝土浇捣工程量按设计图示尺寸以实际体积计算，不扣除混凝土内钢筋、预

埋铁件及单个面积≤0.3m² 的孔洞等所占体积。

② 后浇混凝土钢筋工程量按设计图示钢筋的长度（钢筋中心线）乘以钢筋单位理论质量计算，其中：

a. 钢筋搭接（接头）的数量应按设计图示及规范要求计算；设计图示及规范要求未标明的，φ10 以内的长钢筋按每 12m 计算一个钢筋搭接（接头），φ10 以上的长钢筋按每 9m 计算一个钢筋搭接（接头）。

b. 钢筋搭接长度应按设计图示及规范要求计算。如设计要求钢筋接头采用机械连接、电渣压力焊及气压焊时，按数量计算，不再计算该处的钢筋搭接长度。

c. 钢筋工程量应包括双层及多层钢筋的"铁马"数量。不包括预制构件外露钢筋的数量。

（7）定额子目列举，见表 4.33、表 4.34。

表 4.33 装配式混凝土构件安装

装配式梁

工作内容：结合面清理，构件吊装、就位、校正、垫实、固定，
接头钢筋调直，搭设及拆除钢支撑。

定额计量单位：10m³

定额编号				Z1-2	Z1-3
项目				装配式单梁	装配式叠合梁
全费用/元				29333.55	33174.24
其中	人工费/元			1457.70	1892.80
	材料费/元			23668.80	26305.71
	机械费/元			—	—
	费用/元			1300.12	1688.19
	增值税/元			2906.93	3287.54
名称		单位	单价/元	数量	
人工	普工	工日	92.00	7.002	9.092
	技工	工日	142.00	5.729	7.439
材料	装配式预制混凝土单梁	m³	2319.55	10.050	—
	装配式预制混凝土叠合梁	m³	2571.10	—	10.050
	垫铁	kg	3.85	3.270	4.680
	松杂板枋材	m³	2479.49	0.014	0.020
	立支撑杆件	套	90.69	1.040	1.490
	零星卡具	kg	3.85	9.360	13.380
	钢支撑及配件	kg	3.85	10.000	14.290
	其他材料费	%	—	0.600	0.600

说明：定额子目中的增值税按定额发布时期的征收率 11% 计取。

表 4.34 装配式套筒注浆

工作内容：结合面清理、注浆料搅拌、注浆、养护、现场清理。

定额编号	Z1-26	Z1-27	Z1-28
项目	装配式套筒注浆		预制墙体底部密封灌浆
	钢筋直径/mm		
	≤φ18	>φ18	
	10 个		100m
全费用/元	122.06	148.80	17005.91

续表

定额编号				Z1-26	Z1-27	Z1-28
其中	人工费/元			25.19	27.48	3320.50
	材料费/元			23.92	39.57	6802.47
	机械费/元			20.29	22.46	1181.94
	费用/元			40.56	44.54	4015.73
	增值税/元			12.10	14.75	1685.27
名称		单位	单价/元	数量		
人工	普工	工日	92.00	0.121	0.132	15.950
	技工	工日	142.00	0.099	0.108	13.050
材料	水	m³	3.39	0.560	0.950	115.780
	灌浆料	kg	3.58	5.630	9.470	1164.000
	C40 超早强座浆封边料	kg	3.17	—	—	488.000
	密封胶条 30×30	m	2.99	—	—	102.000
	其他材料费	%	—	3.000	3.000	5.000
	电[机械]	kW·h	0.75	1.610	1.782	97.380
机械	液压注浆泵	台班	169.99	0.103	0.114	6.000

说明：定额子目中的增值税按定额发布时期的征收率 11% 计取。

三、装配式钢结构工程

（1）装配式钢结构工程包括预制钢构件安装、围护体系安装及其他金属构件安装三节，共 76 个定额子目。

（2）预制钢构件安装包括钢网架安装、厂（库）房钢结构安装、住宅钢结构安装、装配式钢结构安装等内容。大卖场、物流中心等钢结构安装工程，可参照厂（库）房钢结构安装的相应定额；高层商务楼、商住楼等钢结构安装工程，可参照住宅钢结构安装相应定额。

（3）装配式钢结构工程相应项目所含油漆，仅指构件安装时节点焊接或切割引起的补漆。预制钢构件的除锈、油漆的费用应在成品价格内包含；若成品价格未包含除锈、油漆费用的，另按《湖北省房屋建筑与装饰工程消耗量定额及全费用基价表》（2018 版）相应项目及规定执行。

（4）预制钢构件安装

① 构件安装定额中预制钢构件以外购成品编制，不考虑施工损耗。

② 预制钢结构构件安装，按构件种类及重量不同套用定额。

③ 预制钢构件安装已包括了施工企业按照质量验收规范要求，针对安装工作自检所发生的磁粉探伤、超声波探伤等常规检测费用。

④ 不锈钢螺栓球网架安装套用螺栓球节点网架安装定额，同时取消定额中油漆及稀释剂含量，人工消耗量乘以系数 0.95。

⑤ 钢支座定额适用于单独成品支座安装。

⑥ 厂（库）房钢结构的柱间支撑、屋面支撑、系杆、撑杆、隔撑、墙梁、檩条、钢天窗架、钢通风气楼、钢风机架等安装套用钢支撑（钢檩条）安装定额，钢走道安装套用钢平台安装定额。

⑦ 厂（库）房、住宅钢结构中含有钢网架或钢桁架的，其相应部分套用网架、桁架钢结构部分定额子目；住宅钢结构部分增加相应垂直运输。

⑧ 厂（库）房钢结构安装的垂直运输已包括在相应定额内，不另行计算。住宅钢结构安装定额内的汽车式起重机台班用量为钢构件现场转运消耗量，垂直运输按相应项目执行。

⑨ 装配式钢结构是指采用钢框架或钢框架支撑结构为主体承重结构，集成装配式楼板、屋面板和集成装配式墙板为围护结构的建筑。设有集成装配式内墙板和外墙板子目，其主体钢结构承重结构、楼板、屋面板可套用其他相应定额子目。

⑩ 厂（库）房钢结构制动梁、制动板、制动桁架、车挡套用钢吊车梁相应定额子目。

（5）围护体系安装

① 钢楼层板混凝土浇捣所需收边板的用量，均已包括在相应定额的消耗量中，不另单独计算。

② 墙面板包角、包边、窗台泛水等所需增加的用量，均已包括在相应定额的消耗量中，不另单独计算。

③ 硅酸钙板灌浆墙面板项目中双面隔墙定额墙体厚度按 180mm 考虑，其中镀锌钢龙骨用量按 15kg/m² 编制，设计与定额不同时应进行调整换算。

④ 不锈钢天沟、彩钢板天沟展开宽度为 600mm，若实际展开宽度与定额不同时，板材按比例调整，其他不变。

⑤ 围护体系安装不含金属结构屋面板部分的安装，相应定额子目包含在《湖北省房屋建筑与装饰工程消耗量定额及全费用基价表》（2018 版）屋面及防水工程章节中。

（6）其他金属构件安装

① 零星钢结构安装定额，适用于本章未列项目且单件质量在 25kg 以内的小型钢构件安装。住宅结构的零星钢构件安装应扣除定额中汽车式起重机消耗量。

② 钢构件安装项目中已考虑现场拼装费用，但未考虑分块或整体吊装的钢网架、钢桁架地面平台拼装摊销，如发生则套用现场拼装平台摊销定额子目。

（7）预制钢结构安装工程量计算规则

① 构件安装工程量按成品构件的设计图示尺寸以质量计算，不扣除单个面积 0.3m² 以内孔洞质量，焊缝、铆钉、螺栓等不另增加质量。

② 钢网架计算工程量时，不扣除孔眼质量，焊缝、铆钉等不另增加质量。焊接空心球网架质量包括连接钢管杆件、连接球、支托和网架支座等零件的质量，螺栓球节点网架质量包括连接钢管杆件（含高强螺栓、销子、套筒、锥头或封板）、螺栓球、支托和网架支座等零件的质量。

③ 依附在钢柱上的牛腿及悬臂梁等的质量并入钢柱的质量内，钢柱上的柱脚板、加劲板、柱顶板、隔板和肋板并入钢柱工程量内。

④ 钢管柱上的节点板、加强环、内衬板（管）、牛腿等并入钢管柱的质量内。

⑤ 钢平台的工程量包括钢平台的柱、梁、板、斜撑等的质量，依附于钢平台上的钢扶梯及平台栏杆，并入钢平台的工程量内。

⑥ 钢楼梯的工程量包括楼梯平台、楼梯梁、楼梯踏步等的质量，钢楼梯上的扶手、栏杆并入钢楼梯的工程量内。

⑦ 钢构件现场拼装平台摊销工程量按实施拼装构件的工程量计算。

（8）围护体系安装工程量计算规则

① 钢楼层板、屋面板按设计图示尺寸的铺设面积以"m²"计算，不扣除单个面积 0.3m² 以内柱、垛及孔洞所占面积。

② 硅酸钙板墙面板按设计图示尺寸的铺设面积以"m²"计算，不扣除单个面积 0.3m² 以内的孔洞所占面积。

③ 保温岩棉铺设，EPS 混凝土浇灌按设计图示尺寸的铺设或浇灌体积以"m³"计算，不扣除单个面积 0.3m² 以内的孔洞所占体积。

④ 硅酸钙板包柱、包梁按钢构件设计断面尺寸以"m²"计算。

⑤ 钢板天沟按设计图示尺寸以质量计算，依附天沟的型钢并入天沟的质量内计算；不锈钢天沟、彩钢板天沟按设计图示尺寸以长度计算。

（9）定额子目列举，见表 4.35。

表 4.35　预制钢构件安装

住宅钢构件

钢柱

工作内容：放线、卸料、检验、划线、构件拼装加固，
翻身就位、绑扎吊装、校正、焊接、固定、补漆、清理等。　　　　　　　　　定额计量单位：t

定额编号			Z2-42	Z2-43	Z2-44	Z2-45	Z2-46
项目			钢柱				
			质量/t				
			≤3	≤5	≤10	≤15	≤25
全费用/元			6665.05	6536.57	6426.96	6429.36	6374.37
其中	人工费/元		460.12	414.16	372.86	359.03	332.97
	材料费/元		4920.36	4901.98	4893.12	4902.33	4902.09
	机械费/元		112.95	107.44	101.23	111.34	111.34
	费用/元		511.12	465.22	422.84	419.52	396.28
	增值税/元		660.50	647.77	639.77	637.14	631.60
名称		单位	单价/元	数量			
人工	普工	工日	92.00	1.087	0.978	0.881	0.848	0.787
	技工	工日	142.00	2.536	2.283	2.055	1.979	1.835
材料	钢柱成品	t	4705.84	1.000	1.000	1.000	1.000	1.000
	低合金钢焊条 E43 系列	kg	6.92	1.421	1.368	1.292	1.444	1.444
	热轧厚钢板 δ12～16	kg	2.69	10.585	7.344	6.528	5.610	4.936
	二氧化碳气体	m³	1.03	2.420	2.090	1.870	2.200	2.314
	焊丝 φ3.2	kg	10.52	4.429	3.708	3.708	4.017	4.156
	钢丝绳	kg	6.61	3.690	3.690	3.296	3.690	3.690
	垫木	m³	1855.33	0.011	0.011	0.011	0.011	0.011
	环氧富锌底漆 封闭漆	kg	23.53	1.060	1.060	1.060	1.060	1.060
	环氧富锌底漆稀释剂	kg	27.12	0.085	0.085	0.085	0.085	0.085
	吊装夹具	套	102.67	0.020	0.020	0.020	0.020	0.020
	其他材料费	％	—	0.500	0.500	0.500	0.500	0.500
	柴油[机械]	kg	5.26	1.262	1.262	1.262	1.262	1.262
	电[机械]	kW·h	0.75	29.390	27.685	25.634	29.193	29.193
机械	汽车式起重机 40kg	台班	1342.44	0.026	0.026	0.026	0.026	0.026
	交流电焊机 32kV·A	台班	158.90	0.187	0.180	0.170	0.190	0.190
	二氧化碳气体保护焊机 500A	台班	231.25	0.209	0.190	0.170	0.200	0.200

注：H 形、箱形柱间支撑套用钢柱安装定额。

说明：定额子目中的增值税按定额发布时期的征收率11％计取。

单元小结

本单元对预算定额做了较详细的阐述，包括预算定额的概念，预算定额的编制，人工单价、材料预算单价、机械台班单价的组成和确定；消耗量定额的概念、组成和应用；装配式消耗量定额的内容等。

具体内容包括：预算定额的性质、分类和作用、预算定额编制的原则、依据、程序和要求等内容。因地制宜结合地区消耗量定额熟悉其应用；为编制投标报价和标底打下基础。

施工图预算的编制过程中，预算定额是重要计价依据之一，正确应用预算定额确定各分项工程工、料、机消耗量，是保证概预算测算精度的重要环节。本章的教学目标是使学生全面了解预算定额、深刻理解预算定额，熟练掌握预算定额应用的方法与技巧。

思考与习题

1. 什么是预算定额？其性质和作用是什么？

2. 简要说明预算定额与施工定额的不同点。

3. 简要说明预算定额的分类。

4. 预算定额人工消耗量指标的构成？

5. 预算定额材料消耗量指标的构成有哪些？

6. 什么是人工单价？由哪些内容组成的？调查本地区预算定额的人工单价为多少。

7. 什么是材料预算单价？由哪些组成内容？

8. 什么是机械台班单价？由哪些组成内容？

9. 简述全国（或某地区）装配式预算定额包含的内容。

10. 某工程施工图设计要求干混抹灰砂浆外砖墙面抹灰，底层14mm厚，面层6mm厚，套用湖北省消耗量定额进行工料机分析和基价计算。

11. 什么是定额换算？

12. 试确定自卸汽车（10t）运土方216.68m³ 的定额基价合价、材料费、机械费（三类土、运距12km）。

13. 试确定C25现场搅拌混凝土直行楼梯235.6m² 的定额编号、定额基价及合价、人工费、材料费、机械台班价格（已知商品混凝土C25市场价格为：含税价462.00 元/m³，除税价446.97 元/m³）。

二维码12

扫码答题

14. 试确定M15现拌干混砌筑砂浆砌筑15m³ 砖地沟项目的定额编号、人工费、材料费、机械台班价格和定额基价及项目总价（已知①干混砌筑砂浆DM M15，本月的市场含税价为353.00 元/t，除税价格为305.27 元/t；②机械台班定额JX17060690灰浆搅拌机拌桶容量200L的台班除税单价为156.45 元/台班，机械用电为8.61 元/台班）。

单元5 其他定额

内容提要　本单元主要介绍四个方面的内容：一是概算定额的概念、作用、编制原则、依据和内容；二是概算指标的概念、分类及内容；三是投资估算指标的概念、作用、编制原则、依据和内容；四是企业定额的概念、作用、编制原则和依据。

学习目标　通过本单元的学习，掌握概算定额及概算指标的概念及编制方法，熟悉概算定额及概算指标的作用及编制依据，了解它们的主要编制步骤及概算指标的主要表现形式，为以后编制初步设计阶段的概算打下坚实的计价基础。

应达到以下目标：

1. 熟悉概算定额、概算指标、投资估算指标的概念、作用、编制原则及组成内容；
2. 理解企业定额的概念、作用、编制原则；
3. 会运用企业定额，为编制投标报价提供基础；
4. 能区分概算定额、概算指标、投资估算指标。

任务1　概算定额

一、概算定额概述

二维码13

1. 概算定额的概念

概算定额，是在预算定额基础上，确定完成合格的单位扩大分项工程或单位扩大结构构件所需消耗的人工、材料和施工机具台班的数量标准及其费用标准。概算定额又称扩大结构定额。

扫码视频学习

特别提示

概算定额是预算定额的综合扩大。如挖土方只有一个项目，不再划分一、二、三、四类土。砖墙也只有一个项目，综合了外墙、半砖、一砖、一砖半、二砖、二砖半墙等。化粪池、水池等按"座"计算，综合了土方、砌筑或结构配件全部项目。如湖北省目前使用的2006年建筑工程概算定额中，定额编号2-104的砂垫层，包括挖土、运土、原土打夯、砂垫层四个工程内容。

2. 概算定额和预算定额的比较

概算定额与预算定额的相同之处在于：它们都是以建（构）筑物各个结构部分和分部分项工程为单位表示的，内容也包括人工、材料和机具台班使用量定额三个基本部分，并列有基准价。概算定额表达的主要内容、表达的主要方式及基本使用方法都与预算定额相近。

概算定额与预算定额的不同之处在于以下几个方面。

（1）项目划分和综合扩大程度上的差异。

预算定额是在基础定额（劳动定额、材料消耗定额、机械台班消耗定额）的基础上，将项目综合后，按工程分部分项划分，以单一的工程项目为单位计算的定额。一般是编制施工图预算或甲乙双方结算的依据。

概算定额是在预算定额的基础上，将项目再进一步综合扩大后，按扩大后的工程项目为单位进行计算的定额。一般是编制初步设计概算或进行投资包干计算的依据。

两者相比，预算定额的工程项目划分得较细，每一项目所包括的工程内容较单一；概算定额的工程项目划分得较粗，每一项目所包括的工程内容较多，也就是把预算定额中的多项工程内容合并到一项之中了。因此，概算定额中的工程项目较预算定额中的项目要少得多。

（2）作用不同，概算编制在初步设计阶段，作为向国家、地区报批投资的文件，经审批后编制固定资产计划，作为控制投资的依据；预算编制在施工图设计阶段，起着控制产品价格与拨付工程价款的依据。

（3）依据不同，概算编制依据包括预算定额、原有概算定额、概算指标，其项目分项和定额内容经扩大简化，概括性强，步距跨度大。

（4）编制内容不同，概算包括工程建设的全部内容，如总概算要考虑从筹建开始到竣工验收交付使用前所需的一切费用。

二、概算定额的分类

概算定额可分为建筑工程概算定额、设备安装工程概算定额和其他各种专业工程概算定额等。

建筑工程概算定额包括一般土建工程概算定额、给排水工程概算定额、采暖工程概算定额、通信工程概算定额、电气照明工程概算定额和工业管道工程概算定额等。

设备安装工程概算定额主要包括机器设备及安装工程概算定额、电气设备及安装工程概算定额和工器具及生产家具购置费概算定额等。

概算定额按照不同的专业划分为多种类别，如：《建筑工程概算定额》《安装工程概算定额》《公路工程概算定额》《电力工程建设概算定额》等，形成了覆盖各个专业领域的概算定额体系。

三、概算定额的作用

概算定额和概算指标由省、市、自治区在预算定额基础上组织编写，由主管部门审批，概算定额主要作用如下。

1. 是初步设计阶段编制设计概算、扩大初步设计阶段编制修正概算的主要依据

在工程项目设计的不同阶段均需对拟建工程进行估价，初步设计阶段应编制设计概算，扩大初步设计阶段应编制修正概算，因此必须要有与设计深度相适应的计价定额。概算定额是为适应这种设计深度而编制的，其定额项目划分更具综合性，能够满足初步设计或扩大初步设计阶段工程计价需要。

2. 是对设计项目进行技术经济分析比较的基础资料之一

设计方案的比较主要是对建筑、结构方案进行技术、经济比较，目的是选出经济合理的优秀设计方案。概算定额按扩大分项工程或扩大结构构件划分定额项目，可为初步设计或扩大初步设计方案的比较提供方便的条件。

3. 是建设工程主要材料计划编制的依据

项目建设所需要的材料、工具设备等物资，应先提出采购计划，再据此进行订购。根据概算定额的消耗量指标可以比较准确、快速地计算主要材料及其他物资数量，可以在施工图设计之前提出物资采购计划。

4. 是编制概算指标的依据

概算指标和投资估算均比概算定额更加综合扩大，两者的编制均需以概算定额作为基础，再结合其他一些资料和数据进行必要测算和分析才能完成。

5. 是施工企业在准备施工期间，编制施工组织总设计或总规划时，对生产要素提出需要量计划的依据

6. 是工程结束后，进行竣工决算和评价的依据

7. 概算定额是编制标底的依据和投标报价的参考

有些工程项目在初步设计阶段进行招标，概算定额是编制招标标底的重要依据；施工企业在投标报价时，也可以以概算定额作为参考，既有一定的准确性，又能快速报价。

四、概算定额的编制原则和依据

1. 概算定额的编制原则

（1）概算定额应该贯彻社会平均水平和简明适用的原则。

由于概算定额和预算定额都是工程计价的依据，所以应符合价值规律和反映现阶段大多数企业的设计、生产及施工管理水平。但在概预算定额水平之间应保留必要的幅度差。概算定额的内容和深度是以预算定额为基础的综合和扩大。在合并中不得遗漏或增加项目，以保证其严谨性和正确性。概算定额务必达到简化、准确和适用。

（2）概算定额的编制深度，要适应设计的要求。

（3）概算定额在综合过程中，应使概算定额与预算定额之间留有余地，即两者之间将产生一定的允许幅度差，一般应控制在5％以内，这样才能使设计概算起到控制施工图预算的作用。

（4）为了稳定概算定额水平，统一考核和简化计算工作量，并考虑到扩大初步设计图的深度条件，概算定额的编制尽量不留活口或少留活口。

2. 概算定额的编制依据

（1）相关的国家和地区文件。

（2）现行的设计规范、施工验收技术规范和各类工程预算定额、施工定额。

（3）具有代表性的标准设计图纸和其他设计资料。

（4）有关的施工图预算及有代表性的工程决算资料。

（5）现行的人工日工资单价标准、材料单价、机具台班单价及其他的价格资料。

概算定额基价和预算定额基价一样，都只包括人工费、材料费和机具费。概算定额基价的编制如式（5-1）～式（5-4）所示。

$$概算定额基价＝人工费＋材料费＋机具费 \tag{5-1}$$
$$人工费＝现行概算定额中人工工日消耗量×人工单价 \tag{5-2}$$
$$材料费＝\sum(现行概算定额中材料消耗量×相应材料单价) \tag{5-3}$$
$$机具费＝\sum(现行概算定额中机械台班消耗量×相应机械台班单价)＋$$
$$\sum(仪器仪表台班用量×仪器仪表台班单价) \tag{5-4}$$

3. 概算定额的编制步骤

概算定额的编制一般分三阶段进行，即准备阶段、编制初稿阶段和审查定稿阶段。

（1）准备阶段。该阶段主要是确定编制机构和人员组成，进行调查研究，了解现行概算定额执行情况和存在的问题，明确编制的目的，制定概算定额的编制方案和确定概算定额的项目。

（2）编制初稿阶段。该阶段是根据已经确定的编制方案和概算定额项目，收集和整理各种编制依据，对各种资料进行深入细致的测算和分析，确定人工、材料和机械台班的消耗量指标，最后编制概算定额初稿。

（3）审查定稿阶段。该阶段的主要工作是测算概算定额水平，即测算新编制概算定额与原概算定额及现行预算定额之间的水平。测算的方法既要分项进行测算，又要通过编制单位工程概算以单位工程为对象进行综合测算。概算定额水平与预算定额水平之间应有一定的幅度差，幅度差一般在5%以内。

概算定额经测算比较后，可报送国家授权机关审批。

以某地区建筑装饰工程概算定额的编制为例，其编制过程如下。

① 确定概算定额的项目划分。

由该地区造价管理部门发起，成立概算定额编制小组，充分调查并根据该地区现行预算定额，确定概算定额的分部与子目，第一分部：土石方工程；第二分部：桩基础工程；第三分部：基础工程；第四分部：砖石工程；第五分部：钢筋混凝土工程；第六分部：门窗工程；第七分部：屋面工程。

② 编制阶段。

由于概算定额是扩大的预算定额子目，根据本地区现行的预算定额，将其子目进行适当的分析与综合，并分析二者在水平上的差异，进行必要的调整。如：钢筋混凝土带形基础，首先确定其概算定额编号3-4，项目名称：钢筋混凝土带形基础，项目单位：$10m^3$，然后确定概算定额单价。

跟踪典型工程进行测算、分析，钢筋混凝土带形基础概算定额子目综合了预算定额子目，如：场地平整、土方、垫层、基础、脚手架、防潮层等内容。

③ 进行工程测算，交稿审批。

五、概算定额的内容

概算定额的主要内容包括使用范围和有关规定，计算规则和一系列分章、节的定额表格。按专业特点和地区特点编制的概算定额手册，内容基本上是由文字说明、定额项目表和附录三个部分组成。

1. 文字说明部分

文字说明部分有总说明和分部工程说明。在总说明中，主要阐述概算定额的编制依据、使用范围、包括的内容及作用、应遵守的规则及建筑面积计算规则等。分部工程说明主要阐述本分部工程包括的综合工作内容及分部分项工程的工程量计算规则等。

（1）总说明：介绍概算定额的作用、编制依据、适用范围、使用方法及一些共同性问题的解释。

以湖北省最新概算定额为例来介绍，总说明第三条，本定额是全部使用国有资金或国有资金投资为主的建筑工程设计阶段编制和审批设计概算的依据；也是编制投资估算指标和概算指标的依据。

（2）建筑面积计算规则：《建筑工程建筑面积计算规范》GB/T 50353—2013。

（3）分部工程说明及工程量计算规则：介绍本分部工程定额的内容、使用方法、工程量的计算规则和调整换算的有关规定。

例：第二章　基础工程

说明：一，本章定额综合了挖土方、运土、做垫层、砌砖、回填土等全部工作内容。

工程量计算规则：基础工程量以基础截面面积乘以长度以体积计算。

2. 定额项目表

它是概算定额的最基本表现形式。

（1）定额项目的划分。概算定额项目一般按以下两种方法划分，一是按工程结构划分，一般是按土石方、基础、墙、梁板柱、门窗、楼地面、屋面、装饰、构筑物等工程结构划分；二是按工程部位（分部）划分，一般是按基础、墙体、梁柱、楼地面、屋盖、其他工程部位等划分，如基础工程中包括了砖、石、混凝土基础等项目。

（2）定额项目表。定额项目表是概算定额手册的主要内容，由若干分节定额组成。各节定额由工程内容、定额表及附注说明组成。定额表中列有定额编号、计量单位、概算价格、人工、材料、机械台班消耗量，综合了预算定额的若干项目与数量。

现行的概算定额一般是以行业或地区为主编制的，表现形式不尽一致。但其主要内容均包括人工、材料、机械的消耗量及其费用指标，有的还列出概算定额项目所综合的预算定额内容。下面以《湖北省建筑工程概算定额统一基价表》为例做简要介绍。该定额是以现行的建筑和装饰装修工程消耗量定额为基础，结合设计阶段工程造价的特点进行编制的。

表 5.1 所示现浇钢筋混凝土矩形柱的概算定额（示例）摘自《湖北省建筑工程概算定额统一基价表》。

3. 附录

附录的主要内容包括主要材料（半成品、成品）损耗率表、混凝土模板、钢筋含量估算参考表、砂浆、混凝土配合比表及其他。一般附在定额手册的后面，是对定额的补充。

例如，某地区房屋建筑工程概算定额（2012 版），列有 4 个附录，分别是附录 1：商品混凝土参考表，混凝土及砂浆制作含量表；附录 2：混凝土及砂浆配合比；附录 3：门、窗、零配件价格表；附录 4：工料机价格构成及管理内容说明。

六、概算定额的应用

与预算定额相似，概算定额的应用也可分为定额的直接套用、定额的换算和定额的补充等三种情形。在应用概算定额时，应符合一定的规则，概算定额的应用规则如下。

（1）符合概算定额规定的应用范围；

（2）工程内容、计量单位及综合程度应与概算定额一致；

表 5.1　现浇钢筋混凝土矩形柱的概算定额（示例）

工作内容：混凝土、模板、钢筋、钢筋运输。　　　　　　　　　　　　　　定额计量单位：m³

定额编号				3-99	3-100	3-101
项目				现浇钢筋混凝土矩形柱		
				现场搅拌混凝土	商品混凝土	集中搅拌混凝土
基价/元				1059.20	1152.42	1031.02
其中	人工费/元			238.34	209.26	168.34
	材料费/元			788.90	918.43	810.63
	机械费/元			31.96	24.73	52.05
主要工程量	项目名称	单位	单价	工程量		
	矩形柱 C20	10m³	2478.69	0.10000		
	矩形柱 C20 商品混凝土	10m³	3411.00		0.10000	
	搅拌站生产能力（25m³/h）	10m³	1989.54			0.10000
	矩形柱模板	100m²	2447.42	0.10530	0.10530	0.10530
	现浇构件圆钢筋 φ8 以内	t	3245.54	0.01525	0.01525	0.01525
	现浇构件螺纹钢筋 φ20 以内	t	3171.66	0.00924	0.00924	0.00924
	现浇构件螺纹钢筋 φ25 以内	t	3116.26	0.13690	0.13690	0.13690
	混凝土输送泵（固定泵）	10m³	54.57			0.10000
	混凝土搅拌运输车运输 5km 以内	10m³	152.87			0.10000
	成型钢筋运输人工装卸 10km 以内	10t	148.33	0.01614	0.01614	0.01614
	成型钢筋运输人工装卸每增加 1km	10t	7.81	0.08070	0.08070	0.08070
	柱支撑（高度超过 3.6m 每增加 1m 钢支撑）	100m²	143.00	0.31590	0.31590	0.31590
	名称	单位	单价	消耗量		
人工	综合工日	工日	30.00	7.9445	6.9754	5.6114
主要材料	C20 商品混凝土　碎石 20mm	m³	290.00		1.015	
	C20 碎石混凝土　碎石 20mm 坍落度 110～130	m³	183.19			1.015
	C20 碎石混凝土　碎石 40mm 坍落度 30～50	m³	160.88	1.015	1.015	1.015
	圆钢 φ8	t	2600.00	0.0156	0.0156	0.0156
	螺纹钢 φ20	t	2700.00	0.0097	0.0097	0.0097
	螺纹钢 φ25	t	2700.00	0.1431	0.1431	0.1431
	支撑钢管及扣件	kg	3.59	6.5528	6.5528	6.5528
	模板板枋材	m³	1350.00	0.0252	0.0252	0.0252
	九夹板模板	m²	36.70	2.5272	2.5272	2.5272
主要机械	混凝土搅拌站 25m³/h	台班	919.60			0.0083
	混凝土输送泵 60m³/h	台班	1052.06			0.0035
	混凝土搅拌输送车 6m³	台班	1173.91			0.012

（3）必要的调整和换算应严格按定额的文字说明和附录进行；

（4）避免重复计算和漏项；

（5）参考预算定额的应用规则。

【例 5.1】　某工程需现浇钢筋混凝土柱 10 根，每根柱的尺寸为 0.4m×0.4m×3.6m，根据概算定额表计算该工程现浇钢筋混凝土柱的概算基价。

　　解　见表 5.1，直接选用概算定额编号 3-99 子目：

$$V=0.4×0.4×3.6×10=5.76（m³）$$

该工程现浇钢筋混凝土柱的概算基价＝5.76×1059.20＝6100.99（元）

任务2　概算指标

一、概算指标概述

1. 概算指标的概念

建设工程概算指标是指以整个建筑物和构筑物为对象编制的定额，是比概算定额更加综合的指标。其指标一般以建筑面积或体积或万元造价为计量单位表示各种资源（人工、材料、机械台班及其资金等）的消耗数量标准。

建筑安装工程概算指标通常是以单位工程为对象，以建筑面积、体积或成套设备装置的台或组为计量单位来规定的人工、材料、机具台班的消耗量标准和造价指标。

2. 概算指标与概算定额的比较

概算定额与概算指标都是在初步设计阶段用来编制设计概算的基础资料，两者的区别可以从以下几方面来理解。

（1）编制对象不同。概算定额是以定额计量单位的扩大分项工程或扩大结构构件为对象编制的，概算指标是以扩大计量单位（面积或体积）建筑安装工程为对象编制的。

（2）综合程度不同。概算定额比预算定额综合性强，概算指标比概算定额综合性强。

（3）适用条件不同。概算定额适用于设计深度较深，已经达到能计算扩大分项工程工程量的程度，概算指标适用于设计深度较浅，只要达到已经明确结构特征的程度。

（4）使用方法不同。使用概算定额编制概算书时需要先计算扩大分项工程的工程量，再与概算单价相乘来计算概算直接费用，使用概算指标编制概算书时只需要计算拟建工程的建筑面积（或体积），再与单位面积（或体积）的概算指标值相乘来计算概算直接费用。

二、概算指标的作用

概算指标的作用主要有以下几点。

（1）可以作为编制投资估算的参考。

（2）是初步设计阶段编制概算书、确定工程概算造价的依据。这是指在没有条件计算工程量时，只能使用概算指标。

（3）概算指标中的主要材料指标可以作为估算主要材料用量的依据。

（4）是设计单位进行设计方案比较、设计技术经济分析的依据。

（5）概算指标是编制固定资产投资计划、确定投资额和主要材料计划的主要依据。

（6）是建筑企业编制劳动力、材料计划、实行经济核算的依据。

三、概算指标的分类

概算指标分为建筑工程概算指标和设备及安装工程概算指标两类，如图5.1所示。

（1）建筑工程概算指标包括：一般土建工程、给排水工程、采暖通风工程、通信工程、电气照明工程概算指标。

（2）设备及安装工程概算指标包括：机械设备及安装、电气设备及安装、工器具及生产家具购置费概算指标。

四、概算指标的内容与表现形式

1. 概算指标的内容

概算指标的组成内容包括文字说明和列表两部分，以及必要的附录。

(1) 总说明和分册说明。其内容一般包括：概算指标的编制范围、编制依据、分册情况、指标包括的内容、指标未包括的内容、指标的使用方法、指标允许调整的范围及调整方法等。

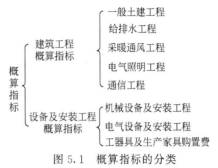

图 5.1 概算指标的分类

(2) 列表。列表形式包括建筑工程的列表和安装工程的列表两种形式。

① 建筑工程的列表形式。房屋建筑、构筑物的列表一般是以建筑面积、建筑体积、"座""个"等为计量单位，附以必要的示意图，示意图画出建筑物的轮廓示意或单线平面图，列出综合指标（元/100m² 或元/1000m³），自然条件（如地耐力、地震烈度等），建筑物的类型、结构形式及各部位中结构主要特点，主要工程量。

② 安装工程的列表形式，设备以"t"或"台"为计算单位，也可以设备购置费或设备原价的百分比（%）表示；工艺管道一般以"t"为计算单位；通信电话站安装以"站"为计算单位。列出指标编号、项目名称、规格、综合指标（元/计算单位）之后一般还要列出其中的人工费，必要时还要列出主要材料费、辅材费。

总体来讲列表形式分为以下几个部分。

a. 示意图。表明工程的结构、工业项目，还表示出吊车及起重能力等。

b. 工程特征。对采暖工程应列出采暖热媒及采暖形式；对电气照明工程特征可列出建筑层数、结构类型、配线方式、灯具名称等；对房屋建筑工程特征，主要对工程的结构形式、层高、层数和建筑面积进行说明。如表 5.2 所示。

表 5.2　内浇外砌住宅结构特征

结构类型	层数	层高	檐高	建筑面积
内浇外砌	六层	2.8m	17.7m	4206m²

c. 经济指标。说明该项目每 100m²、每座的造价指标及其中土建、水暖和电照等单位工程的相应造价。如表 5.3 所示。

表 5.3　内浇外砌住宅经济指标　　　　　　　　　　　　100m² 建筑面积

项目		合计/元	其中/元			
			直接费	间接费	利润	税金
单方造价		30422	21860	5576	1893	1093
其中	土建	26133	18778	4790	1626	939
	水暖	2565	1843	470	160	92
	电照	614	1239	316	107	62

d. 分部分项工程构造内容及工程量指标。说明该工程项目各分部分项工程的构造内容和相应计算单位的工程量指标及人工、材料消耗指标。如表 5.4、表 5.5 所示。

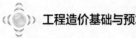

表 5.4　内浇外砌住宅构造内容及工程量指标　　　　　100m² 建筑面积

序号	构造特征		工程量	
			单位	数量
一、土建				
1	基础	灌注桩	m³	14.64
2	外墙	二砖墙、清水墙勾缝、内墙抹灰刷白	m³	24.32
3	内墙	混凝土墙、一砖墙、抹灰刷白	m³	22.70
4	柱	混凝土柱	m³	0.70
5	地面	碎砖垫层、水泥砂浆面层	m²	13
6	楼面	120mm 预制空心板、水泥砂浆面层	m²	65
7	门窗	木门窗	m²	62
8	屋面	预制空心板、水泥珍珠岩保温、三毡四油卷材防水	m²	21.7
9	脚手架	综合脚手架	m²	100
二、水暖				
1	采暖方式	集中采暖		
2	给水性质	生活给水明设		
3	排水性质	生活排水		
4	通风方式	自然通风		
三、电照				
1	配电方式	塑料管暗配电线		
2	灯具种类	日光灯		
3	用电量	—		

表 5.5　内浇外砌住宅人工及主要材料消耗指标　　　　　100m² 建筑面积

序号	名称与规格	单位	数量	序号	名称与规格	单位	数量
一、土建				二、水暖			
1	人工	工日	506	1	人工	工日	39
2	钢筋	t	3.25	2	钢管	t	0.18
3	型钢	t	0.13	3	暖气片	m²	20
4	水泥	t	18.10	4	卫生器具	套	2.35
5	白灰	t	2.10	5	水表	个	1.84
6	沥青	t	0.29	三、电照			
7	红砖	千块	15.10	1	人工	工日	20
8	木材	m³	4.10	2	电线	m	283
9	砂	m³	41	3	钢管	t	0.04
10	砾石	m³	30.5	4	灯具	套	8.43
11	玻璃	m²	29.2	5	电表	个	1.84
12	卷材	m²	80.8	6	配电箱	套	6.1
				四、机械使用费		%	7.5
				五、其他材料费		%	19.57

2. 概算指标的表现形式

按具体内容和表示方法的不同，概算指标一般有综合指标和单项指标两种形式。

综合指标是以一种类型的建筑物或构筑物为研究对象，以建筑物或构筑物的体积或面积为计量单位，综合了该类型范围内各种规格的单位工程的造价和消耗量指标而形成的，它反映的不是具体工程的指标，而是一类工程的综合指标，是一种概括性较强的指标。

单项指标则是一种以典型的建筑物或构筑物为分析对象的概算指标，仅仅反映某一具体工程的消耗情况。

五、概算指标的编制方法和应用（概算指标的计算）

1. 概算指标的编制依据

（1）标准设计图纸和各类工程典型设计。

（2）国家颁发的建筑标准、设计规范、施工规范等。

（3）各类工程造价资料。

（4）现行的概算定额和预算定额及补充定额。

（5）人工工资标准、材料预算价格、机械台班预算价格及其他价格资料。

2. 概算指标的编制步骤

以房屋建筑工程为例，概算指标可按以下步骤进行编制。

（1）首先成立编制小组，拟定工作方案，明确编制原则和方法，确定指标的内容及表现形式，确定基价所依据的人工工资单价、材料预算价格、机械台班单价。

（2）收集整理编制指标所必需的标准设计、典型设计以及有代表性的工程设计图纸，设计预算等资料，充分利用有使用价值的已经积累的工程造价资料。

（3）按指标内容及表现形式的要求进行具体的计算分析，工程量尽可能利用经过审定的工程竣工结算的工程量，以及可以利用的可靠的工程量数据。按基价所依据的价格要求计算综合指标，并计算必要的主要材料消耗指标，用于调整价差的工、料、机消耗指标，一般可按不同类型工程来划分项目进行计算。

（4）最后经过核对审核、平衡分析、水平测算、审查定稿。随着有使用价值的工程造价资料积累制度和数据库的建立，以及电子计算机、网络的充分发展利用，概算指标的编制工作将得到根本改观。

3. 概算指标的编制方法

下面以房屋建筑工程为例，对概算指标的编制方法做一简要概述。

（1）编制概算指标。首先要根据选择好的设计图纸，计算出每一结构构件或分部工程的工程数量。计算工程量的目的有两个。第一是以 $1000m^3$ 建筑体积为计算单位，换算出某种类型建筑物所含的各结构构件和分部工程量指标。工程量指标是概算指标中的重要内容，它详尽地说明了建筑物的结构特征，同时也规定了概算指标的适用范围。计算工程量的另一目的，是为了计算出人工、材料和机械的消耗量指标，计算出工程的单位造价。所以计算标准设计和典型设计的工程量，是编制概算指标的重要环节。

$$某项目工程量指标 = \frac{该项目的工程量}{建筑面积（或体积）} \times 扩大单位 \tag{5-5}$$

（2）在计算工程量指标的基础上，确定人工、材料和机械的消耗量。确定的方法是按照所选择的设计图纸、现行的概预算定额、各类价格资料，编制单位工程概算或预算，并将各种人工、机械和材料的消耗量汇总，计算出人工、材料和机械的总用量。

$$主要工料消耗指标 = \frac{相应人工（材料）消耗总量}{建筑面积（或体积）} \tag{5-6}$$

（3）最后再计算出每平方米建筑面积和每立方米建筑物体积的单位造价，计算出该计量单位所需要的主要人工、材料和机械实物消耗量指标，次要人工、材料和机械的消耗量，综合为其他人工、其他机械、其他材料，用金额"元"表示。

$$经济指标 = \frac{相应工程造价}{建筑面积（或体积）} \qquad (5-7)$$

对于经过上述编制方法确定和计算出的概算指标，要经过比较平衡、调整和水平测算对比以及试算修订，才能最后定稿报批。

【例 5.2】 某七层砖混结构住宅，建筑面积 2099.69m²，单项工程总造价 230.10 万元，内有 C25 混凝土墙 147.84m³，共消耗人工 9398.61 工日，钢材 65739.90kg。计算：该住宅每 100m² 建筑面积的混凝土墙工程量指标，每平方米建筑面积的经济指标和工料消耗指标。

解 依据上述式(5-5)～式(5-7) 计算

$$混凝土墙工程量指标 = \frac{147.84}{2099.69} \times 100 = 7.04 \ （m^3/100m^2 \ 建筑面积）$$

$$单项工程造价指标 = \frac{2301000}{2099.69} = 1095.88 \ （元/m^2 \ 建筑面积）$$

$$人工消耗量指标 = \frac{9398.61}{2099.69} = 4.48 \ （工日/m^2 \ 建筑面积）$$

$$钢材消耗量指标 = \frac{65739.9}{2099.69} = 31.31 \ （kg/m^2 \ 建筑面积）$$

故，该住宅每 100m² 建筑面积的混凝土墙工程量指标为 7.04m³/100m²，每平方米建筑面积的经济指标为 1095.88 元/m²，人工消耗指标为 4.48 工日/m²，钢材消耗指标为 4.48kg/m²。

4. 概算指标的应用

概算指标的应用比概算定额具有更大的灵活性，由于它是一种综合性很强的指标，不可能与拟建工程的建筑特征、结构特征、自然条件、施工条件完全一致。因此，在选用概算指标时要十分慎重，选用的指标与设计对象在各个方面应尽量一致或接近，不一致的地方要进行换算，以提高准确性。

概算指标的应用一般有两种情况。第一种情况，如果设计对象的结构特征与概算指标一致时，可以直接套用；第二种情况，如果设计对象的结构特征与概算指标的规定局部不同时，要对指标的局部内容进行调整后再套用。

(1) 每 100m² 造价调整；

(2) 每 100m² 工料数量的调整。

关于换入换出的工料数量，是根据换出换入结构构件的工程量乘以相应的概算定额中工料消耗指标得到的。根据调整后的工料消耗量和地区材料预算价格、人工工资标准、机械台班预算单价，计算每 100m² 的概算基价，然后根据有关取费规定，计算每 100m² 的概算造价。

这种方法主要适用于不同地区的同类工程编制概算。用概算指标编制工程概算，工程量的计算工作很小，也省去了大量的定额套用和工料分析工作，因此比用概算定额编制工程概算的速度要快，但是准确性差一些。

【例 5.3】 某商贸学院拟建 6 栋砖混结构住宅楼，外墙采用贴陶瓷锦砖，每平方米建筑面积消耗量为 1.02m²，陶瓷锦砖全费用单价为 60 元/m²，有类似工程概算指标为 680 元/m²，外墙采用水泥砂浆抹面，每平方米建筑面积消耗量为 0.957m²，水泥砂浆抹面全费用单价为 9.2 元/m²，试计算该砖混结构的概算指标为多少？

解 该砖混结构的概算指标＝类似工程概算指标＋差异额＝680＋1.02×60－0.957×9.2＝732.40（元/m²）

该砖混结构住宅楼的概算指标为732.40元/m²。

任务3 投资估算指标

一、投资估算指标概述

1. 投资估算指标的概念

投资估算指标，是在编制项目建议书、可行性研究报告和编制设计任务书阶段进行投资估算、计算投资需要量时使用的一种定额。它是以独立的建设项目、单项工程或单位工程为对象，综合项目全过程投资和建设中的各类成本和费用，反映出其扩大的技术经济指标，既是定额的一种表现形式，但又不同于其他的计价定额。

它具有较强的综合性、概括性，往往以独立的单项工程或完整的工程项目为计算对象。它的概略程度与可行性研究阶段相适应。它的主要作用是为项目决策和投资控制提供依据，是一种扩大的技术经济指标。投资估算指标虽然往往根据历史的预、决算资料和价格变动等资料编制，但其编制基础仍离不开预算定额、概算定额。

2. 投资估算指标与概算指标的区别

概算指标是以建筑物和构筑物为对象，投资估算指标是以单项或完整工程项目为对象；还有两个编制阶段不一样，概算指标是在初步设计阶段，估算指标是在项目建议书和可行性研究报告阶段编制。

（1）概算指标主要用于编制投资估算或设计概算，是以每个建筑物或构筑物为对象规定人工、材料或机械台班耗用量及其资金消耗的数量标准。概算指标是初步设计阶段编制概算、确定工程造价的依据，是进行技术经济分析、衡量设计水平、考核建设成本的标准。

（2）投资估算指标非常概略，往往以独立的单项工程或完整的工程项目为计算对象，只在项目建议书和可行性研究阶段进行投资估算、计算投资时使用的一种定额，投资估算指标往往根据历史的预、决算资料和价格变动资料编制。

二、投资估算指标的作用

工程建设投资估算指标是编制建设项目建议书、可行性研究报告等前期工作阶段投资估算的依据，也可以作为编制固定资产长远规划投资额的参考。投资估算指标为完成项目建设的投资估算提供依据和手段，它在固定资产的形成过程中起着投资预测、投资控制、投资效益分析的作用，是合理确定项目投资的基础。投资估算指标中的主要材料消耗量也是一种扩大材料消耗量指标，可以作为计算建设项目主要材料消耗量的基础。估算指标的正确制定对于提高投资估算的准确度、对建设项目的合理评估、正确决策具有重要意义。

（1）在编制项目建议书阶段，它是项目主管部门审批项目建议书的依据之一，也是编制项目规划、确定建设规模的参考依据。

（2）在可行性研究报告阶段，它是项目决策的重要依据，也是多方案比选、优化设计方案、正确编制投资估算、合理确定项目投资额的重要基础。

（3）在可行性研究阶段，它是项目投资决策的重要依据，也是研究、分析、计算项目投资经济效益的重要条件。可行性研究报告批准后，它将作为设计任务书中下达的投资限额，即项目投资的最高限额，不得随意突破。

（4）在建设项目评价及决策过程中，它是评价建设项目投资可行性、分析投资效益的主要经济指标。

（5）在项目实施阶段，它是限额设计和工程造价确定与控制的依据。

（6）是核算建设项目建设投资需要额和编制建设投资计划的重要依据。

（7）合理准确地确定投资估算指标是进行工程造价管理改革，实现工程造价事前管理和主动控制的前提条件。

三、投资估算指标的编制原则

由于投资估算指标属于项目建设前期进行估算投资的技术经济指标，它不但要反映实施阶段的静态投资，还必须反映项目建设前期和交付使用期内发生的动态投资，以投资估算指标为依据编制的投资估算，包含项目建设的全部投资额。这就要求投资估算指标比其他各种计价定额具有更大的综合性和概括性。因此，投资估算指标的编制工作除应遵循一般定额的编制原则外，还必须坚持下列原则。

（1）投资估算指标项目的确定，应考虑以后几年编制建设项目建议书和可行性研究报告投资估算的需要。

（2）投资估算指标的分类、项目划分、项目内容、表现形式等要结合各专业的特点，并且要与项目建议书、可行性研究报告的编制深度相适应。

（3）投资估算指标的编制内容、典型工程的选择，必须遵循国家的有关建设方针政策，符合国家技术发展方向，贯彻国家高科技政策，使指标的编制既能反映现实的高科技成果，以及正常建设条件下的造价水平，也能适应今后若干年的科技发展水平。坚持技术上先进、可行和经济上的合理，力争以较少的投入求得最大的投资效益。

（4）投资估算指标的编制要反映不同行业、不同项目和不同工程的特点，要适应项目前期工作深度的需要，而且要具有更大的综合性。投资估算指标要密切结合行业特点、项目建设的特定条件，在内容上既要贯彻指导性、准确性和可调性的原则，又要有一定的深度和广度。

（5）投资估算指标的编制要体现国家对固定资产投资实施间接调控作用的特点。要贯彻能分能合、有粗有细、细算粗编的原则。使投资估算指标能满足项目建议书和可行性研究各阶段的要求，既能有反映一个建设项目的全部投资及其构成，又要有组成建设项目投资的各个单项工程投资。做到既能综合使用，又能个别分解使用。占投资比例大的建筑工程工艺设备，要做到有量、有价，根据不同结构形式的建筑物列出每 $100m^2$ 的主要工程量和主要材料量，主要设备也要列有规格、型号、数量。同时，要以编制年度为基期来计价，有必要的调整、换算办法等。

（6）投资估算指标的编制要贯彻静态和动态相结合的原则。要充分考虑在市场经济条件下，由于建设条件、实施时间、建设期限等静态因素的不同，考虑到建设期的动态因素，即价格、建设期利息、固定资产投资方向调节税及涉外工程的汇率等因素的变动，导致指标的量差、价差、利息差、费用差等"动态"因素对投资估算的影响，对上述动态因素给予必要的调整办法和调整参数，尽可能减少这些动态因素对投资估算准确度的影响，使指标具有较强的实用性和可操作性。

四、投资估算指标的内容

投资估算指标是确定和控制建设项目全过程各项投资支出的技术经济指标，其范围涉及建设前期、建设实施期和竣工验收交付使用期等各个阶段的费用支出，内容因行业不同而各异，一般可分为建设项目综合指标、单项工程指标和单位工程指标三个层次。如表 5.6 所示。

表 5.6　投资估算指标的内容和表现形式

投资估算指标	内容	表现形式
建设项目综合指标	从立项筹建至竣工验收交付的全部投资额。 全部投资＝单项工程投资＋工程建设其他费＋预备费等	以项目的综合生产能力单位投资表示，如：元/t；或以使用功能表示，如医院：元/床
单项工程指标	能独立发挥生产能力或使用效益的单项工程内的全部投资额。 工程费用＝建筑工程费＋安装工程费＋设备及工器具购置费	以单项工程生产能力单位投资表示，如元/t，元/m²
单位工程指标	能独立设计、施工的工程项目的费用，即建筑安装工程费	房屋区别不同结构以元/m² 表示

1. 建设项目综合指标

建设项目综合指标指按规定应列入建设项目总投资的从立项筹建开始至竣工验收交付使用的全部投资额，包括单项工程投资、工程建设其他费用和预备费等。

建设项目综合指标一般以项目的综合生产能力单位投资表示，如"元/t""元/kW"，或以使用功能表示，如医院："元/床"。

2. 单项工程指标

单项工程指标指按规定应列入能独立发挥生产能力或使用效益的单项工程内的全部投资额，包括建筑工程费、安装工程费、设备、工器具及生产家具购置费和其他费用。单项工程一般划分原则如下。

（1）主要生产设施。指直接参加生产产品的工程项目，包括生产车间或生产装置。

（2）辅助生产设施。指为主要生产车间服务的工程项目。包括集中控制室、中央实验室，机修、电修、仪器仪表修理及木工（模）等车间，原材料、半成品、成品及危险品等仓库。

（3）公用工程。包括给排水系统（给排水泵房、水塔、水池及全厂给排水管网）、供热系统（锅炉房及水处理设施、全厂热力管网）、供电及通信系统（变配电所、开关所及全厂输电、电信线路）以及热电站、热力站、煤气站、空压站、冷冻站、冷却塔和全厂管网等。

（4）环境保护工程。包括废气、废渣、废水等处理和综合利用设施及全厂性绿化。

（5）总图运输工程。包括厂区防洪、围墙大门、传达及收发室、汽车库、消防车库、厂区道路、桥涵、厂区码头及厂区大型土石方工程。

（6）厂区服务设施。包括厂部办公室、厂区食堂、医务室、浴室、哺乳室、自行车棚等。

（7）生活福利设施。包括职工医院、住宅、生活区食堂、俱乐部、托儿所、幼儿园、子弟学校、商业服务点以及与之配套的设施。

（8）厂外工程。如水源工程、厂外输电、输水、排水、通信、输油等管线以及公路、铁路专用线等。

单项工程指标一般以单项工程生产能力单位投资表示，如"元/t"或其他单位表示。如，变配电站："元/(kV·A)"；锅炉房："元/t"；供水站："元/m³"；办公室、仓库、宿舍、住宅等房屋则依据不同结构形式以"元/m²"表示。

建设项目综合指标和单项工程指标应分别说明与指标相对应的工程特征、工程组成内容，主要工艺、技术指标，主要设备名称、规格、型号、数量和单价，其他设备费占主要设备费的百分比，主要材料用量和价格等。

3. 单位工程指标

单位工程指标按规定应列入能独立设计、施工的工程项目的费用，即建筑安装工程费用。

单位工程指标一般以如下方式表示。如，房屋区别不同结构形式以"元/m²"表示；道路区别不同结构层、面层以"元/m²"表示；水塔区别不同结构层、容积以"元/座"表示；管道区别不同材质、管径以"元/m"表示。

如，某民用建筑，土建：980.17元/m²建筑面积，电气：160.25元/m²建筑面积，水卫：166.28元/m²建筑面积，采暖：101.49元/m²建筑面积。

五、投资估算指标的编制步骤

投资估算指标的编制工作，涉及建设项目的产品规模、产品方案、工艺流程、设备选型、工程设计和技术经济等各个方面，既要考虑到现阶段技术状况，又要展望近期技术发展趋势和设计动向，从而可以指导以后建设项目的实践。投资估算指标的编制应当成立专业齐全的编制小组，编制人员应具备较高的专业素质，并应制定一个包括编制原则、编制内容、指标的层次相互衔接、项目划分、表现形式、计量单位、计算、复核、审查程序等内容的编制方案或编制细则，以便编制工作有章可循。投资估算指标的编制一般分为三个阶段进行。

1. 收集整理资料阶段

收集整理已建成或正在建设的，符合现行技术政策和技术发展方向、有可能重复采用的、有代表性的工程设计施工图、标准设计以及相应的竣工决算或施工图预算资料等，这些资料是编制工作的基础，资料收集得越广泛，反映出的问题越多，编制工作考虑得越全面，就越有利于提高投资估算指标的实用性和覆盖面。同时，对调查收集到的资料要选择占投资比例大、相互关联多的项目进行认真的分析整理，由于已建成或正在建设的工程的设计意图、建设时间和地点、资料的基础等不同，相互之间的差异很大，需要去粗取精、去伪存真地加以整理，才能重复利用。将整理后的数据资料按项目划分栏目加以归类，按照编制年度的现行定额、费用标准和价格，调整成编制年度的造价水平及相互比例。

2. 平衡调整阶段

由于调查收集的资料来源不同，虽然经过一定的分析整理，但难免会由于设计方案、建设条件和建设时间上的差异带来某些影响，使数据失准或漏项等，因此，必须对有关资料进行综合平衡调整。

3. 测算审查阶段

测算是将新编的指标和选定工程的概预算，在同一价格条件下进行比较，检验其"量差"的偏离程度是否在允许偏差的范围之内，如偏差过大，则要查找原因，进行修正，以保证指标的确切、实用。测算同时也是对指标编制质量进行的一次系统检查，应由专人进行，以保持测算口径的统一，在此基础上组织有关专业人员予以全面审查定稿。

由于投资估算指标的计算工作量非常大，在现阶段计算机已经广泛普及的条件下，应尽可能应用电子计算机进行投资估算指标的编制工作。

举例说明：投资估算指标的表达形式如表5.7所示。该表是全国统一的《城市综合管廊工程投资估算指标》中的"管廊本体工程"摘录。

表5.7 城市综合管廊工程投资估算指标（摘录）

1.1 管廊本体工程　　　　　　　　　　　　　　　　　　定额计量单位：m

序号		指标编号		1Z-01
		项目	单位	断面面积10～20m²
				1舱
		指标基价	元	51091～61133
一		建筑工程费用	元	32838～40776
二		安装工程费用	元	3397～3397
三		管廊本体设备购置费	元	4153～4153
四		工程建设其他费用	元	6058～7249
五		基本预备费	元	4645～5558
建筑安装工程费				
直接费	人工费	建筑工程人工	工日	45.20～57.15
		安装工程人工	工日	29.21～33.56
		人工费小计	元	6957～8481
	材料费	商品混凝土	m³	6.83～9.08
		水下商品混凝土	m³	—
		水泥	kg	—
		钢材	kg	1115.31～1481.53
		木材	m³	0.05～0.06
		砂	t	3.70～3.81
		钢管及配件	kg	187.50～187.50
		其他材料	元	574～700
		材料费小计	元	17393～21203
	机械费	机械费	元	4415～5383
		其他机械	元	223～271
		机械费小计	元	4638～5654
	小计		元	28988～35338
综合费用			元	7274～8835
合计			元	36235～44173

知识链接

（规范指引）：《城市综合管廊工程投资估算指标》（试行）、《湖北省建设工程投资估算指标》

【例 5.4】 某建设单位拟建 $1000m^2$ 厂房，主要设备投资 1500000 元，已知同类已建厂房的主要生产设备投资占总投资的 60%，试计算该厂房的投资估算指标是多少？

解 该厂房的投资估算额＝1500000÷60%＝2500000.00（元），则该厂房的投资估算额指标＝2500000.00÷1000＝2500（元/m^2）。

任务4　企业定额

一、企业定额概述

1. 企业定额的概念

企业定额是指建筑安装企业根据本企业的技术水平和管理水平，编制完成单位合格产品所必需的人工、材料和施工机械台班的消耗量，以及其他生产经营要素消耗的数量标准。企业定额反映企业的施工生产与生产消费之间的数量关系，是施工企业生产力水平的体现，每个企业均应拥有反映自己企业能力的企业定额。企业的技术和管理水平不同，企业定额的定额水平也就不同。因此，企业定额是施工企业进行施工管理和投标报价的基础和依据，从一定意义上讲，企业定额是企业的商业秘密，是企业参与市场竞争的核心竞争能力的具体表现。

《计价规范》2.0.9 条"企业定额是施工企业根据本企业的施工技术和管理水平，以及有关工程造价资料制定的，并供本企业使用的人工、材料和机械台班消耗量"。

2. 企业定额的特点

目前大部分施工企业是以国家或行业制定的预算定额作为进行施工管理、工料分析和计算施工成本的依据。随着市场化改革的不断深入和发展，施工企业可以预算定额和基础定额为参照，逐步建立起反映企业自身施工管理水平和技术装备程度的企业定额。作为企业定额，必须具备有以下特点。

（1）其各项平均消耗要比社会平均水平低，体现其先进性。

（2）可以表现本企业在某些方面的技术优势。

（3）可以表现本企业局部或全面管理方面的优势。

（4）所有匹配的单价都是动态的，具有市场性。

（5）与施工方案能全面接轨。

3. 企业定额与施工定额的比较

实行工程量清单计价要求企业自主报价，企业定额的作用变得十分重要。但企业定额与施工定额的概念容易混淆，二者是施工企业内部定额的两个层次，有着不同的作用。企业定额与施工定额的比较见表5.8。

表 5.8　企业定额与施工定额的比较

比较内容	企业定额	施工定额
编制主体	企业总部	各地区、各行业、各部门
使用范围	企业内部	社会范围
主要作用	企业内部施工管理；工程投标报价的基础	企业定额编制的依据；行业部门控制投标报价的依据
定额水平	企业平均先进	社会平均先进
定额性质	生产性、计价性定额	生产性定额

二、企业定额的作用

（1）企业定额是企业管理和施工计划管理的基础。企业定额在企业计划管理方面的作用，表现在它既是企业编制施工组织设计的依据，也是企业编制施工作业计划的依据，同时还是投标报价的依据。

（2）企业定额是组织和指挥施工生产的有效工具。企业组织和指挥施工班组进行施工，是按照作业计划，通过下达施工任务单和限额领料单来实现的。

（3）企业定额是计算工人劳动报酬的根据。企业定额是衡量工人劳动数量和质量、计算工人工资的基础依据，真正体现了按劳取酬的分配原则。

（4）企业定额是企业激励工人的条件。企业定额是实现激励的标准尺度。

（5）企业定额有利于推广先进技术。企业定额水平中包含着某些已成熟的、先进的施工技术和经验，工人要达到和超过定额，就必须掌握和运用这些先进技术。

（6）企业定额是编制施工预算，加强企业成本管理的基础。施工预算是施工单位用以确定单位工程人工、机械、材料和资金需要量的计划文件。

（7）企业定额是施工企业进行工程投标、编制投标报价的基础和主要依据。在确定工程投标报价时，首先是依据企业定额计算出施工企业拟完成投标工程的计划成本；在掌握工程成本的基础上，再根据所处的环境和条件，确定在该工程上拟获得的利润、预计的工程风险费用和其他应考虑的因素，从而确定投标报价。

三、企业定额的组成（构成）内容和表现形式

从内容构成上讲，企业定额一般应由施工消耗量定额、施工费用定额、投标报价定额、施工工期定额等构成。

1. 施工消耗量定额

施工消耗量定额是指在正常施工条件下，以施工过程为标定对象而规定的单位合格产品所需消耗的人工、材料、机械台班的数量标准。

（1）工程实体消耗量定额，即构成工程实体的分部分项工程的人工、材料、机械的消耗量标准。其中人工消耗量要根据企业工程的操作水平确定；材料消耗量不仅包括施工过程中的净消耗量，还应包括施工损耗；机械消耗量应考虑机械的损耗率。

（2）措施性消耗量定额，即有助于工程实体形成的临时设施、技术措施等消耗量标准。

措施性消耗量定额，即是指定额分项工程项目内容以外，为保证工程项目施工，发生于该工程施工前和施工过程中非工程实体项目的消耗量或费用开支。措施性消耗是指为了保证工程完成施工所采用的措施消耗、配置与周转，脚手架等的合理使用与搭拆，各种机械设备的合理配置等措施性项目。

施工消耗量定额的内容和表现形式如下。

一般由文字说明、定额项目表及附录三部分组成。

① 文字说明：主要包括总说明、分册说明和章、节说明。

② 定额项目表：是分节定额中的核心部分和主要内容。定额表主要包括工作内容、分项工程名称、定额单位、定额表及附注等。

企业定额示例见表 5.9。

表 5.9　干粘石

工作内容：包括清扫、打底、弹线、嵌条、筛洗石渣、配色、抹光、起线、粘石等。

定额计量单位：10m²

编号	项目			人工/工日			水泥	砂子	石渣	107 胶	甲基硅醇钠
				综合	技工	普工	kg				
147	墙面墙裙			2.62	2.08	0.54	92	324	60		
148	混凝土墙面	不打底	干粘石	1.85	1.48	0.37	53	104	60	0.26	
149			机喷石	1.85	1.48	0.37	49	46	60	4.25	0.4
150	柱		方柱	3.96	3.10	0.86	96	340	60		
151			圆柱	4.21	3.24	0.97	92	324	60		
152	窗盘心			4.05	3.11	0.94	92	324	60		

附注：1. 墙面（裙）、方柱以分格为准，不分格者，综合时间定额乘以 0.85。

2. 窗盘心以起线为准，不带起线者，综合时间定额乘以 0.8。

2. 施工费用定额

施工费用定额主要是指施工过程中不以人工、材料、机械消耗量形式出现的费用，即在建筑施工生产过程中所支出的措施费、企业管理费、利润和税金等费用标准的总称。

施工费用定额是指为施工准备、组织施工生产和内部管理以及投标报价所需的各项费用标准。企业需要根据建筑市场竞争情况和企业定额管理水平、财务状况等编制一些费用定额。如现场施工措施费定额、间接费定额等。为了计算方便，还要编制计费规则、计价程序及相关说明等有关规定。

施工费用定额的编制类型，应分为多种表现形式。如对内进行的劳务分包、对外进行的投标报价和包定额工日等各项费率应有所区别，其中对外进行投标报价的费率应该最高，而且应该有一定的幅度范围和分类，以便快速报价。

3. 投标报价定额

投标报价定额是指在正常施工条件下，以施工过程为标定对象而规定的单位合格产品所需消耗的人工、材料、机械台班数量及其费用的标准。

投标报价定额又称工程量清单报价表或称单位估价表，简称报价表。报价表是依据施工消耗量定额中的人工、材料、机械台班消耗数量（考虑一定幅度差率），乘以当时当地现行人工、材料、机械台班单价（可以考虑价格风险因素），计算出以货币形式表现的完成分部分项工程量清单或措施项目清单人工、材料、机械费单价，再计入单位假定产品的管理费和利润，最后汇总出综合单价。

投标报价定额表主要由定额编号、工程项目名称、综合单价、人工费、材料费、机械费、管理费、利润以及人工、材料、机械单价和消耗数量等组成。

4. 施工工期定额

工期定额是指在一定的经济和社会条件下，在一定时期内由建设行政主管部门制定并发布的工程项目建设消耗时间标准。

工期定额分三个部分和六项工程。三部分中，第一部分是民用建筑工程；第二部分是工业及其他建筑工程；第三部分是专业工程。民用建筑工程中分单项和单位工程。工业及其他建筑工程分工业建筑工程及其他建筑工程。专业工程分设备安装工程及机械施工工程。

《全国统一建筑安装工程工期定额》示例（举例说明）如表 5.10～表 5.13 所示。

表 5.10　水泥砂浆抹灰投标报价定额

工作内容：（1）清理、修补、湿润基层表面，堵墙眼、调运砂浆、清扫落地灰。（2）刷浆、抹灰找平、洒水湿润、罩面压光。

定额计量单位：10m²

定额编号					13-11		13-12		13-13		13-14	
项目		单位	单价		墙面、墙裙抹水泥砂浆							
					砖墙				混凝土墙			
					外墙		内墙		外墙		内墙	
					数量	合价	数量	合价	数量	合价	数量	合价
综合单价		元			111.19		98.52		116.02		103.33	
其中	人工费	元			45.50		40.04		48.62		43.16	
	材料费	元			45.61		40.56		46.25		41.18	
	机械费	元			2.37		2.26		2.31		2.21	
	管理费	元			11.97		10.58		12.73		11.34	
	利润	元			5.74		5.08		6.11		5.44	
二类工		工日	26.00		1.75	45.50	1.54	40.04	1.87	48.62	1.66	43.16
材料	013004　水泥砂浆 1∶2.5	m³	199.26		0.086	17.14	0.080	16.34	0.086	17.14	0.082	16.3
	013005　水泥砂浆 1∶3	m³	173.30		0.142	25.03	0.136	23.98	0.135	23.80	0.129	22.744
	013077　801 胶素水泥	m³	468.22						0.004	1.87	0.004	1.87
	401029　普通成材	m³	1599.00		0.002	3.20			0.002	3.20		
	613206　水	m³	2.80		0.086	0.24	0.084	0.024	0.085	0.24	0.083	0.23
机械	06016　灰浆拌合机 200L	台班	51.43		0.046	2.37	0.044	2.26	0.045	2.31	0.043	2.21

［A-1］±0.000 上（框架住宅）工程工期——单项工程

表 5.11　住宅工程——单项工程

结构类型：现浇框架结构

编号	层数	建筑面积/m²	工期天数		
			Ⅰ 类	Ⅱ 类	Ⅲ 类
1-159	10 以下	20000 以内	390	410	445
1-160	10 以下	20000 以外	415	435	470
1-161	12 以下	10000 以内	380	400	435
1-162	12 以下	15000 以内	405	425	460
1-163	12 以下	20000 以内	430	450	485
1-164	12 以下	25000 以内	455	475	510
1-165	12 以下	25000 以外	480	505	545
1-166	14 以下	10000 以内	415	435	470
1-167	14 以下	15000 以内	440	460	495
1-168	14 以下	20000 以内	465	485	520

［A-2］±0.000 上（框架住宅）结构工程工期——单位工程

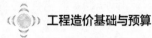

表 5.12 ±0.000 以上结构——单位工程

结构类型：现浇框架结构

编号	层数	建筑面积/m²	工期天数		
			Ⅰ类	Ⅱ类	Ⅲ类
1-187	10 以下	20000 以内	285	295	325
1-188	10 以下	20000 以外	300	315	345
1-189	12 以下	10000 以内	275	285	315
1-190	12 以下	15000 以内	290	300	330
1-191	12 以下	20000 以内	300	315	345
1-192	12 以下	25000 以内	320	335	370
1-193	12 以下	25000 以外	345	360	395
1-194	14 以下	10000 以内	295	310	340
1-195	14 以下	15000 以内	310	325	360
1-196	14 以下	20000 以内	325	340	375
1-197	14 以下	25000 以内	345	360	395
1-198	14 以下	25000 以外	370	385	425

[A-3]±0.000 上（框架住宅）装修工程工期——单位工程

表 5.13 其他建筑工程（单位工程：装修）

装修标准：一般装修

编号	建筑面积/m²	工期天数		
		Ⅰ类	Ⅱ类	Ⅲ类
2-395	500 以内	30	60	65
2-396	1000 以内	65	70	75
2-397	3000 以内	80	85	95
2-398	5000 以内	95	100	110
2-399	10000 以内	120	125	135
2-400	15000 以内	150	155	170
2-401	20000 以内	180	185	205
2-402	30000 以内	230	240	265
2-403	35000 以内	265	275	305
2-404	35000 以外	310	325	355

四、企业定额的编制原则、编制依据、编制步骤和编制方法

（一）编制原则

1. 与国家规范保持一致性的原则

企业定额作为参与市场经济竞争和承发包计价的依据，在确定划分定额项目时，应与国家标准《建设工程工程量清单计价规范》保持一致，这样既有利于报价组价的需要，有利于企业尽快建立自己的定额标准，更有利于企业个别成本与社会平均成本的比较分析。

2. 平均先进性原则

平均先进是就定额的水平而言的，定额水平是指规定消耗在单位产品上的劳动、机械和材料数量的多少。

3. 内容和形式简明适用的原则

简明适用是就企业定额的内容和形式而言的，要方便定额的贯彻和执行。适用性要求，是指企业定额必须满足适用于企业内部管理和对外投标报价等多种需要。

4. 量、价、费分离的原则

企业定额必须能够客观真实地反映企业的综合实力和个体施工及施工管理成本的差异，使企业能够客观实际地确定企业工程成本和投标报价。

5. 时效性和相对稳定性原则

企业定额是一定时期内技术发展和管理水平的反映，所以在一段时间内表现出稳定的状态。

6. 独立自主编制原则

施工企业作为具有独立法人地位的经济实体，应根据企业的具体情况，结合政府的价格政策和产业导向，以盈利为目标，独立自主地编制企业定额。企业独立自主地制定定额，主要是自主地确定定额水平，自主地划分定额项目，自主地根据需要增加新的定额项目。

7. 以专家为主全员参与的原则

企业定额编制和管理属于应用科学的范畴，是施工企业管理和施工项目管理的重要组成部分。编制企业定额，要以专家为主。

8. 动态管理原则

企业定额是一定时期内企业技术发展和管理水平的反映。当前建筑市场新材料、新工艺层出不穷，施工机具及人工市场变化也日新月异，同时，企业作为独立的法人盈利实体，其自身的技术水平在逐步提高，生产工艺在不断改进，企业的管理水平也在不断提升。要根据企业新技术、新材料的应用更新企业定额，使定额处于动态管理状态，保证企业定额体现企业实力和加强企业竞争力。

9. 保密性原则

建筑市场强手林立、竞争激烈，企业定额的指标体系及标准要严格保密，如被竞争对手获取，会使本企业陷入十分被动的境地，给企业带来不可估量的损失。

（二）企业定额的编制依据

根据目前大部分建筑施工企业的定额管理水平和建设工程项目的特点，企业定额的编制依据主要有以下几个方面。

（1）国家的有关法律、法规，政府的价格政策，现行劳动保护法律、法规。

（2）现行的建筑安装工程施工及验收规范，安全技术操作规程，国家设计规范。

（3）各种类型具有代表性的标准图集、施工图样。

（4）《建设工程工程量清单计价规范》《全国统一建筑工程基础定额》《建筑工程劳动定额》《建筑工程消耗量定额》《全国统一施工机械台班定额》《建筑工程施工工料定额》、各地区统一预算定额和取费标准。

（5）企业技术与管理水平，工程施工组织方案，现场实际调查和测定的有关数据，工程具体结构和程度状况，以及采用新工艺、新技术、新材料、新方法的情况等。

（6）企业历年施工积累的经验资料等。

（三）企业定额的编制步骤

1. 成立企业定额编制领导和实施机构

企业定额编制一般应由专业分管领导全权负责，抽调各专业骨干成立企业定额编制组，以公司定额编制组为主，以工程管理部、材料机械管理部、财务部、人力资源部以及各现场项目经理部配合，进行企业定额的编制工作，编制完成后归口部门对相关内容进行相应的补充和不断完善。

2. 制订企业定额编制详细方案

根据企业经营范围及专业分布确定企业定额编制大纲和范围，合理选择定额各分项及其工作内容，确定企业定额各章节及定额说明，确定工程量计算规则，调整确定子目调节系数及相关参数等。

3. 确定定额子目的实物消耗量

（1）由定额编制专家组根据《建设工程工程量清单计价规范》《全国统一建筑工程基础定额》《建筑工程消耗量定额》，结合企业自身的施工管理模式、内部核算方式和惯例、投标报价方式和惯例确定所需编制定额的步距和工程内容。

（2）由定额编制组根据《建设工程工程量清单计价规范》《全国统一建筑工程基础定额》《建筑工程消耗量定额》，结合定额编制专家组确定的所需编制定额的步距和工程内容，对《全国统一建筑工程基础定额》《建筑工程消耗量定额》中的定额子目进行拆分或整合，形成初步的企业定额。

（3）将企业定额子目的实物消耗量报送工程技术管理专家和企业内各工程处征求意见并对各方面的意见进行汇总，提交定额编制组讨论。

（4）定额编制组对各方面的意见进行讨论后拿出修订方案，定额编制人员将企业定额子目消耗量进行修订后报定额编制专家组审定，企业领导审批。

4. 确定费用定额指标

由定额编制组根据近期本企业不同类型工程的竣工结算和财务成本情况对各项费用指标进行测算，产生不同类型工程各项费用指标。

5. 开发定额管理应用软件

在本企业信息管理专家或软件开发公司的专业人员的支持下，与定额编制同步进行企业定额软件的开发。

6. 企业定额的补充完善

企业定额的补充完善是企业定额体系中的一个重要内容，也是一项必不可少的内容。

（1）当设计图样中某个工程采用了新的工艺和材料，而在企业定额中未编制此类项目时，为了确定工程的完整造价，就必须编制补充定额。

（2）当企业的经营范围扩大时，为满足企业经营管理的需要，就应对企业定额进行补充完善。

（3）在应用过程中，企业定额所确定的各类费用参数与实际有偏差时，需再对企业定额进行调整修改。

（四）企业定额的编制方法

编制企业定额最关键的工作是：确定人工、材料和机械台班的消耗量，计算分项工程单价或综合单价。企业定额的编制一般有以下五种方法。

1. 定额修正法

定额修正法是依据全国定额、行业定额，结合企业的实际情况和工程量清单计价规范的要求，调整定额的结构、项目范围等，在自行测算的基础上形成企业定额。这种方法的优点是继承了全国定额、行业定额的精华，使企业定额有模板可依，有改进的基础。这种方法既比较简单易行，又相对准确，是补充企业一般工程项目人、材、机和管理费标准的较好方法之一，不过这种方法制定的定额水平要在实践中得到检验和完善。在实际编制企业定额的过程中，对一些企业实际施工水平与传统定额所反映的平均水平相近的定额项目，也可采用该方法，结合企业现状对传统定额进行调增或调减。

2. 经验统计法

经验统计法是依据已有的施工经验，综合企业已有的经验数据，运用抽样统计的方法，对有关项目的消耗数据进行统计测算，最终形成自己的定额消耗数据。运用这种方法，首先要建立一系列数学模型，对以往不同类型的样本工程项目成本降低情况进行统计、分析，然后得出同类型工程成本的平均值或是平均先进值。由于典型工程的经验数据权重不断增加，使其统计数据资料越来越完善、真实、可靠。此方法的特点是积累过程长，但统计分析细致，使用时简单易行，方便快捷。缺点是模型中考虑的因素有限，而工程实际情况则要复杂得多，对各种变化情况不能一一适应，准确性也不够，因此这种方法对设计方案较规范的一般住宅民用建筑工程的常用项目的人、材、机消耗及管理费测定较适用。

3. 现场观察测定法

现场观察测定法是以研究工时消耗为对象，以观察测时为目标，通过密集抽样和粗放抽样等技术手段进行直接的实践研究，确定人工、材料消耗和机械台班消耗量的方法。该方法以研究消耗量为对象、观察测定为手段，深入施工现场，在项目相关人员的配合下，通过分析研究，获得该工程施工过程中的技术组织措施和人工、材料、机械消耗量的基础资料，从而确定人工、材料、机械定额消耗水平。这种方法的特点，是能够把现场工时消耗情况和施工组织条件联系起来加以观察、测时、计量和分析，以获得一定技术条件下工时消耗的基础资料。这种方法技术简便、应用面广、资料全面，适用于影响工程造价大的主要项目及新技术、新工艺，常用于测定工时和设备的消耗水平。

4. 理论计算法

理论计算法编制企业定额是依据施工图纸、施工规范及材料规格，用理论计算的方法求出定额中的理论消耗量，将理论消耗量加上合理的损耗，得出定额实际消耗水平的方法。

该方法编制企业定额有一定的局限性。但这种方法可以节约大量的人力、物力和时间。适用于计算主要材料的消耗等与图纸数量相差很小的项目，在工程计算中较为常用，例如钢材用量、油漆用量等。

5. 造价软件法

造价软件法是使用计算机编制和维护企业定额的方法。由于计算机具有运行速度快、计算准确、能对工程造价和资料进行动态管理的优点，因此不仅可以利用工程造价软件和有关的数字建筑网站，快速准确地计算工程量、工程造价，查出各地的人工、材料价格，还能够通过企业长期的工程资料的积累形成企业定额。条件不成熟的企业可以考虑在保证数据安全的情况下与专业公司签订协议进行合作开发或委托开发。

以上五种方法各有优缺点，它们不是绝对独立的，企业要从实际工作情况出发，通过综合运用上述编制方法，确定适合自己的方法体系来完成企业定额的编制。

五、企业定额的应用

要正确使用企业定额，首先应熟悉定额总说明、各章节说明及附注等有关文字说明的部分，以便了解定额有关规定及说明、工程量计算规则、施工操作方法、项目的工作内容及调整的规定要求等。

1. 直接套用

当工程项目的设计要求、施工条件及施工方法与定额项目表的内容、规定完全一致时，可直接套用定额。

【例 5.5】 某住宅楼外墙干粘石（分格），按照某企业定额工程量计算规则计算，干粘石工程量为 2200m^2，试计算其工料数量。

解 假定某企业定额见表 5.9，直接套用该企业定额编号 147，工料数量为：

$$劳动工日用量 = \frac{2200}{10} \times 2.62 = 576.40 （工日）$$

$$水泥用量 = 220 \times 92 = 20240 （kg）$$

$$砂子用量 = 220 \times 324 = 71280 （kg）$$

$$石子用量 = 220 \times 60 = 13200 （kg）$$

【例 5.6】 某办公楼砖外墙干粘石（墙面分格），按企业定额工程量计算规则计算，干粘石面积为 3200m^2，试计算其工料用量。

由表 5.9，查得定额编号为 147，该设计项目与定额工作内容完全相符，可直接套用施工定额。其工料用量：

$$工日消耗量 = 2.62 \times (3200/10) = 838.4 （工日）$$

$$水泥用量 = 92 \times (3200/10) = 29440 （kg）$$

$$砂子用量 = 324 \times (3200/10) = 103680 （kg）$$

$$石子用量 = 60 \times (3200/10) = 19200 （kg）$$

2. 换算调整

当工程项目的设计要求、施工条件及施工方法与定额项目表的内容、规定不完全相符时，按定额有关规定进行换算调整。调整的方法一般采用系数调整和增减工日、材料数量调整。

（1）砂浆、混凝土配合比换算。

（2）材料规格、种类换算。

（3）系数调整。

【例 5.7】 某宿舍工程按某企业定额工程量计算规则计算，干粘石工程量为 320m^2，试计算其工料数量。

解 由表 5.9 查得定额编号为 147，附注 1 规定：墙面（裙）、方柱以分格为准，不分格者，综合时间定额乘以 0.85。

做法与规定不同需要调整，其工料数量为：

$$劳动工日用量 = \frac{320}{10} \times 2.62 \times 0.85 = 71.26 （工日）$$

$$水泥用量 = 32 \times 92 = 2944 （kg）$$

$$砂子用量 = 32 \times 324 = 10368 （kg）$$

石子用量＝32×60＝1920（kg）

单元小结

本单元对概算定额、概算指标、投资估算指标、企业定额做了较详细的阐述，包括概算定额的概念、作用、分类、编制和组成内容；概算指标的概念、作用、分类、编制和组成内容；投资估算指标的概念、作用、内容和编制；企业定额的概念、作用、编制、组成内容和应用等。

具体内容包括：概算定额、概算指标、投资估算指标、企业定额的编制依据、编制原则、步骤和方法等。特别是这些定额的灵活应用；结合各地区概算定额、概算指标、投资估算指标、企业定额表现形式，加深对这些定额组成内容的理解。

本章的教学目标是使学生能理解概算定额、概算指标、投资估算指标、企业定额的概念，组成及其编制内容；对工程造价计价依据有更深入、更具体的了解。会根据建设项目不同阶段来理解这些定额之间的关系，结合实际编制运用这些定额，会根据工程造价计价要求选择重点学习的内容。

思考与习题

1. 简述概算定额、概算指标、投资估算指标、企业定额的概念和区别。
2. 企业定额的编制原则和编制依据是什么？其组成内容是什么？
3. 试述概算定额的编制原则和编制依据。
4. 概算定额的组成内容和表现形式是什么？
5. 概算指标的分类及组成内容是什么？
6. 简述投资估算指标的作用与编制要求。

二维码14

扫码答题

单元6 工程造价的计价

内容提要	本单元主要介绍工程造价计价的概念和方法，具体包括三个方面的内容：一是工程造价计价的概念、特点、依据和分类；二是工程造价的计价方法，也就是计价模式，主要包括定额计价和清单计价两种模式；三是理论联系实际，以某地区费用定额为例，介绍建筑安装费用的组成和具体的计算步骤及方法。
学习目标	通过本单元的学习，应达到以下目标： 1.熟悉工程造价计价的概念、特点、依据； 2.理解工程造价计价的各种类型； 3.掌握定额计价和清单计价的区别和联系； 4.熟悉费用定额的组成内容、计算程序；灵活运用费用定额。

任务1 工程造价的计价依据

一、工程造价计价的概念

工程造价计价就是计算和确定建设工程项目的工程造价，简称工程计价，也称工程估价。

具体指工程造价人员在项目实施的各个阶段，根据各个阶段的不同要求，遵循计价原则和程序，采用科学的计价方法，对投资项目最可能实现的合理价格做出科学的计算，从而确定投资项目的工程造价，编制工程造价的经济文件。

建设工程计价指从项目立项、评估决策起，直到竣工验收、交付使用为止，对建设项目的造价进行多次地估计、预测和确定，包括估算、概算、预算、决算。

二、工程造价的计价特征

工程造价的计价特性是工程造价的特点所决定的，了解和掌握这些特性，对工程造价的计算、确定与控制都十分重要。

1. 单件性计价特征

产品的个体差别性决定每项工程都必须单独计算造价。

2. 多次性计价特征

建设工程周期长、规模大、造价高，因此按建设程序要分阶段进行。相应地也要在不同阶段多次性计价，以保证工程造价确定与控制的科学性。多次性计价是个逐步深化、逐步细化和逐步接近实际造价的过程。其过程如图 6.1 所示。

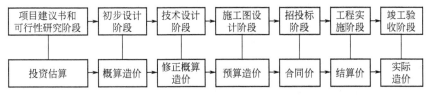

图 6.1　工程多次性计价示意图

注：连线表示对应关系，箭头表示多次计价流程及逐步深化过程。

3. 组合性特征

工程造价的计算是分部组合而成。这一特征和建设项目的组合性有关。一个建设项目是一个工程综合体。这个综合体可以分解为许多有内在联系的独立和不能独立的工程。建设项目的这种组合性决定了计价的过程是一个逐步组合的过程。其计算过程和计算顺序是：分部分项工程单价→单位工程造价→单项工程造价→建设项目总造价。如图 6.2 所示。

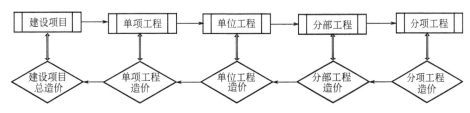

图 6.2　建设项目划分与计价组合示意图

4. 方法的多样性特征

多次计价有各自的计价依据，对造价的精确度要求也不相同，这就决定了计价方法有多样性特征。计算和确定概、预算造价有两种基本方法，即单价法和实物法。计算和确定投资估算的方法有设备系数法、生产能力指数估算法等。不同的方法利弊不同，适应条件也不同，所以计价时要加以选择。

5. 依据的复杂性特征

由于影响造价的因素多，故计价依据复杂，种类繁多。主要可分为七类。

（1）计算设备和工程量依据。包括项目建议书、可行性研究报告、设计文件等。

（2）计算人工、材料、机械等实物消耗量的依据。包括投资估算指标、概算定额、预算定额等。

（3）计算工程单价的价格依据。包括人工单价、材料价格、机械台班费等。

（4）计算设备单价依据。包括设备原价、设备运杂费、进口设备关税等。

（5）计算相关费用的费用定额和指标。

（6）政府规定的税、费。

（7）物价指数和工程造价指数。

工程计价依据的复杂性使计算过程复杂，故要求计价人员熟悉各类依据，并加以正确利用。

三、工程造价的计价依据

要想在工程建设各阶段合理确定工程造价，必须得有科学适用的计价依据。工程计价依据是指在工程计价活动中，所要依据的与计价内容、计价方法和价格标准相关的工程计量计价标准、工程计价定额及工程造价信息等。工程计价标准和依据主要包括计价活动的相关规章规程、工程量清单计价和计量规范、工程定额和相关造价信息。

二维码15

扫码视频学习

从目前我国现状来看，工程定额主要用于在项目建设前期各阶段对于建设投资的预测和估计，在工程建设交易阶段，工程定额通常只能作为建设产品价格形成的辅助依据。工程量清单计价依据主要适用于合同价格形成以及后续的合同价格管理阶段。计价活动的相关规章规程则根据其具体内容可能适用于不同阶段的计价活动。造价信息是计价活动所必需的依据。

1. 计价活动的相关规章规程

现行计价活动相关的规章规程主要包括建筑工程发包与承包计价管理办法、建设项目投资估算编审规程、建设项目设计概算编审规程、建设项目施工图预算编审规程、建设工程招标控制价编审规程、建设项目工程结算编审规程、建设项目全过程造价咨询规程、建设工程造价咨询成果文件质量标准、建设工程造价鉴定规程等。

2. 工程量清单计价和计量规范

工程量清单计价和计量规范由《建设工程工程量清单计价规范》GB 50500—2013、《房屋建筑与装饰工程工程量计算规范》GB 50854—2013、《仿古建筑工程工程量计算规范》GB 50855—2013、《通用安装工程工程量计算规范》GB 50856—2013、《市政工程工程量计算规范》GB 50857—2013、《园林绿化工程工程量计算规范》GB 50858—2013、《矿山工程工程量计算规范》GB 50859—2013、《构筑物工程工程量计算规范》GB 50860—2013、《城市轨道交通工程工程量计算规范》GB 50861—2013、《爆破工程工程量计算规范》GB 50862—2013 等组成。

3. 工程定额

工程定额主要指国家、省、有关专业部门制定的各种定额，包括工程消耗量定额和工程计价定额等。

4. 工程造价信息

工程造价信息主要包括价格信息、工程造价指数和已完工程信息等。

四、工程造价计价的种类

工程造价在工程建设的各个不同阶段对应着不同的计价类型，主要包括建设项目投资估算、设计概算、修正设计概算、施工图预算、承包合同价、工程结算价和竣工决算价。

1. 投资估算

在编制项目建议书和可行性研究阶段，对投资需要量进行估算是不可或缺的。投资估算是指在项目建议书和可行性研究阶段，通过编制估算文件，对拟建项目所需投资预先进行测算和确定的过程。也可表示估算的建设项目的投资额，或称估算造价。就一个工程项目来说，如果项目建议书和可行性研究分不同阶段，例如分规划阶段、项目建议书阶段、可行性研究阶段、评审阶段，相应的投资估算也分为四个阶段。投资估算是决策、筹资和控制造价的主要依据。

2. 设计概算

指在初步设计阶段，根据设计意图，通过编制工程概算文件预先测算和确定的工程造价。和投资估算造价相比较，设计概算造价的准确性有所提高，但它受估算造价的控制。概算造价的层次性十分明显，分建设项目概算总造价、各单项工程概算综合造价、各单位工程概算造价。

3. 修正设计概算

指在采用三阶段设计的技术设计阶段，根据技术设计的要求，通过编制修正概算文件预先测算和确定的工程造价。它对初步设计概算进行修正调整，比概算造价准确，但受概算造价控制。

4. 施工图预算

指在施工图设计阶段，以施工图纸为依据，通过编制预算文件预先测算和确定的工程造价。它比设计概算和修正设计概算更为详尽和准确。但同样要受前一阶段所确定的工程造价的控制。

5. 承包合同价

指在工程招投标阶段通过签订总承包合同、建筑安装工程承包合同、设备材料采购合同，以及技术和咨询服务合同确定的价格。合同价性质上属于市场价格，它是由承发包双方，即商品和劳务买卖双方根据市场行情共同议定和认可的成交价格，但它并不等同于实际工程造价。按计价方法不同，建设工程合同有许多类型。不同类型合同的合同价内涵也有所不同。按现行有关规定，三种合同价形式是：固定合同价、可调合同价和工程成本加酬金合同价。

6. 工程结算价

工程结算价是指一个单项工程、单位工程、分部工程或分项工程完工后，经建设单位及有关部门验收并办理验收手续，施工企业根据施工过程中现场实际情况记录、设计变更通知书、现场工程更改签证、预算定额、材料预算价格和各项费用标准等资料，在工程结算时按合同调价范围和调价方法，对实际发生的工程量增减、设备和材料价差等进行调整后计算和确定的价格。结算价是该结算工程的实际价格。结算一般有定期结算、阶段结算和竣工结算等方式。工程结算是结算工程价款，确定工程收入，考核工程成本，进行计划统计和经济核算及竣工结算等的依据。其中竣工结算是反映工程完工造价的经济文件。通过建设银行向建设单位办理完工程结算，标志着建设单位与施工单位所承担的合同义务和经济责任的结束。

7. 竣工决算价

是指竣工决算阶段，在竣工验收后，由建设单位编制的反映建设项目从筹建到建成投产（或使用）全过程发生的全部实际成本的技术经济文件，是最终确定的实际工程造价，是建设投资管理的重要环节，是工程竣工验收、交付使用的重要依据，也是进行建设项目财务总结和银行对其实行监督的必要手段。竣工决算的内容由文字说明和决算报表两部分组成。

从投资估算、设计概算造价、修正设计概算造价、施工图预算造价到工程招标承包合同价，再到各项工程的结算价和最后工程竣工结算价基础上编制的竣工决算，整个计价过程是一个由粗到细、由浅入深，最后确定工程实际造价的过程。整个计价过程中，各个环节之间相互衔接，前者制约后者，后者补充前者。

任务2 工程造价的计价模式

工程计价的基本原理在于项目的分解与组合。建筑产品的单件性与多样性的特点决定了每一个建设项目都需要按业主的特定需要单独设计、单独施工,不能批量生产和按整个项目确定价格,只能采用特殊的计价程序和计价方法,即将项目进行分解,划分可以按有关技术经济参数测算价格的基本构成要素,基本子项确定实物量后,再确定其单位价格。目前我国工程造价行业主要有两种单价确定方式,即工料单价和综合单价。因此,工程的计价方法也就相应主要有两种,即工程定额计价法和工程量清单计价法。

一、定额计价模式

工程定额计价是根据国家、省、自治区、直辖市等相关部门颁布的投资估算指标、概算指标、概算定额、预算定额(单位估价表)及其他相关计价定额等,按照规定的计算程序对工程产品实现有计划的计价与管理。

工程定额计价方法主要采用工料单价法计算工程造价。所谓工料单价法,指工程项目的基价仅仅包括人工、材料、施工机具三项资源要素的价格,是一种不完全价格形式,还需要按照特定的取费程序计算企业管理费、利润、措施项目费、规费和增值税,就形成了相应的工程造价。

1. 工程定额计价的程序

采用工程定额计价方法编制工程造价文件,即采用传统的定额计价体系计算,虽然与市场经济及市场竞争的要求有一定差距,但由于这种工程定额子项划分清楚,价格与构成清晰且明确,在一定时期内,其价格确定也具有相对稳定性,适当加上工、料、机价差调整及取费动态调整,采用这种方法编制工程造价文件还是有成熟实用的一面。工程定额计价法计价时通常采用工料单价法,按照单价形成方式不同,工料单价法又可以分为定额单价法和实物量法。两种方法,在计价程序上都基本一致。

(1)定额单价法

定额单价法,又称预算单价法,就是利用各地区造价主管部门颁发的预算定额(单位估价表),并根据预算定额(单位估价表)的分部分项工程量计算规则,按照施工图计算出分部分项工程量,乘以相应项目的基价,汇总后就得出了工、料、机的费用合计,再以定额中的人工费与施工机具使用费之和为计费基础,按照费用定额的规定计算各项费用,汇总之后就形成了单位工程的工程预算造价。

定额单价法具有计算简单、工作量相对较小、编制速度快、便于工程造价统一管理等特点。需要引起注意的是,由于预算定额(单位估价表)是"三合一",即"定额单价""消耗量指标""计算规则"三方面统编在一起的,特别是定额单价,是事先按一定的工、料、机单价复合计算好的,因而,其定额的编制水平、定额消耗量指标的确定、分项工程基价的高低等因素,都会直接影响工程预算造价的准确性及合理性,加上这种编写方法涉及"量""价""费"三方面,其"量""价"与定额水平有关,而取费的构成、费率标准高低也都会影响工程预算造价编制的准确与否。

针对这种方式的不足,可对主要材料进行价差调整,当市场价格波动较大时,可在取费基础中去掉材料费用,仅用人工费与施工机具使用费作为基础。当然,这些措施和手段,在方法上是可行的,但往往在时间上有一定的滞后性,加上定额本身具有静态计划性,因此工程预算造价并不能完全反映工程的实际价值,特别是对于投标工程而言,不能完全反映施工企业的真实水平。这也是市场经济条件下,定额计价方式的不足之处。

（2）实物量法

实物量法首先是根据预算定额的分部分项工程量计算规则及施工图计算出分部分项工程量，然后套用相应人工、材料、机械台班的定额消耗量，再分别乘以工程所在地的人工、材料、机械台班的实际单价，求出单位工程的人工费、材料费和施工机具使用费，并汇总求和，然后按规定计取其他各项费用，汇总就可以得出单位工程预算造价。

由于定额单价法的"价"通常是静态的，按其计算出来的工、料、机作为取费基础也是不变的，据此计算出的相应其他费用也是静态的（工程量一定时）。这显然无法反映采用相同定额的该地区各工程所在地的工、料、机真实价格及取费水平。为了克服定额基价带来的取费影响，实物量法把"量""价"分离开，先计算出工程量，在套用相应预算定额（单位估价表）中人工、材料、机械台班的定额消耗量后，不再去套用静态的定额基价，而用这些实物量去乘以该地区当时的工、料、机的实际市场单价。这种方法避免了定额单价法没有考虑价格动态性的问题，也是这两种编制方法的核心区别。

2. 采用定额计价法编制工程预算的步骤

（1）准备工作

采用工程定额计价方法编制工程预算，不仅要严格遵守国家计价法规、政策，严格按照图纸计量，而且还要考虑施工现场实际条件因素，这是一项复杂而细致的工作，也是一项政策性和技术性都很强的工作，因此必须事前做好充分准备。准备工作主要包括两大方面：一是组织准备，二是收集编制工程预算的编制依据。其中主要包括现行建筑安装工程定额、费用定额、工程量计算规则、地区市场材料和机械台班市场价格等。

（2）熟悉施工图

施工图文件不仅是施工的依据，也是编制工程预算最重要的基础资料，只有对施工图所表述的工程构件、材料做法、材料及设备的规格品种及质量、设计尺寸等基本内容仔细阅读后，才能结合计算规则的要求，及时、准确无误地计算出工程量。

在熟悉施工图时，应将建施图、结施图、其他设备图、相关大样图、所采用的标准图集、材料做法等相互结合起来，并对构造要求、构件联结、装饰要求等有一个全面认识，对设计施工图形成概念。

（3）了解和掌握现场情况及施工组织设计或施工方案等资料

对施工现场的施工条件、施工方法、技术组织措施、施工进度、施工机械设备、材料供应等情况也应了解。同时，对现场的地貌、土质、水位、施工场地、自然地坪标高、土石方挖填运状况及施工方式、总平面布置等与工程预算有关的资料有详细了解。

（4）熟练掌握计价定额及有关规定

正确掌握计价定额及有关规定，熟悉定额的全部内容和项目划分、定额子目的工程内容、施工方法、材料规格、质量要求、计量单位、工程量计算规则及方法、项目之间的相互关系、定额允许换算的规定条件及方法等。只有对这些定额内容、形式及使用方法有了全面了解，才能迅速而准确地计算出全部分项工程的工程量。

（5）划分工程项目

划分工程项目是工程造价计价的重要环节。工程计量计价最大的失误就是缺项、漏项或重复计算项目，其结果将造成编制的工程造价重大误差，对建设单位（业主）或施工单位带来重大经济损失。因此，为了准确划分工程项目，必须正确细致地理解施工图，掌握基本施工技术和施工方案，熟练运用预算定额（单位估价表）。划分的工程项目必须与定额的项目一致，这样才能正确地套用定额，选择正确的计算规则，既不能重复列项计算，也不能漏算少算。

（6）计算工程量

无论任何计价模式，工程量的计算都是预算编制步骤的关键环节。这是一项烦琐而又要求细致的工作，要求认真、及时、准确、完整的计算。计算时，根据施工图的内容要求、定额的分项划分及计算规则，按照一定的统筹顺序，详细地计算出具体分部分项工程原始的工程数量。

（7）套用预算定额（单位估计表）计算基价

当分部分项工程量计算完毕经检验无误后，就按定额分项工程的排列顺序，套用定额单价，计算分部分项工程费。这部分工作可以由计算机软件完成。但需要注意的是，在上机套用定额项目时，要注意分项工程名称、材料品种、规格、配合比、强度等级、工程做法等要与所套用分项相符合。要注意定额如何换算、补充定额如何编制及使用等事项，才能保证其计算的准确性。

（8）工料分析、计算费用形成工程预算造价

按照规定的取费项目、取费标准及程序，计算出其他几项费用，并经工料分析，对主要材料进行价差调整，最后汇总形成预算造价。这部分工作也可以由软件完成，但应注意工程类别划分、取费类别及标准。材料价格及来源，按实际费用、税率等要认真复核并保证无误。

（9）编制说明及复核

对编制依据、施工方法、施工措施、材料价格、费用标准等主要情况加以说明，使有关单位人员在使用本预算时，了解其编制前提，以便当实际前提发生变化时，对预算价格做相应调整，最后再对预算的"量""项""价""费"做全面复核。

（10）装订及签章

把预算按照其组成内容的一定顺序装订成册，再填写封面内容，签字完成备案，加盖参加编写的工程造价人员的资格证章，经有关负责人审定后签字，再加盖公章。至此，工程预算书编制完成。

二、清单计价模式

工程量清单计价法是区别于传统的定额计价法的一种计价方法，即市场定价的方法。它由建设工程产品的买方和卖方在建设市场上根据供求关系的状况，在掌握工程造价信息的情况下进行公平、公开的竞争定价，从而最终形成工程的工程价格即为工程造价。

（一）工程量清单计价的特点

1. 强制性

工程量清单计价的强制性主要表现在以下几点：首先，规定全部使用国有资金投资或国有资金投资为主的工程建设项目，必须采用工程量清单计价。其次，规定了工程量清单计价的组成内容及编制格式，并规定采用工程量清单招标的，工程量清单必须作为招标文件的组成部分；最后，明确了施工企业在投标报价中不能作为竞争的费用范围，如规费、税金、安全文明施工费等。

特别提示

"国有资金"指国家财政性预算内或预算外资金，国家机关、国有企事业单位和社会团体的自有资金及借贷资金；国家通过发行政府债券或外国政府及国际金融机构举借主权外债所筹集的资金也应视为国有资金。

"国有资金投资为主"的工程是指国有资金占总投资额50%以上或虽不足50%，但国有资产投资者实质上拥有控股权的工程。

2. 实用性

工程量清单计价依据计价规范，而计价规范内容全面，涵盖了建设工程施工准备阶段的工程量清单编制、建设工程招投标控制价和建设工程投标报价的编制，建设工程承、发包施工合同的签订及合同价款的约定；工程施工过程中工程量的计量与价款支付，索赔与现场签证，工程价款调整；工程竣工后竣工结算的办理和工程计价争议的处理等。使每一个设计阶段，都有"章"可依，有"规"可循。"暂列金额""暂估价""计日工"等项的设立，更与国际惯例接轨，具有很现实的指导意义。

3. 满足竞争的需要

招标投标过程本身就是一个竞争的过程，招标人给出工程量清单，投标人根据统一的工程量清单，依据企业的定额和市场价格信息填报综合单价，不同的投标人其综合单价是不同的，综合单价的高低取决于投标人及其企业的技术和管理水平等因素；工程量清单规定的措施项目中，投标人具体采用什么措施，如模板、脚手架、临时设施、施工排水等详细内容可由投标人根据企业的施工组织设计等确定，从而形成了企业整体实力的相互竞争。

4. 提供了一个平等的竞争条件

采用原来的工程预算来投标报价，由于诸多原因，不同投标企业编制人员水平有差异，计算出的工程量也不同，报价相差甚远，容易造成招标投标过程中的不合理。而工程量清单报价为投标者提供了一个平等竞争的条件，相同的工程量，由企业根据自身的实力来填报不同的综合单价，符合商品交换的一般性原则。

5. 体现公开、公平、公正的原则

采用工程量清单计价方式招标时，工程量清单必须作为招标文件的组成部分，其准确性和完整性由招标人负责。投标人依据工程量清单进行投标报价，对工程量清单不负有核实义务，更不具有修改和调整的权力。工程量清单作为投标人报价的公共平台，其准确性和完整性均应由招标人负责。

计价规范还特别规定实行工程量清单招标时，应依据规范编制招标控制价，在招标时公布，不上调或下浮，并报造价管理机构备案。如果投标人的投标报价高于招标控制价，其投标应予以拒绝，同时也赋予了投标人对招标人不按规范规定编制招标控制价进行投诉的权利，真正体现了招标投标的公开、公平、公正原则。

6. 有利于工程款的拨付和工程造价的最终确定

中标后，业主要与中标施工企业签订施工合同，工程量清单报价基础上的中标价就成了合同价的基础。已标价工程量清单上的综合单价也成了拨付工程款的依据。业主根据施工企业完成的工程量，可以很容易地确定进度款的拨付额。工程竣工后，业主再根据设计变更和工程量的增减乘以相应单价，也很容易确定工程的最终造价。

7. 有利于实现风险的合理分担

采用工程量清单计价的方式，投标人只对自己所报的成本、单价等负责，而对工程量的变更或计算错误等不负责任，相应的，对于这一部分风险则应由业主承担，因此符合风险合理分担与责权利关系对等的一般原则。

8. 有利于业主对投资的控制

采用工程量清单计价的方法，在发生设计变更或工程量增减时，能马上知道其工程造价的变化大小，这样业主就能根据投资情况决定是否变更或进行方案比较，采用最为合理、经济的处理方法，使用这种方法即可在"过程"中有效控制投资额。

（二）工程量清单计价的作用

（1）提供了一种市场形成价格的新的计价方法。工程造价形成的主要阶段在招标投标阶段。在工程招标投标过程中，招标人依据规范编制统一的工程量清单，各投标企业在这一相同的平台上进行投标报价时必须考虑工程本身特点，企业自身施工技术水平、管理能力和市场竞争能力，同时还必须考虑诸如工程进度、投资规模、资源计划等因素。在综合分析这些因素影响后，对投标报价做出灵活机动的调整，使报价能够比较准确地反映工程实际并与市场条件吻合。

（2）简化了工程造价的计价方法，方便清单招标快速报价，提高了工程计价效率。和传统定额计价模式相比，清单计价规范中工程费用的构成更为清晰，有利于发包人对工程造价构成的理解和管理。并且清单计价中采用实体和非实体分离，分部分项工程量清单项目按综合实体划分，项目设置不含施工方法。施工方法、施工手段等措施项目单列，由投标人自主决定采取合理施工方案，项目划分清楚，互不包含，既有利于投标人对投标报价的编制又有利于评标。

（3）为承发包双方解决工程计价纠纷提供了依据。清单计价规范中规定了招投标阶段的招标控制价和投标报价的编制方法，将现行法规与工程实施全过程中遇到的实际问题融于一体，对工程施工过程中工程量的计量与价款支付方式和方法做了明确规定，并且对索赔与现场签证、工程价款调整、工程竣工后竣工结算的办理和工程计价争议的处理方式进行了明确说明，使得清单计价规范成为工程施工中承发包双方工程计价和解决争端的有效依据。

（三）工程量清单及招标控制价编制步骤

1. 准备工作

准备工作的要求与工程定额计价方法基本一致，只是收集的编制依据中包括了《建设工程工程量清单计价规范》GB 50500—2013 和《房屋建筑与装饰工程工程量计算规范》GB 50854—2013 等。

2. 划分工程项目

工程量清单计价方法下的划分工程项目，必须与现行国家发布的各专业工程计量规范的项目一致。这样才能正确地选用计量规范，选择正确的计算规则，编制正确的招标工程量清单。

3. 计算工程量

计算工程量的总体要求与定额计价法的要求一致。但由于此时采用的计算依据不同，初学者也容易混淆。在工程定额计价中，计算工程量的依据来源于定额的工程量计算规则，而工程量清单计价法中，计算工程量必须采用国家颁布的各专业工程计量规范的相关计算规则，而不能采用与工程量清单计价配套的定额计价规则。

4. 编制招标工程量清单

招标工程量清单是招标人依据国家标准、招标文件、设计文件以及施工现场实际情况，按照《建设工程工程量清单计价规范》GB 50500—2013以及《房屋建筑与装饰工程工程量计算规范》GB 50854—2013等九册计量规范的规定编制，包括对其的说明和表格。招标工程量清单随招标文件发布，作为编制招标控制价的依据，也是所有投标人投标报价的共同基础。

5. 工程量清单项目组价

组价的方法和注意事项与工程定额计价法套用定额的方式基本相同。但需要注意的是，由于工程量清单编制的综合性，每个工程量清单项目可能包含一个或几个子目，每个子目相对一个定额编码。所不同的是，工程量清单项目套价的结果是该清单项目的综合单价。

6. 分析综合单价

工程量清单的工程数量，按照国家发布的现行的相应专业工程计量规范规定的工程量计算规则计算。一个工程量清单项目由一个或几个定额子目组成，将各定额子目的综合单价汇总累加，再除以该清单项目的工程量，即可求得该清单项目的综合单价。

综合单价中人工、材料、机械台班的净用量、损耗量和价格水平，企业管理费、利润的取费标准，风险费用的考虑因素和取费高低，是综合单价分析的重点。它们既是构成综合单价的资源要素，也是进行工程期中结算和竣工结算、强化工程造价全过程控制和管理的主要因素。

7. 费用计算

在工程量计算和综合单价分析经复查无误后，即可进行分部分项工程费、措施项目费、其他项目费、规费和税金的计算，从而汇总得到工程造价。

工程量清单复核、编制说明、装订与签章的要求，与工程定额计价方法的要求完全一致。

三、两种计价模式的区别

1. 两种模式最大差别在于体现了我国建设市场发展过程中的不同定价阶段

（1）我国建筑产品价格市场化经历了"国家定价→国家指导价→国家调控价"三个阶段。定额计价是以概预算定额、各种费用定额为基础依据，按照规定的计算程序确定工程造价的特殊计价方法。因此，利用工程建设定额计算工程造价就价格形成而言，介于国家定价和国家指导价之间。在定额计价模式下，工程价格或直接由国家决定，或是由国家给出一定的指导性标准，承包商可以在该标准的允许幅度内实现有限竞争。

（2）工程量清单计价模式则反映了市场定价阶段。在该阶段中，工程价格是在国家有关部门间接调控和监督下，由工程承发包双方根据工程市场中建筑产品供求关系变化自主确定工程价格。其价格的形成可以不受国家工程造价管理部门的直接干预，而此时的工程造价是根据市场的具体情况，具有竞争性、自发波动和自发调节的特点。

2. 两种模式的主要计价依据及其性质不同

定额计价模式的主要依据是国家、省、自治区、直辖市有关专业部门制定的各种定额，其具有指导性，定额的项目划分一般按施工工序分项，每个分项工程项目所含的工程内容一般是单一的。

工程量清单计价模式的主要依据是《建设工程工程量清单计价规范》（GB 50500—2013），其性质是含有强制性条文的国家标准，清单的项目划分一般是按"综合实体"进行分项的，每个分项工程一般包含多项工程内容。

3. 编制工程量的主体不同

定额计价模式下，建设工程的工程量由招标人和投标人分别按施工图计算工程量。而在工程量清单计价模式下，工程量由招标人统一计算或委托有关工程造价咨询单位统一计算，工程量清单是招标文件的重要组成部分，各投标人依据招标人提供的工程量清单，根据自身的技术装备、施工经验、企业成本、企业定额、管理水平自主完成单价与合价的填写。

任务3　工程造价计价的费用定额

一、费用定额的概念和作用

（一）费用定额的概念

建设工程费用定额是指除了耗用在工程实体上的人工费、材料费、施工机具使用费等工程费用以外，还在工程施工生产管理及企业生产经营管理活动中所必须发生的各项费用开支的标准。

在建设工程施工过程中，除了直接耗用在工程实体上的人工费、材料费、施工机具使用费外，还存在一些虽然无法构成项目实体，但又与工程施工生产和维持企业的生产经营管理活动有关的费用，例如安全文明施工费、夜间施工增加费、企业管理人员工资、劳动保险费、五险一金、增值税等。这些费用内容多，性质复杂，对工程造价的影响也很大。为了平衡各方的经济管理，保证建设资金的合理使用，也为了方便计算，在全面深入的调查研究基础上，经认真分析测算，形成了这种按照一定的计算基础，以百分比的形式，分别制定出上述各项费用的取费费率标准。

（二）费用定额的作用

1. 费用定额是合理确定工程造价的依据之一

建设项目工程造价是由建筑安装工程费、设备及工器具购置费、工程建设其他费、预备费和建设期贷款利息组成。其中，建筑安装工程费又是由分部分项工程费、措施项目费、其他项目费、规费和税金组成。上述费用中分部分项工程费中的人工费、材料费、施工机具使用费可以通过消耗量定额得到，而企业管理费、利润、总价措施项目费等费用虽然属于建设工程造价范畴之内，但必须通过制订费率标准，按照人工费与机具使用费之和或者人工费为基础计取。因此，建设工程费用定额是合理确定工程造价必不可少的重要依据之一。

2. 费用定额是施工企业提高经营管理水平的重要工具

费用定额是编制招标控制价、施工图预算、工程竣工结算、设计概算及投资估算的依据，是建设工程实行工程量清单计价的基础，是企业投标报价、内部管理和核算的重要参考。企业要想达到以收抵支、降低非生产性开支、增加盈利、提高投资效益的目的，就必须在费用定额规定的范围内加强经济核算，改善经营管理，提高劳动生产率，不断降低工程成本。

二、建设安装工程费用定额的组成

以 2018 年《湖北省建筑安装工程费用定额》为例。建设安装工程费用定额主要包括分部分项工程费、措施项目费、其他项目费、规费和税金五大部分。

1. 分部分项工程费

分部分项工程费指各专业工程分部分项工程应予列支的各项费用。分部分项工程指按现行国家计量规范对各专业工程划分的项目，是分部工程和分项工程的总称。如房屋建筑与装饰工程划分的土石方工程、地基处理与边坡支护工程、桩基工程、砌筑工程、混凝土及钢筋混凝土工程等。

2. 措施项目费

措施项目费指为完成建设工程项目施工，发生于该工程施工前和施工过程中技术、生活、安全、环境保护等方面的费用。措施项目费分为总价措施项目费和单价措施项目费。

3. 其他项目费

其他项目费指工程量清单计价中，除分部分项工程费和措施项目费之外的其他工程费用，包括暂列金额、暂估价、计日工和总承包服务费等。

4. 规费

规费指按国家法律、法规规定，由省级政府和省级有关权力部门规定必须缴纳或计取的费用。包括社会保险费、住房公积金和工程排污费。

5. 税金

税金指国家税法规定的应计入建筑安装工程造价内的增值税。

费用具体划分详见建筑安装工程费用项目组成，如图 6.3 所示。

三、湖北省建筑安装工程费用定额的应用

本节内容以 2018 年《湖北省建筑安装工程费用定额》为例，相关费率都引用自该册定额。

（一）各专业工程的适用范围

1. 房屋建筑工程

适用于工业与民用临时性和永久性的建筑（含构筑物）。包括各种房屋、设备基础、钢筋混凝土、砖石砌筑、木结构、钢结构、门窗工程及零星金属构件、烟囱、水塔、水池、围墙、挡土墙、化粪池、窨井、室内外管道沟砌筑等。

装配式建筑适用于房屋建筑工程。

2. 装饰工程

适用于楼地面工程、墙柱面装饰工程、天棚装饰工程、玻璃幕墙工程及油漆、涂料、裱糊工程等。

3. 通用安装工程

适用于机械设备安装工程、热力设备安装工程、静置设备与工艺金属结构制作安装工程、电气设备安装工程、建筑智能化工程、自动化控制仪表安装工程、通风空调工程、工业管道工程、消防工程、给排水、采暖、燃气工程、通信设备及线路工程、刷油、防腐蚀、绝热工程等。

4. 市政工程

适用于城镇管辖范围内的道路工程、桥涵工程、隧道工程、管网工程、水处理工程、生

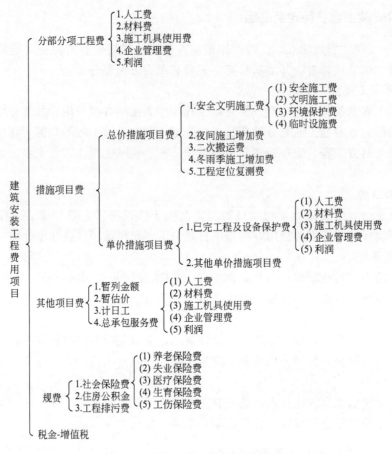

图 6.3　建筑安装工程费用项目组成

活垃圾处理工程、钢筋工程、拆除工程、路灯工程。

5. 园林绿化工程

适用于园林建筑及绿化工程。内容包括：绿化工程、园建工程（园路、园桥、园林景观）。

6. 土石方工程

适用于各专业工程的土石方工程。

（二）各专业工程的计费基数

以人工费与施工机具使用费之和为计费基数。

（三）费率管理模式

本定额费率是根据湖北省各专业工程消耗量定额及全费用基价表编制的人工、材料、机械价格水平进行测算的，省造价管理机构应根据人工、机械台班市场价格变化，适时调整总价措施费、企业管理费、利润、规费等费率。

（四）总承包服务费计取

总承包服务费应依据招标人在招标文件中列出的分包专业工程内容和供应材料、设备情况，按照招标人提出的协调、配合和服务要求及施工现场管理需要自主确定，也可参照下列标准计算。

（1）招标人仅要求对分包的专业工程进行总承包管理和协调时，按分包的专业工程造价的1.5%计算。

（2）招标人要求对分包的专业工程进行总承包管理和协调，并同时要求提供配合服务时，根据招标文件列出的配合服务内容和提出的要求，按分包的专业工程造价3%～5%计算。配合服务的内容包括：对分包单位的管理、协调和施工配合等费用；施工现场水电设施、管线敷设的摊销费用；共用脚手架搭拆的摊销费用；共用垂直运输设备、加压设备的使用、折旧、维修费用等。

（3）招标人自行供应材料、工程设备的，按招标人供应材料、工程设备价值的1%计算。

（五）甲供材价格的处理

发包人提供的材料和工程设备（简称"甲供材"）价格不计入综合单价和工程造价中。

（六）增值税

2018年《湖北省建筑安装工程费用定额》根据增值税的性质，将计税方法分为一般计税法和简易计税法。

1. 一般计税法

一般计税法下的增值税指国家税法规定的应计入建筑安装工程造价内的增值税销项税。

一般计税法下，分部分项工程费、措施项目费、其他项目费等的组成内容为不含进项税的价格，计税基础为不含进项税额的不含税工程造价（除税价）。

$$应纳税额＝当期销项税额－当期进项税额$$

$$当期销项税额＝销售额×增值税税率（9\%）（该税率受税收政策影响为动态税率）$$

销售额：指纳税人发生应税行为取得的全部价款和价外费用。

2. 简易计税法

简易计税法下的增值税指国家税法规定的应计入建筑安装工程造价内的应交增值税。

简易计税法下，分部分项工程费、措施项目费、其他项目费等的组成内容均为含进项税的价格，计税基础为含进项税额的含税工程造价（含税价）。

$$应纳税额＝销售额×征收率（3\%）$$

销售额：指纳税人发生应税行为取得的全部价款和价外费用，扣除支付的分包款后的余额为销售额。应纳税额的计税基础是含进项税额的工程造价。

特别提示

　　湖北省各专业消耗量定额及全费用基价表中的增值税指按一般计税方法的税率（11%）计算的。而受到国家税收政策调整的影响，现今所用的增值税税率为9%，故消耗量定额及全费用基价表中的全费用因为增值税额有变化，不能直接引用，需要重新计取。

（七）人工单价

见表6.1。

（八）费率标准

1. 一般计税法的费率标准

（1）安全文明施工费（表6.2）

表 6.1　人工单价　　　　　　　　　　　　单位：元/工日

人工级别	普工	技工	高级技工
工日单价	92	142	212

注：1. 此价格为 2018 年定额编制期的人工发布价。

2. 普工为技术等级 1～3 级的技工，技工为技术等级 4～7 级的技工，高级技工为技术等级 7 级以上的技工。

表 6.2　一般计税安全文明施工费　　　　　　　单位：%

专业		房屋建筑工程	装饰工程	通用安装工程	市政工程	园建工程	绿化工程	土石方工程
计费基数		人工费+施工机具使用费						
费率		13.64	5.39	9.29	12.44	4.30	1.76	6.58
其中	安全施工费	7.72	3.05	3.67	3.97	2.33	0.95	2.01
	文明施工费	3.15	1.20	2.02	5.41	1.19	0.49	2.74
	环境保护费							
	临时设施费	2.77	1.14	3.60	3.06	0.78	0.32	1.83

（2）其他总价措施项目费（表 6.3）

表 6.3　一般计税其他总价措施项目费　　　　　单位：%

专业		房屋建筑工程	装饰工程	通用安装工程	市政工程	园建工程	绿化工程	土石方工程
计费基数		人工费+施工机具使用费						
费率		0.70	0.60	0.66	0.90	0.49	0.49	1.29
其中	夜间施工增加费	0.16	0.14	0.15	0.18	0.13	0.13	0.32
	二次搬运费	按施工组织设计						
	冬雨季施工增加费	0.40	0.34	0.38	0.54	0.26	0.26	0.71
	工程定位复测费	0.14	0.12	0.13	0.18	0.10	0.10	0.26

（3）企业管理费（表 6.4）

表 6.4　一般计税企业管理费　　　　　　　　单位：%

专业	房屋建筑工程	装饰工程	通用安装工程	市政工程	园建工程	绿化工程	土石方工程
计费基数	人工费+施工机具使用费						
费率	28.27	14.19	18.86	25.61	17.89	6.58	15.42

（4）利润（表 6.5）

表 6.5　一般计税利润　　　　　　　　　　　单位：%

专业	房屋建筑工程	装饰工程	通用安装工程	市政工程	园建工程	绿化工程	土石方工程
计费基数	人工费+施工机具使用费						
费率	19.73	14.64	15.31	19.32	18.15	3.57	9.42

（5）规费（表 6.6）

表 6.6 一般计税规费 单位：%

专业		房屋建筑工程	装饰工程	通用安装工程	市政工程	园建工程	绿化工程	土石方工程
计费基数		人工费＋施工机具使用费						
费率		26.85	10.15	11.97	26.34	11.78	10.67	11.57
其中	社会保险费	20.08	7.58	8.94	19.70	8.78	8.50	8.65
	养老保险费	12.68	4.87	5.75	12.45	5.65	5.55	5.49
	失业保险费	1.27	0.48	0.57	1.24	0.56	0.55	0.55
	医疗保险费	4.02	1.43	1.68	3.94	1.65	1.62	1.73
	工伤保险费	1.48	0.57	0.67	1.45	0.66	0.52	0.61
	生育保险费	0.63	0.23	0.27	0.62	0.26	0.26	0.27
	住房公积金	5.29	1.91	2.26	5.19	2.21	2.17	2.28
	工程排污费	1.48	0.66	0.77	1.45	0.79	—	0.64

注：绿化工程规费中不含工程排污费。

（6）增值税（表 6.7）

表 6.7 一般计税增值税 单位：%

增值税计税基数	不含税工程造价
税率	9

注：增值税税率按照最新文件为 9%，该税率为动态税率。

2. 简易计税法的费率标准

（1）安全文明施工费（表 6.8）

表 6.8 简易计税安全文明施工费 单位：%

专业		房屋建筑工程	装饰工程	通用安装工程	市政工程	园建工程	绿化工程	土石方工程
计费基数		人工费＋施工机具使用费						
费率		13.63	5.38	9.28	12.37	4.30	1.74	6.19
其中	安全施工费	7.71	3.05	3.66	3.94	2.33	0.94	1.89
	文明施工费	3.15	1.19	2.02	5.38	1.19	0.48	2.58
	环境保护费							
	临时设施费	2.77	1.14	3.60	3.05	0.78	0.32	1.72

（2）其他总价措施项目费（表 6.9）

表 6.9 简易计税其他总价措施项目费 单位：%

专业		房屋建筑工程	装饰工程	通用安装工程	市政工程	园建工程	绿化工程	土石方工程
计费基数		人工费＋施工机具使用费						
费率		0.70	0.60	0.66	0.90	0.49	0.49	1.21
其中	夜间施工增加费	0.16	0.14	0.15	0.18	0.13	0.13	0.30
	二次搬运费	按施工组织设计						
	冬雨季施工增加费	0.40	0.34	0.38	0.54	0.26	0.26	0.67
	工程定位复测费	0.14	0.12	0.13	0.18	0.10	0.10	0.24

（3）企业管理费（表 6.10）

表 6.10　简易计税企业管理费　　　　　　单位：%

专业	房屋建筑工程	装饰工程	通用安装工程	市政工程	园建工程	绿化工程	土石方工程
计费基数	人工费＋施工机具使用费						
费率	28.22	14.18	18.83	25.46	17.88	6.55	14.51

（4）利润（表 6.11）

表 6.11　简易计税利润　　　　　　单位：%

专业	房屋建筑工程	装饰工程	通用安装工程	市政工程	园建工程	绿化工程	土石方工程
计费基数	人工费＋施工机具使用费						
费率	19.70	14.63	15.29	19.21	18.14	3.55	8.87

（5）规费（表 6.12）

表 6.12　简易计税规费　　　　　　单位：%

专业		房屋建筑工程	装饰工程	通用安装工程	市政工程	园建工程	绿化工程	土石方工程
计费基数		人工费＋施工机具使用费						
费率		26.79	10.14	11.96	26.20	11.77	10.62	10.90
其中	社会保险费	20.04	7.57	8.93	19.60	8.77	8.46	8.14
	养老保险费	12.66	4.87	5.74	12.38	5.64	5.52	5.17
	失业保险费	1.27	0.48	0.57	1.24	0.56	0.55	0.52
	医疗保险费	4.01	1.43	1.68	3.92	1.65	1.61	1.63
	工伤保险费	1.47	0.56	0.67	1.44	0.66	0.52	0.57
	生育保险费	0.63	0.23	0.27	0.62	0.26	0.26	0.25
	住房公积金	5.28	1.91	2.26	5.16	2.21	2.16	2.15
	工程排污费	1.47	0.66	0.77	1.44	0.79	—	0.61

（6）增值税（表 6.13）

表 6.13　简易计税增值税　　　　　　单位：%

增值税计税基数	不含税工程造价
税率	3

四、费用定额的计价模式

2018 年《湖北省建筑安装费用定额》（以下简称"本定额"）和以往的费用定额相比，最大的区别在于，2018 年新版费用定额主要内容包括两种计税方式，一般计税方式和简易计税方式。这两种计税方式下都包含了三种计价模式，即工程量清单计价模式、定额计价模式和全费用基价表清单计价模式。

引例

某工程外墙砖基础工程量 65m³，合同约定项目采用一般计税法报价。 请用（1）工程量清单计价方式计算该项目综合单价和含税工程造价。

（2）定额计价方式计算该项目的含税造价。

（3）全费用清单计价方式计算该项目的含税造价。

（一）工程量清单计价

1. 说明

（1）工程量清单指载明建设工程分部分项工程项目、措施项目、其他项目的名称和相应数量以及规费、税金等项目内容的明细清单。

（2）工程量清单计价指投标人完成由招标人提供的工程量清单所需的全部费用，包括分部分项工程费、措施项目费、其他项目费和规费、税金。

（3）综合单价指完成一个规定清单项目所需的人工费、材料和工程设备费、施工机具使用费和企业管理费、利润，以及一定范围内的风险费用。

（4）措施项目清单包括总价措施项目清单和单价措施项目清单。单价措施项目清单计价的综合单价，按消耗量定额，结合工程的施工组织设计或施工方案计算。总价措施项目清单计价按本定额中规定的费率和计算方法计算。

（5）采用工程量清单计价招投标的工程，在编制招标控制价时，应按本定额规定的费率计算各项费用。

（6）暂列金额、专业工程暂估价、总承包服务费、结算价格和以费用形式表示的索赔与现场签证费均不含增值税。

2. 计算程序

（1）分部分项工程及单价措施项目综合单价计算程序（表 6.14）

表 6.14　分部分项工程及单价措施项目综合单价计算程序表

序号	费用项目	计算方法
1	人工费	Σ(人工费)
2	材料费	Σ(材料费)
3	施工机具使用费	Σ(施工机具使用费)
4	企业管理费	(1+3)×费率
5	利润	(1+3)×费率
6	风险因素	按招标文件或约定
7	综合单价	1+2+3+4+5+6

（2）总价措施项目费计算程序（表 6.15）

（3）其他项目费计算程序（表 6.16）

（4）单位工程造价计算程序（表 6.17）

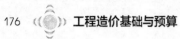

表 6.15　总价措施项目费计算程序表

序号	费用项目		计算方法
1	分部分项工程和单价措施项目费		∑（分部分项工程和单价措施项目费）
1.1	其中	人工费	∑（人工费）
1.2		施工机具使用费	∑（施工机具使用费）
2	总价措施项目费		2.1＋2.2
2.1	安全文明施工费		（1.1＋1.2）×费率
2.2	其他总价措施项目费		（1.1＋1.2）×费率

表 6.16　其他项目费计算程序表

序号	费用项目		计算方法
1	暂列金额		按招标文件
2	专业工程暂估价/结算价		按招标文件/结算价
3	计日工		3.1＋3.2＋3.3＋3.4＋3.5
3.1	其中	人工费	∑（人工价格×暂定数量）
3.2		材料费	∑（材料价格×暂定数量）
3.3		施工机具使用费	∑（机械台班价格×暂定数量）
3.4		企业管理费	（3.1＋3.3）×费率
3.5		利润	（3.1＋3.3）×费率
4	总承包服务费		4.1＋4.2
4.1	其中	发包人发包专业工程	∑（项目价值×费率）
4.2		发包人提供材料	∑（项目价值×费率）
5	索赔与现场签证费		∑（价格×数量）/∑费用
6	其他项目费		1＋2＋3＋4＋5

表 6.17　单位工程造价计算程序表

序号	费用项目		计算方法
1	分部分项工程和单价措施项目费		∑（分部分项工程和单价措施项目费）
1.1	其中	人工费	∑（人工费）
1.2		施工机具使用费	∑（施工机具使用费）
2	总价措施费		∑（总价措施项目费）
3	其他项目费		∑（其他项目费）
3.1	其中	人工费	∑（人工费）
3.2		施工机具使用费	∑（施工机具使用费）
4	规费		（1.1＋1.2＋3.1＋3.2）×费率
5	增值税		（1＋2＋3＋4）×税率
6	含税工程造价		1＋2＋3＋4＋5

（二）定额计价

1. 说明

（1）定额计价是以全费用基价表中的全费用为基础，依据本定额的计算程序计算工程造价。

（2）材料市场价格指发、承包人双方认定的价格，也可以是当地建设工程造价管理机构发布的市场信息价格。双方应在相关文件上约定。

（3）人工发布价、材料市场价格、机械台班价格计入全费用。

（4）包工不包料工程、计时工按定额计算出的人工费的25％计取综合费用。综合费用包括总价措施项目费、企业管理费、利润和规费。施工用的特殊工具，如手推车等，由发包人解决。综合费用中不包括税金，由总包单位统一支付。

（5）总承包服务费和以费用形式表示的索赔与现场签证费均不包含增值税。

（6）二次搬运费按施工组织设计计取。

2. 计算程序（表6.18）

表6.18　定额计价模式计算程序表

序号	费用项目		计算方法
1	分部分项工程和单价措施项目费		1.1＋1.2＋1.3＋1.4＋1.5
1.1	其中	人工费	Σ（人工费）
1.2		材料费	Σ（材料费）
1.3		施工机具使用费	Σ（施工机具使用费）
1.4		费用	Σ（费用）
1.5		增值税	Σ（增值税）
2	其他项目费		2.1＋2.2＋2.3
2.1	总承包服务费		项目价值×费率
2.2	索赔与现场签证费		Σ（价格×数量）/Σ费用
2.3	增值税		（2.1＋2.2）×税率
3	含税工程造价		1＋2

（三）全费用基价表清单计价

1. 说明

（1）工程造价计价活动中，可以根据需要选择全费用清单计价方式。全费用计价依据下面的计算程序，需要明示相关费用的，可根据全费用基价表中的人工费、材料费、施工机具使用费和本定额的费率进行计算。

（2）选择全费用清单计价方式，可根据投标文件或实际的需求，修改或重新设计适合全费用清单计价方式的工程量清单计价表格。

（3）暂列金额、专业工程暂估价、结算价和以费用形式表示的索赔与现场签证费均不含增值税。

2. 计算程序

（1）分部分项工程及单价措施项目综合单价计算程序（表6.19）

表6.19　分部分项工程及单价措施项目综合单价计算程序表

序号	费用名称	计算方法
1	人工费	Σ（人工费）

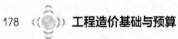
续表

序号	费用名称	计算方法
2	材料费	∑（材料费）
3	施工机具使用费	∑（施工机具使用费）
4	费用	∑（费用）
5	增值税	∑（增值税）
6	综合单价	1＋2＋3＋4＋5

（2）其他项目费计算程序（表 6.20）

表 6.20　其他项目费计算程序表

序号	费用名称		计算方法
1	暂列金额		按招标文件
2	专业工程暂估价		按招标文件
3	计日工		3.1＋3.2＋3.3＋3.4
3.1	其中	人工费	∑（人工价格×暂定数量）
3.2		材料费	∑（材料价格×暂定数量）
3.3		施工机具使用费	∑（机械台班价格×暂定数量）
3.4		费用	（3.1＋3.3）×费率
4	总承包服务费		4.1＋4.2
4.1	其中	发包人发包专业工程	∑（项目价值×费率）
4.2		发包人提供材料	∑（项目价值×费率）
5	索赔与现场签证费		∑（价格×数量）/∑费用
6	增值税		（1＋2＋3＋4＋5）×税率
7	其他项目费		1＋2＋3＋4＋5＋6

注：3.4 费用包含企业管理费、利润、规费。

（3）单位工程造价计算程序（表 6.21）

表 6.21　单位工程造价计算程序表

序号	费用名称	计算方法
1	分部分项工程和单价措施项目费	∑（分部分项工程和单价措施项目费）
2	其他项目费	∑（其他项目费）
3	单位工程造价	1＋2

引例分析

工程外墙砖基础可套用消耗量定额 A1-1，见表 6.22。

表 6.22　砌筑工程消耗量定额及全费用基价表（砖基础）

工作内容：调、运、铺砂浆，运、砌砖、安放木砖、垫块。　　　　　　　　定额计量单位：10m³

定额编号	A1-1
项目	砖基础、实心砖
	直行
全费用/元	6104.16

续表

定额编号			A1-1
其中	人工费/元		1476.33
	材料费/元		2621.11
	机械费/元		44.96
	费用/元		1356.84
	增值税/元		604.92
	名称	单位	单价/元	数量
人工	普工	工日	92.00	2.511
	技工	工日	142.00	5.021
	高级技工	工日	212.00	2.511
材料	混凝土实心砖 240×115×53	千块	295.18	5.288
	干混砌筑砂浆 DM M10	t	257.35	4.078
	水	m³	3.39	1.650
	电[机械]	kW·h	0.75	6.842
机械	干混砂浆罐式搅拌机 20000L	台班	187.32	0.240

解 （1）工程量清单计价

① 外墙砖基础定额套用《湖北省房屋建筑与装饰工程消费量定额及全费用基价表》中的子目 A1-1。

② 计算综合单价。

人工费合计 =（92×2.511+142×5.021+212×2.511）×6.5

        =（231.012+712.982+532.332）×6.5

        =1476.33×6.5=9596.14（元）

材料费合计 =（295.18×5.288+257.35×4.078+3.39×1.65+0.75×6.842）×6.5

        =（1560.912+1049.473+5.594+5.132）×6.5

        =2621.11×6.5=17037.22（元）

机械费合计 =187.32×0.24×6.5=44.96×6.5=292.22（元）

定额基价合计 =9596.14+17037.22+292.22=26925.58（元）

企业管理费 =（9596.14+292.22）×28.27%=9888.36×28.27%=2795.44（元）

利润 =（9596.14+292.22）×19.73%=9888.36×19.73%=1950.97（元）

综合单价 =（9596.14+17037.22+292.22+2795.44+1950.97）÷65

        =31671.99÷65=487.26（元/m³）

③ 计算总价措施费（9596.14+292.22）×（13.64%+0.7%）=1417.99（元）

④ 计算规费（9596.14+292.22）×26.85%=2655.02（元）

⑤ 计算增值税 =（26925.58+2795.44+1950.97+1417.99+2655.02）×9%

        =3217.05（元）

⑥ 含税工程造价 =35745.00+3217.05=38962.05（元）

（2）定额计价

由上可知：人工费合计 =9596.14元

材料费合计 =17037.22元

机械费合计 =292.22元

定额基价 =26925.58元

各项费用 = 总价措施费 + 企业管理费 + 利润 + 规费

$\qquad$ = 1417. 99 + 2795. 44 + 1950. 97 + 2655. 02 = 8819. 42（元）

增值税 = （26925. 58 + 8819. 42）× 9% = 35745. 00 × 9% = 3217. 05（元）

含税工程造价 = 26925. 58 + 8819. 42 + 3217. 05 = 38962. 05（元）

（3）全费用清单计价

含税工程造价 = 全费用综合单价 × 工程量

$\qquad$ = （1476. 33 + 2621. 11 + 44. 96 + 1356. 84 + 494. 93）× 6. 5 = 38962. 11（元）

注：原定额中增值税税额 604. 92 元是按照 11% 的增值税税率计提，本题中增值税税额 494. 93 元是按照现行 9% 的增值税税率计提。

五、简易计税方式介绍

在工程造价活动中，符合简易计税法规定，且承发包双方约定采用简易计税方式的，计价时可根据材料与机械台班的含税价和各专业消耗量定额、本费用定额计算工程造价。

简易计税方式和一般计税方式相比，两者都包含了三种计价模式，并且两者所用的计费基数都是人工费与施工机具使用费之和。但是两者最大的区别在于，一般计税方式所用的材料单价和机械台班单价都是不含进项税额的价格，而简易计税方式所用到的材料单价和机械台班单价都是含进项税额的价格。简易计税方式最终是用销售额乘以征收率（3%）计提增值税。

【例 6.1】 某工程安装钢质防盗门共计 260m²，合同约定项目采用简易计税法报价。请用湖北省 2018 版费用定额中全费用清单计价方式分别计算该项目的全费用基价及含税工程造价。

解　全费用综合单价计算

（1）钢质防盗门安装定额套用《湖北省房屋建筑与装饰工程消费量定额及全费用基价表》中的子目 A5-23，见表 6.23。

表 6.23　门窗工程消耗量定额及全费用基价表钢质防盗门

工作内容：钢制防盗门打眼剔洞、框扇安装校正，焊接、框周边塞缝等。　定额计量单位：100m²

定额编号			A5-23
项目			钢质防盗门安装
全费用/元			37094.61
其中	人工费/元		4039.11
	材料费/元		25654.67
	机械费/元		64.65
	费用/元		3660.14
	增值税/元		3676.04
名称		单位	单价/元	数量
人工	普工	工日	92.00	7.474
	技工	工日	142.00	20.031
	高级技工	工日	212.00	2.392
材料	钢质防盗门	m²	260.96	96.200
	铁件综合	kg	3.85	95.779
	低碳钢焊条 J422 φ4.0	kg	3.68	3.116
	干混抹灰砂浆 DP M15	t	273.59	0.429
	电	kW·h	0.75	11.450
	其他材料费	%	—	0.100
	电[机械]	kW·h	0.75	24.711

续表

定额编号				A5-23
项目				钢质防盗门安装
机械	交流弧焊机21kV·A	台班	157.69	0.410

（2）材料、机械含税单价换算（见公共专业消耗量定额附录 ${\&}$ 市场信息价）

钢制防盗门：含税单价302.39元/m^2

铁件综合：含税单价4.46元/kg

低碳钢焊条J422 φ4.0：含税单价4.26元/kg

干混抹灰砂浆DP M15：含税单价：353元/t

电：含税单价0.87元/（kW·h）

电［机械］：含税单价0.87元/（kW·h）

交流弧焊机21kV·A：含税台班单价158.62元/台班

（3）计算全费用基价（简易计税法）

人工费=92×7.474+142×20.031+212×2.392=4039.11（元）(不变)

材料费=［302.39×96.200＋4.46×95.779＋4.26×3.116＋353.00×0.429＋0.87×11.450］×（1＋0.1%）＋0.87×24.711=29742.96（元）

机械费=158.62×0.410=65.03（元）

费用=（4039.11＋65.03）×（13.63%＋0.70%＋28.22%＋19.70%＋26.79%）=3654.33（元）

增值税=（4039.11＋29742.96＋65.03＋3654.33）×3%=1125.04（元）

全费用基价=人工费＋材料费＋机械费＋费用＋增值税

　　　　＝4039.11＋29742.96＋65.03＋3654.33＋1125.22

　　　　＝38626.65（元/100m^2）

含税工程造价=38626.65×2.6=100429.30（元）

单元小结

本单元对工程造价的两种计价模式，建筑安装工程费用定额的组成、计算程序、取费率做了具体介绍；还专门介绍某地区费用定额的应用等。

本单元的教学目标是使学生能理解工程造价计价的依据和特点；能区别工程造价计价两种方法（模式）；会根据各地区费用定额来取费，对费用组成有更深入的理解，熟悉工程造价计算程序，结合实际完成工程的各项费用的组价、税率的计算，更加理解工程造价的政策性、区域性。

思考与习题

1. 定额计价的方法有哪些？

2. 简述定额计价的程序。

3. 简述清单计价的程序。

4. 简述定额计价模式与清单计价模式的区别。

5. 什么是费用定额?

6. 一般计税法和简易计税法的相同点和不同点有哪些?

7. 简述一般计税法的三种计价模式。

8. 某工程采用预制钢筋混凝土方桩,桩截面积为 400mm×400mm,桩长 18m,共计 100 根(含试桩 3 根),合同约定项目采用一般计税法报价。请结合湖北省 2018 版费用定额,(1) 用工程量清单计价方式计算该打桩项目含税工程造价。(2) 请用全费用清单计价方式分别计算该打桩项目的含税造价。

二维码17

扫码答题

单元 7　工程造价的计量

内容提要	本单元主要介绍两个方面的内容：一是从工程量的概念、工程量计算依据、计算方法几个方面介绍工程计量的基本内容；二是从建筑面积计算规则出发，结合建筑面积计算案例，介绍建筑面积的计算方法。
学习目标	通过工程造价计量的学习，熟悉工程量的概念、工程量计算依据，理解工程量计算原则，掌握工程量计算方法；熟悉建筑面积计算规则，掌握建筑面积计算方法，能进行案例工程建筑面积的计算。

任务1　工程计量概述

工程计量是指建设工程项目以工程设计图纸、施工组织设计或施工方案及有关技术经济文件为依据，按照相关工程国家标准的计算规则、计量单位等规定，进行工程数量的计算活动。它是工程计价活动的重要环节。工程计量具有阶段性和多次性的特点，工程计量工作在不同计价过程中有不同的具体内容，工程计量的结果就是工程量。

一、工程量的概念

工程量是指按一定规则并以物理计量单位或自然计量单位所表示的建设工程各分部分项工程、措施项目或结构构件的数量。

物理计量单位是指以公制度量表示的长度、面积、体积和重量等计量单位。如砌筑墙体以"m³"为计量单位，钢筋工程以"t"为计量单位。自然计量单位指建筑成品表现在自然状态下的简单点数所表示的个、条、樘、块等计量单位。如门窗工程可以以"樘"为计量单位。

二、工程量计算依据

工程量计算的主要依据如下。

1. 工程量计算规范和消耗量定额

国家发布的工程量计算规范的工程量计算规则主要用于工程计量、编制工程量清单、结算中的工程计量等方面。国家、地方和行业发布的消耗量定额及其工程量计算规则主要用于工程计价（或组价）。故工程计量不能采用消耗量定额中的计算规则。

知 识 链 接

工程量计算规范和消耗量定额的联系与区别：

消耗量定额是工程量清单计价的依据，因此消耗量定额和工程量计算规范之间既有区别也有联系。以湖北省 2018 版消耗量定额为例，其章节划分、工程量计算规则与工程量计算规范均保持基本一致。但两者在用途、工作内容、计算口径以及计量单位等方面有明显的区别。

2. 施工设计图纸

经审定的施工图纸能全面反映建筑物的结构构造、各部位的尺寸及工程做法，是工程量计算的基础资料和基本依据。另外还应配合有关的标准图集进行工程量计算。

3. 施工组织设计或施工方案

在计算工程量时，往往还需要明确分项工程的具体施工方法及措施。比如计算挖基础土方工程时，施工方法是采用人工开挖还是机械开挖，是采用放坡还是支撑防护，都会影响工程量的计算结果。

4. 其他有关的技术经济文件

工程施工合同、招标文件的商务条款等经审定的相关技术经济文件也会影响工程量计算范围及结果。

三、工程量计算方法

在工程量计算过程中，为了防止错算、漏算和重算，应遵循一定的计算原则和顺序。

（一）工程量计算原则

1. 计算口径一致

计算工程量时，所列项目包括的工作内容和范围，必须与依据的计量规范或消耗量定额的口径一致。比如在计算土方开挖的工程量时，计量规范的工作内容包括土方开挖、运输、基底钎探等多项内容，因此按"土方开挖"列一项计算清单工程量；与计量规范的计算规则口径一致；而在组价时，消耗量定额中土方开挖、运输、基底钎探均属于不同的定额子目，因此需要分别列项计算定额工程量，与消耗量定额计算规则口径一致。

2. 计量单位一致

计算工程量时，所采用的单位必须与计量规范或消耗量定额相应项目中的计量单位一致。例如计算砖砌台阶清单工程量时，应按计量规范规定的"m^2"为单位计算；而在组价时，应按消耗量定额规定的"m^3"计算。

3. 计算规则一致

计算工程量时，必须严格遵循计量规范或消耗量定额的工程量计算规则，才能保证工程量的准确性。例如楼地面的整体面层按主墙间净空面积计算，而块料面积按饰面的实铺面积计算。

4. 与设计图纸一致

工程量计算项目必须与图纸规定的内容保持一致，不得随意修改内容去高套或低套定额；计算数据必须严格按照图纸所示尺寸计算，不得任意加大或缩小。各种数据在工程量计算过程中一般保留三位小数，计算结果通常保留两位小数，以保证计算的精度。

（二）工程量计算顺序

1. 单位工程计算顺序

一个单位工程，其工程量计算顺序一般有以下几种。

（1）按图纸顺序计算

计算工程量时，可以根据图纸排列的先后顺序，由建施到结施；每个专业图纸由前向后，按"先平面，再立面，再剖面；先基本图，再详图"的顺序计算。例如先计算场地平整、室内回填土、楼地面装饰，再计算墙柱面装饰、墙体工程量。

（2）按工程量计算规范或消耗量定额的顺序计算

计算工程量时，按照工程量计算规范或消耗量定额的章、节、子目次序，逐项对照计算。例如由土石方工程开始，逐步进行桩基础、砌筑墙体、混凝土工程、屋面防水、装饰工程量的计算。

（3）按施工顺序计算

计算工程量时，按先施工的先算，后施工的后算的方法进行。例如，由平整场地、基础挖土开始算起，再到基础、框架梁柱板，最后进行装饰工程量的计算。

（4）统筹顺序计算

单独按照图纸顺序、施工顺序或计算规范顺序计算工程量，往往不适应工程量计算规则的要求，容易造成重算、漏算，浪费时间和精力，还易出现计算错误。统筹顺序是运用统筹法原理来合理安排工程量的计算顺序，达到节约时间、简化计算，提高工效的目的。例如，对于框架结构建筑物的工程量，可以统筹安排为先计算混凝土工程，再模板工程、墙体工程、土方工程、屋面防水工程，最后装饰工程的顺序计算。

2. 单个分部分项工程计算顺序

（1）按顺时针方向计算

即先从平面图的左上角开始，顺时针方向依次进行工程量计算。在计算外墙、外墙基础等分项工程量时，可按这种顺序计算。

（2）按"先横后竖、先上后下、先左后右"顺序计算

即在平面图上从左上角开始，按"先横后竖、先上后下、先左后右"顺序计算工程量。在计算房屋的条形基础土方、砖石基础、砖墙砌筑、门窗过梁、墙面抹灰等分部分项工程量时，可按这种顺序计算。

（3）按构件编号顺序计算

即按图纸上所标注结构构件、配件的编号顺序进行计算。在计算混凝土构件、门窗等分项工程量时，可按这种顺序计算。

（4）按轴线编号顺序计算

即可以根据施工图纸轴线标号来确定工程量的计算，例如某房屋墙体分项，可按Ⓐ轴上，①～③轴，③～④轴这样的顺序进行工程量计算。

知 识 链 接

工程量计算中信息技术的应用

工程量计算是编制工程计价的基础工作，工作量约占工程计价工作量的 $50\% \sim 70\%$，

计算精度和速度直接影响工程计价文件的质量。随着计算机技术的发展，出现了利用软件表格法算量的计量工具，之后逐渐发展到自动计算工程量软件，并已经成为目前工程量计算的主流方式。近年来又发展到 BIM 和云计算等更为先进的信息技术。

任务2　建筑面积

建筑面积的计算是工程计量的基础工作，也是工程计价的一项重要技术经济指标，对于相关分项的工程量计算、工程造价的技术经济分析、建筑设计和施工管理等方面都有着重要的意义。

请大家思考，图7.1中凸出建筑物二层外墙部分，应按照阳台还是按照雨篷计算建筑面积呢？

图 7.1　某建筑物示意图

一、建筑面积概述

（一）建筑面积的概念

建筑面积是指建筑物（包括墙体）所形成的楼地面面积。面积是所占平面图形的大小，建筑面积主要是墙体围合的楼地面面积（包括墙体的面积），因此计算建筑面积时，首先以外墙结构外围水平面积计算。建筑面积还包括附属于建筑物的室外阳台、雨篷、檐廊、室外走廊、室外楼梯等建筑部件的面积。

（二）建筑面积的构成

建筑面积可以分为使用面积、辅助面积和结构面积。

1. 使用面积

使用面积是指建筑物各层平面布置中，可直接为生产和生活使用的净面积总和。起居室净面积在民用建筑中，一般称为"居住面积"。例如，住宅建筑中的使用面积主要包括居室、客厅、书房等面积。

2. 辅助面积

辅助面积是指建筑物各层平面布置中，为辅助生产或生活所占净面积的总和。例如，住宅建筑中的辅助面积包括楼梯、走道、卫生间、厨房等面积。使用面积和辅助面积之和称为"有效面积"。

3. 结构面积

结构面积是指建筑物各层平面布置中的墙体、柱等结构所占面积的总和，但不包括抹灰厚度所占面积。

（三）建筑面积的作用

1. 确定建设规模的重要指标

根据项目立项批准文件所核准的建筑面积，是初步设计的重要控制指标。对于国家投资的项目，施工图的建筑面积不得超过初步设计建筑面积的5%，否则必须重新报批。

2. 确定各项技术经济指标的基础

建筑物的单方造价、单方人材机消耗指标是工程造价的重要技术经济指标，它们的计算都需要建筑面积这一关键数据。

3. 评价设计方案的依据

建筑设计和建筑规划中，经常使用建筑面积控制某些指标，比如容积率、建筑密度等。在评价设计方案时，统筹采用居住面积系数、土地利用系数、单方造价等指标，也都与建筑面积密切相关。

4. 计算有关分项工程量的依据和基础

在计算工程量时，一些分项的工程量是按照建筑面积确定的，例如平整场地、脚手架等。还有一些分项的工程量可以利用建筑面积计算，例如利用底层建筑面积，可以方便地推算出室内回填土的体积。

5. 选择概算指标和编制概算的基础数据

概算指标通常是以建筑面积为计量单位。用概算指标编制概算时，要以建筑面积为计算基础。

二、建筑面积的计算

现行建筑面积计算的依据是《建筑工程建筑面积计算规范》GB/T 50353—2013。该规范包括总则、术语、计算建筑面积的规定和条文说明四部分，规定了计算建筑全部面积、计算建筑面积部分面积和不计算建筑面积的情形及计算规则。适用于新建、扩建和改建的工业与民用建设全过程的建筑面积计算，但是该规范不适用于房屋产权面积计算。

（一）建筑面积的计算规则

1. 应计算建筑面积的范围及规则

（1）建筑面积计算总则

【计算规则】建筑物的建筑面积应按自然层外墙结构外围水平面积之和计算。结构层高在 2.20m 及以上的，应计算全面积；结构层高在 2.20m 以下的，应计算 1/2 面积。

自然层是按楼地面结构分层的楼层。

结构层高是指楼面或地面结构层上表面至上部结构层上表面之间的垂直距离。上下均为楼面时，结构层高是相邻两层楼板结构层上表面之间的垂直距离；建筑物最底层，从"混凝土构造"的上表面，算至上层楼板结构层上表面；建筑物顶层，从楼板结构层上表面算至屋面板结构层上表面。

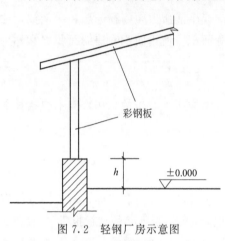

图 7.2　轻钢厂房示意图

围护结构是指围合建筑空间的墙体、门、窗。建筑面积计算以围护结构外围计算，不考虑勒脚所占面积。当外墙结构本身在一个层高范围内不等厚时（不包括勒脚，外墙结构在该层高范围内材质不变），以楼地面结构标高处的外围水平面积计算。建筑物为轻钢厂房时（图 7.2），当 $h<0.45m$ 时，建筑面积按彩钢板外围水平面积计算；当 $h \geqslant 0.45m$ 时，建筑面积按下部砌体外围水平面积计算。

（2）建筑物设有局部楼层

【计算规则】建筑物内设有局部楼层时，对于局部楼层的二层及以上楼层，有围护结构的应按其围护结构外围水平面积计算，无围护结构的应按其结构底板水平面积计算。结构层高在 2.20m 及以上的，应计算全面积；结构层高在 2.20m 以下的，应计算 1/2 面积。

在计算建筑面积时，只要是在一个自然层内设置的局部楼层，其首层建筑面积已包括在原建筑物中，不能重复计算，应从二层以上开始计算局部楼层的建筑面积。计算方法是有围护结构按围护结构计算；没有围护结构有围护设施（栏杆、栏板）的，按结构底板计算；如果既无围护结构也无围护设施，则不属于楼层，不计算建筑面积。

（3）坡屋顶

【计算规则】形成建筑空间的坡屋顶，结构净高在 2.10m 及以上的部位应计算全面积；结构净高在 1.20m 及以上至 2.10m 以下的部位应计算 1/2 面积；结构净高在 1.20m 以下的部位不应计算建筑面积。

建筑空间是具备可出入、可利用条件（设计中可能标明了使用用途，也可能没有标明使用用途或使用用途不明确）的围合空间。可出入是指人能够正常出入，即通过门或楼梯等进出，必须通过窗、栏杆、人孔、检修孔等出入的不算可出入。这里的坡屋顶指的是与其他围护结构能形成建筑空间的坡屋顶。

结构净高是指楼面或地面结构层上表面至上部结构层下表面之间的垂直距离。

（4）场馆看台下的建筑空间

【计算规则】场馆看台下的建筑空间，结构净高在 2.10m 及以上的部位应计算全面积；

结构净高在 1.20m 及以上至 2.10m 以下的部位应计算 1/2 面积；结构净高在 1.20m 以下的部位不应计算建筑面积。室内单独设置的有围护设施的悬挑看台，应按看台结构底板水平投影面积计算建筑面积。有顶盖无围护结构的场馆看台应按其顶盖水平投影面积的 1/2 计算面积。

看台下的建筑空间因其上部结构多为斜板，所以采用净高的尺寸划定建筑面积的计算范围。此项规定对"场"（顶盖不闭合）和"馆"（顶盖闭合）都适用。

室内单独设置的有围护设施的悬挑看台，因其看台上部设有顶盖且可供人使用，所以按看台的结构底板水平投影面积计算建筑面积。此项规定仅对"馆"适用。

场馆看台上部空间建筑面积计算，取决于看台上部有无顶盖。计算范围应是看台与顶盖重叠部分的水平投影面积。对有双层看台的，各层分别计算建筑面积，顶盖及上层看台均视为下层看台的顶盖。无顶盖的看台不计算建筑面积，看台下的建筑空间按相关规定计算建筑面积。此项规定仅对"场"适用。

（5）地下室、半地下室

【计算规则】地下室、半地下室应按其结构外围水平面积计算。结构层高在 2.20m 及以上的，应计算全面积；结构层高在 2.20m 以下的，应计算 1/2 面积。

地下室是指室内地平面低于室外地平面的高度超过室内净高的 1/2 的房间。半地下室是指室内地平面低于室外地平面的高度超过室内净高的 1/3，且不超过 1/2 的房间。

当外墙为变截面时，按地下室、半地下室楼地面结构标高处的外围水平面积计算。地下室的外墙结构不包括找平层、防水（潮）层、保护墙等。地下空间未形成建筑空间的，不属于地下室或半地下室，不计算建筑面积。

（6）出入口

【计算规则】出入口外墙外侧坡道有顶盖的部位，应按其外墙结构外围水平面积的 1/2 计算面积。

出入口坡道计算建筑面积应满足两个条件：一是有顶盖，二是有侧墙，但侧墙不一定封闭。计算建筑面积时，有顶盖的部位按外墙（侧墙）结构外围水平面积计算；无顶盖的部位，即使有侧墙，也不计算建筑面积。

本条规定不仅适用于地下室、半地下室出入口，也适用于坡道向上的出入口。由于坡道是从建筑物内部一直延伸到建筑物外部的，建筑物内的部分随建筑物正常计算建筑面积，建筑物外的部分按本条规定执行。建筑物内、外的划分以建筑物外墙结构外边线为界。

对于地下车库工程，无论出入口坡道如何设置，无论坡道下方是否加以利用，地下车库均应按设计的自然层计算建筑面积。出入口坡道按本条规定另行计算后，并入该工程建筑面积。

（7）建筑物架空层及吊脚架空层

【计算规则】建筑物架空层及坡地建筑物吊脚架空层，应按其顶板水平投影计算建筑面积。结构层高在 2.20m 及以上的，应计算全面积；结构层高在 2.20m 以下的，应计算 1/2 面积。

架空层指仅有结构支撑而无外围护结构的开敞空间层，即架空层是没有围护结构的。此条规则适用于建筑物吊脚架空层、深基础架空层，也适用于目前部分住宅、学校教学楼等工程在底层架空或在二楼或以上某个甚至多个楼层架空，作为公共活动、停车、绿化等空间的情况。

顶板水平投影面积是指架空层结构顶板的水平投影面积,不包括架空层主体结构外的阳台、空调板、通长水平挑板等外挑部分。

(8) 门厅、大厅

【计算规则】建筑物的门厅、大厅应按一层计算建筑面积,门厅、大厅内设置的走廊应按走廊结构底板水平投影面积计算建筑面积。结构层高在2.20m及以上的,应计算全面积;结构层高在2.20m以下的,应计算1/2面积。

走廊是指建筑物中的水平交通空间。

(9) 架空走廊

【计算规则】建筑物间的架空走廊,有顶盖和围护结构的,应按其围护结构外围水平面积计算全面积;无围护结构、有围护设施的,应按其结构底板水平投影面积计算1/2面积。

架空走廊指专门设置在建筑物的二层或二层以上,作为不同建筑物之间水平交通的空间。无围护结构的架空走廊如图7.3所示,有围护结构的架空走廊如图7.4所示。

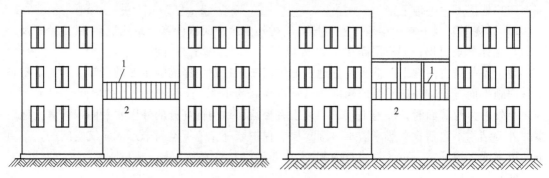

图7.3　无围护结构的架空走廊(有围护设施)

1—栏杆;2—架空走廊

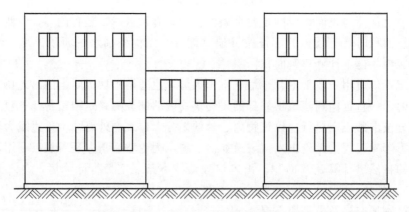

图7.4　有围护结构的架空走廊

架空走廊建筑面积计算分为两种情况:一是有围护结构且有顶盖,计算全面积;二是无围护结构、有围护设施,无论是否有顶盖,均计算1/2面积。

(10) 立体书库、仓库、车库

【计算规则】立体书库、立体仓库、立体车库,有围护结构的,应按其围护结构外围水平面积计算建筑面积;无围护结构、有围护设施的,应按其结构底板水平投影面积计算建筑面积。无结构层的应按一层计算,有结构层的应按其结构层面积分别计算。结构层高在

2.20m 及以上的，应计算全面积；结构层高在 2.20m 以下的，应计算 1/2 面积。

结构层是指整体结构体系中承重的楼板层，包括板、梁等构件，而非局部结构起承重作用的分隔层。立体车库中的升降设备、仓库中的立体货架、书库中的立体书架都不属于结构层，不计算建筑面积。

（11）舞台灯光控制室

【计算规则】有围护结构的舞台灯光控制室，应按其围护结构外围水平面积计算。结构层高在 2.20m 及以上的，应计算全面积；结构层高在 2.20m 以下的，应计算 1/2 面积。

（12）橱窗

【计算规则】附属在建筑物外墙的落地橱窗，应按其围护结构外围水平面积计算。结构层高在 2.20m 及以上的，应计算全面积；结构层高在 2.20m 以下的，应计算 1/2 面积。

落地橱窗是指凸出外墙面且根基落地的橱窗，若不落地，可按凸（飘）窗规定执行。

（13）凸（飘）窗

【计算规则】窗台与室内楼地面高差在 0.45m 以下且结构净高在 2.10m 及以上的凸（飘）窗，应按其围护结构外围水平面积计算 1/2 面积。

凸（飘）窗是指凸出建筑物外墙面的窗户。凸（飘）窗需同时满足两个条件方能计算建筑面积：一是结构高差在 0.45m 以下；二是结构净高在 2.10m 及以上。图 7.5 中，窗台与室内楼地面高差为 0.3m，小于 0.45m，并且结构净高 2.2m＞2.1m，两个条件同时满足，故该凸（飘）窗应计算建筑面积。

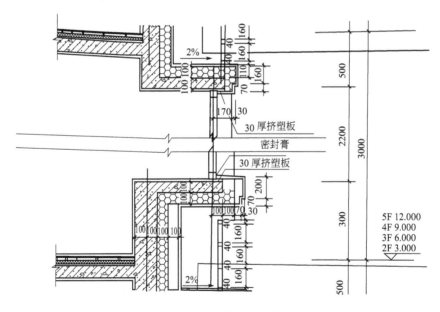

图 7.5　凸（飘）窗大样图

（14）室外走廊（挑廊）、檐廊

【计算规则】有围护设施的室外走廊（挑廊），应按其结构底板水平投影面积计算 1/2 面积；有围护设施（或柱）的檐廊，应按其围护设施（或柱）外围水平面积计算 1/2 面积。

室外走廊（挑廊）、檐廊都是室外水平交通空间。挑廊是悬挑的水平交通空间；檐廊是底层的水平交通空间，由屋檐或挑檐作为顶盖，且一般有柱或栏杆、栏板等。底层无围护设施但有柱的室外走廊可参照檐廊的规则计算建筑面积。

　　无论哪一种廊，除了必须有地面结构外，还必须有栏杆、栏板等围护设施或柱，缺少任何一个条件都不计算建筑面积。室外走廊（挑廊）、檐廊都按 1/2 计算建筑面积，但取定的部位不同：室外走廊（挑廊）按结构底板计算，檐廊按围护设施（柱）外围计算。

　　（15）门斗

　　【计算规则】门斗应按其围护结构外围水平面积计算建筑面积。结构层高在 2.20m 及以上的，应计算全面积；结构层高在 2.20m 以下的，应计算 1/2 面积。

　　门斗是建筑物出入口两道门之间的空间，它是有顶盖和围护结构的全围合空间。门斗是全围合的，门廊、雨篷至少有一面不围合。

　　（16）门廊、雨篷

　　【计算规则】门廊应按其顶板的水平投影面积的 1/2 计算建筑面积；有柱雨篷应按其结构板水平投影面积的 1/2 计算建筑面积；无柱雨篷的结构外边线至外墙结构外边线的宽度在 2.10m 及以上的，应按雨篷结构板的水平投影面积的 1/2 计算建筑面积。

　　门廊是指在建筑物出入口，无门、三面或二面有墙，上部有板（或借用上部楼板）围护的部位。门廊划分为全凹式、半凹半凸式、全凸式。

　　雨篷是指建筑物出入口上方、突出墙面、为遮挡雨水而单独设立的建筑部件。雨篷划分为有柱雨篷（包括独立柱雨篷、多柱雨篷、柱墙混合支撑雨篷、墙支撑雨篷）和无柱雨篷（悬挑雨篷），如图 7.6 所示。有柱雨篷，没有出挑宽度的限制，也不受跨越层数的限制，均计算建筑面积。无柱雨篷，其结构板不能跨层，并受出挑宽度的限制，设计出挑宽度 ⩾ 2.10m 时才计算建筑面积。出挑宽度，系指雨篷结构外边线至外墙结构外边线的宽度，弧形或异形时，取最大宽度。

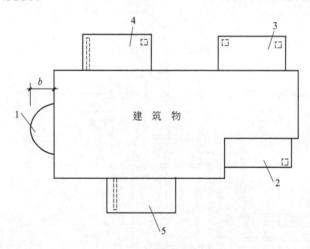

图 7.6　雨篷示意图

1—悬挑雨篷；2—独立柱雨篷；3—多柱雨篷；4—柱墙混合支撑雨篷；5—墙支撑雨篷

　　不单独设立顶盖，利用上层结构板（如楼板、阳台底板）进行遮挡，不视为雨篷，不计算建筑面积。

　　（17）建筑物顶部楼梯间、水箱间、电梯机房

　　【计算规则】设在建筑物顶部的、有围护结构的楼梯间、水箱间、电梯机房等，结构层高在 2.20m 及以上的，应计算全面积；结构层高在 2.20m 以下的，应计算 1/2 面积。

　　建筑物顶部的建筑部件属于建筑空间的可以计算建筑面积，不属于建筑空间的则归为屋

顶造型（装饰性结构构件），不计算建筑面积。

(18) 围护结构不垂直的建筑物

【计算规则】围护结构不垂直于水平面的楼层，应按其底板面的外墙外围水平面积计算。结构净高在 2.10m 及以上的部位，应计算全面积；结构净高在 1.20m 及以上至 2.10m 以下的部位，应计算 1/2 面积；结构净高在 1.20m 以下的部位，不应计算建筑面积。

目前很多建筑设计造型越来越复杂多样，很多时候无法明确区分什么是围护结构，什么是屋顶。如果认定是斜围护结构时，围护结构应计算建筑面积，如果认定是斜屋顶时，屋面结构不计算建筑面积。所以对于围护结构向内倾斜的情况做如下划分。

多（高）层建筑物顶层，楼板以上部位的外侧视为屋顶，按相应规定计算建筑面积；多（高）层建筑物其他层，倾斜部位均视为斜围护结构，底板面处的围护结构应计算全面积。单层建筑物时，计算原则同多（高）层建筑物其他层，即倾斜部位均视为围护结构，底板面处的围护结构应计算全面积。

围护结构不垂直既可以是向内倾斜，也可以是向外倾斜，各个标高处的外墙外围水平面可能是不同的，依据本条规定取定为结构底板处的外墙外围水平面积。

(19) 建筑物室内楼梯、电梯井、提物井、管道井、通风排气竖井、烟道

【计算规则】建筑物的室内楼梯、电梯井、提物井、管道井、通风排气竖井、烟道，应并入建筑物的自然层计算建筑面积。有顶盖的采光井应按一层计算面积，结构净高在 2.10m 及以上的，应计算全面积，结构净高在 2.10m 以下的，应计算 1/2 面积。

室内楼梯包括形成井道的楼梯（即室内楼梯间）和没有形成井道的楼梯（即室内楼梯）。如建筑物大堂内的楼梯、跃层住宅的室内楼梯也应计算建筑面积。建筑物的楼梯间层数按建筑物自然层数计算。未形成楼梯间的室内楼梯按楼梯水平投影计算建筑面积。对于室内楼梯，只要在图纸中画出了楼梯，无论是否用户自理，均按楼梯水平投影面积计算建筑面积；如图纸中未画出楼梯，仅以洞口符号表示，则计算建筑面积时不扣除该洞口面积。利用室内楼梯下部的建筑空间不重复计算建筑面积。

跃层房屋的室内公共楼梯间，按两个自然层计算建筑面积；复式房屋的室内公共楼梯间，按一个自然层计算建筑面积。

当室内公共楼梯间两侧自然层数不同时，以楼层多的层数计算，如图 7.7 中楼梯间应按6 个自然层计算建筑面积。

设备管道层，尽管通常设计描述的层数中不包括，但在计算楼梯间建筑面积时，应算一个自然层。

井道不论在建筑物内外，均按自然层计算建筑面积，如附墙烟道。但是独立烟道不计算建筑面积。井道按建筑物的自然层计算建筑面积，如果自然层结构层高在 2.2m 以下，楼层本身计算 1/2 面积时，相应的井道也应计算 1/2 面积。

二维码18

扫码视频学习

有顶盖的采光井包括建筑物中的采光井和地下室采光井，不论多深，采光多少层，均只计算一层建筑面积。无顶盖的采光井不计算建筑面积。

(20) 室外楼梯

【计算规则】室外楼梯应并入所依附建筑物自然层，并应按其水平投影面积的 1/2 计算建筑面积。

室外楼梯不论是否有顶盖都需要计算建筑面积，层数为室外楼梯所依附的楼层数，即梯

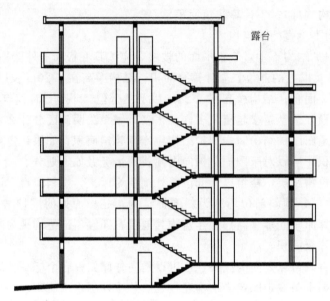

图 7.7   室内公共楼梯间两侧自然层数不同示意图

段部分投影到建筑物范围的层数。利用室外楼梯下部的建筑空间不得重复计算建筑面积；利用地势砌筑的为室外踏步，不计算建筑面积。

(21) 阳台

【计算规则】在主体结构内的阳台，应按其结构外围水平面积计算全面积；在主体结构外的阳台，应按其结构底板水平投影面积计算 1/2 面积。

阳台是附设于建筑物外墙，设有栏杆或栏板，可供人活动的室外空间。判断阳台是在主体结构以内还是主体结构以外是计算建筑面积的关键。主体结构是接受、承担和传递建设工程所有上部荷载，维持上部结构整体性、稳定性和安全性的构造。判断主体结构要依据建筑平、立、剖面图，并结合结构图纸一起进行。一般判断原则如下。

① 砖混结构。通常以外墙（即围护结构，包括墙、门、窗）来判断，外墙以内为主体结构内，外墙以外为主体结构外。

② 框架结构。柱梁体系之内为主体结构内，柱梁体系之外为主体结构外。

③ 剪力墙结构。如阳台在剪力墙包围之内，则属于主体结构内；如相对两侧均为剪力墙，也属于主体结构内；如相对两侧仅一侧为剪力墙时，属于主体结构外；如相对两侧均无剪力墙时，属于主体结构外。

④ 阳台处剪力墙与框架混合时，分两种情况：一是角柱为受力结构，根基落地，则阳台为主体结构内；二是角柱仅为造型，无根基，则阳台为主体结构外。

如图 7.8 中，阳台有两部分，以柱外侧为界，上面部分属于主体结构内，计算全面积，下面部分属于主体结构外，计算 1/2 面积。

阳台在主体结构外时，按结构底板计算建筑面积，此时无论围护设施是否垂直于水平面，都按结构底板计算建筑面积，同时应包括底板处突出的檐。

(22) 车棚、货棚、站台、加油站、收费站

【计算规则】有顶盖无围护结构的车棚、货棚、站台、加油站、收费站等，应按其顶盖水平投影面积的 1/2 计算建筑面积。

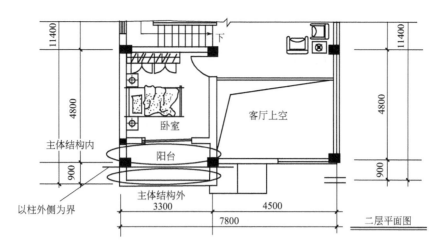

图 7.8 阳台平面图

有顶盖无围护结构的车棚、货棚、站台、加油站、收费站，不分顶盖材质，不分单、双排柱，不分矩形柱、异形柱，均按顶盖水平投影面积的 1/2 计算建筑面积。顶盖下有其他能计算建筑面积的建筑物时，仍按顶盖水平投影面积计算 1/2 面积，顶盖下的建筑物另行计算建筑面积。

（23）幕墙

【计算规则】以幕墙作为围护结构的建筑物，应按幕墙外边线计算建筑面积。

幕墙以其在建筑物中所起的作用和功能来区分，直接作为外墙起围护作用的幕墙，按其外边线计算建筑面积；设置在建筑物墙体外起装饰作用的幕墙，不计算建筑面积，如图 7.9 所示。智能呼吸式玻璃幕墙，是两层幕墙及两层幕墙之间的空间共同构成的外墙结构，因此应以外层幕墙外边线计算建筑面积。

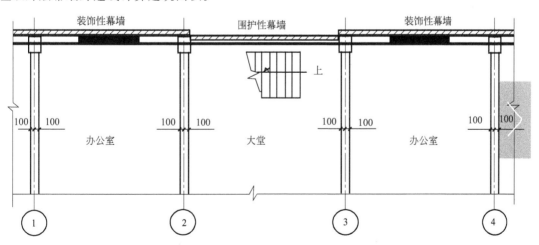

图 7.9 围护性幕墙与装饰性幕墙示意图

（24）外墙外保温层

【计算规则】建筑物的外墙外保温层，应按其保温材料的水平截面积计算，并计入自然层建筑面积。

当建筑物外墙有外保温层时，应先按外墙结构计算，外保温层的建筑面积另行计算，并入建筑面积。外保温层建筑面积仅计算保温材料本身，抹灰层、防水（潮）层、黏结层（空气层）及保护层（墙）等均不计入建筑面积。图 7.10 为建筑物外墙外保温结构示意图，图中"7"所示部分为计算建筑面积范围。

建筑物外墙外保温层以保温材料的净厚度乘以外墙结构外边线长度按建筑物的自然层计算建筑面积，其外墙外边线长度不扣除门窗和建筑物外已计算建筑面积构件（如阳台、室外走廊、门斗、落地橱窗等部件）所占长度。当建筑物外已计算建筑面积的构件（如阳台、室外走廊、门斗、落地橱窗等部件）有保温隔热层时，其保温隔热层也不再计算建筑面积。

当围护结构不垂直于水平面时，仍应按保温材料本身厚度（即保温材料的水平截面积）计算，而不是斜厚度。

外墙外保温以沿高度方向满铺为准，某层外墙外保温铺设高度未达到全部高度时（不包括阳台、室外走廊、门斗、落地橱窗、雨篷、飘窗等），不计算建筑面积。

复合墙体不属于外墙外保温层，整体视为外墙结构，按外围面积计算。

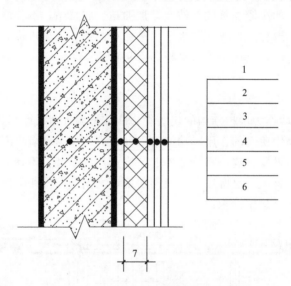

图 7.10   建筑物外墙外保温结构示意图

1—墙体；2—黏结胶浆；3—保温材料；4—标准网；5—加强网；6—抹面胶浆；7—计算建筑面积范围

（25）变形缝

【计算规则】与室内相通的变形缝，应按其自然层合并在建筑物建筑面积内计算。对于高低联跨的建筑物，当高低跨内部连通时，其变形缝应计算在低跨面积内。

变形缝是防止建筑物在某些因素作用下引起开裂甚至破坏而预留的构造缝，是伸缩缝、沉降缝和抗震缝的总称。

与室内相通的变形缝，是指暴露在建筑物内，在建筑物内可以看得见的变形缝，应计算建筑面积；与室内不相通的变形缝不计算建筑面积。高低联跨的建筑物，当高低跨内部连通或局部连通时，其连通部分变形缝的面积计算在低跨面积内；当高低跨内部不相连通时，其变形缝不计算建筑面积。

（26）设备层、管道层、避难层

【计算规则】对于建筑物内的设备层、管道层、避难层等有结构层的楼层，结构层高在

2.20m 及以上的，应计算全面积；结构层高在 2.20m 以下的，应计算 1/2 面积。

设备层、管道层虽然其具体功能与普通楼层不同，但在结构上及施工消耗上并无本质区别，因此设备、管道楼层归为自然层，其计算规则与普通楼层相同。在吊顶空间内设置管道的，则吊顶空间部分不能被视为设备层、管道层，不计算建筑面积。

2. 不计算建筑面积的范围及规则

（1）与建筑物内不相连通的建筑部件

与建筑物内不相连通的建筑部件是指依附于建筑物外墙外，不与户室开门连通，起装饰作用的敞开式挑台（廊）、平台，以及不与阳台相通的空调室外机搁板（箱）等设备平台部件。"与建筑物内不相连通"是指没有正常的出入口，即通过门进出的，视为"连通"；通过窗或栏杆等翻出去的，视为"不连通"。

（2）骑楼、过街楼底层的开放公共空间和建筑物通道

骑楼是指建筑底层沿街面后退且留出公共人行空间的建筑物，骑楼凸出部分一般是沿建筑物整体凸出，而不是局部凸出。

过街楼指跨越道路上空并与两边建筑相连接的建筑物。建筑物通道指为穿过建筑物而设置的空间。

（3）舞台及后台悬挂幕布和布景的天桥、挑台等

这里指的是影剧院的舞台及为舞台服务的可供上人维修、悬挂幕布、布置灯光及布景等搭设的天桥和挑台等构件设施。

（4）露台、露天游泳池、花架、屋顶的水箱及装饰性结构构件

露台是指设置在屋面、首层地面或雨篷上的供人室外活动的有围护设施的平台。露台应满足四个条件：一是位置，设置在屋面、地面或雨篷顶，二是可出入，三是有围护设施，四是无盖，这四个条件必须同时满足。如果设置在首层并有围护设施的平台，且其上层为同体量阳台，则该平台应视为阳台，按阳台的规则计算建筑面积。

（5）建筑物内的操作平台、上料平台、安装箱和罐体的平台

建筑物内不构成结构层的操作平台、上料平台（包括：工业厂房、搅拌站和料仓等建筑中的设备操作控制平台、上料平台等），其主要作用为室内构筑物或设备服务的独立上人设施，因此不计算建筑面积。

（6）勒脚、附墙柱、垛、台阶、墙面抹灰、装饰面、镶贴块料面层、装饰性幕墙，主体结构外的空调室外机搁板（箱）、构件、配件，挑出宽度在 2.10m 以下的无柱雨篷和顶盖高度达到或超过两个楼层的无柱雨篷。

结构柱应计算建筑面积，不计算建筑面积的"附墙柱"是指非结构性装饰柱。

台阶是指联系室内外地坪或同楼层不同标高而设置的阶梯形踏步，室外台阶还包括与建筑物出入口连接处的平台。台阶可能是利用地势砌筑的；也可能利用下层能计算建筑面积的建筑物屋顶砌筑（但下层建筑物应按规定计算建筑面积）；还可能架空，但台阶的起点至终点的高度在一个自然层以内。

楼梯是楼层之间垂直交通的建筑部件，故起点至终点的高度达到该建筑物的一个自然层及以上的称为楼梯。阶梯形踏步下部架空，起点至终点的高度达到一个自然层高，应视为室外楼梯。

（7）窗台与室内地面高差在 0.45m 以下且结构净高在 2.10m 以下的凸（飘）窗，窗台

与室内地面高差在 0.45m 及以上的凸（飘）窗。

（8）室外爬梯、室外专用消防钢楼梯

专用的消防钢楼梯是不计算建筑面积的，当钢楼梯是建筑物通道，兼顾消防用途时，则应计算建筑面积。

（9）无围护结构的观光电梯

无围护结构的观光电梯是指电梯轿厢直接暴露，外侧无井壁，不计算建筑面积。如果观光电梯在电梯井内运行时（井壁不限材质），观光电梯井按自然层计算建筑面积。

自动扶梯应按自然层计算建筑面积。自动人行道在建筑物内时，建筑面积不用扣除自动人行道所占的面积。

（10）建筑物以外的地下人防通道，独立的烟囱、烟道、地沟、油（水）罐、气柜、水塔、贮油（水）池、贮仓、栈桥等构筑物

独立烟道、独立贮油（水）池属于构筑物，不计算建筑面积，但附墙烟道应按自然层计算建筑面积。

（二）建筑面积的计算实例

【例 7.1】 某建筑物设有局部楼层，其平面图、剖面图如图 7.11 所示。其中局部楼层①、②、③层高均为 2.4m，试计算该建筑物的建筑面积。

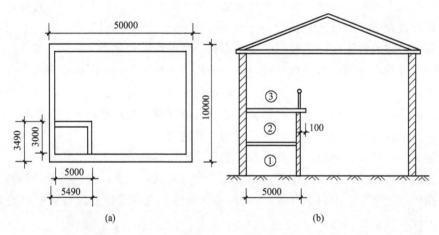

图 7.11 建筑物内设有局部楼层

分析：该建筑为单层建筑物，按外墙结构外围面积计算单层建筑面积。局部楼层①已包括建筑物面积中，不能重复计算。局部楼层②有围护结构，应按围护结构外围水平面积计算，应将外墙算进去。局部楼层③无围护结构，有围护设施栏杆，应按结构底板水平面积计算，不应考虑外墙。局部楼层层高超过 2.2m，应计算全面积。

解 首层建筑面积＝50×10＝500（m²）

局部楼层②建筑面积＝5.49×3.49＝19.16（m²）

局部楼层③建筑面积＝(5+0.1)×(3+0.1)＝15.71（m²）

建筑面积合计＝500+19.16+15.81＝534.97（m²）

【例 7.2】 引例（图 7.1）中凸出建筑物二层外墙部分，应按照阳台还是按照雨篷计算建筑面积呢？

分析：从建筑功能上看，凸出建筑物二层外墙部分，对于二层而言是阳台，对于一层而

言起到了雨篷的作用。针对这样的混合情况，判断原则如下。

判断原则一：根据不重算原则，当一个附属的建筑部件具备两个或两个以上功能，且计算的建筑面积不同时，只计算一次建筑面积，且取较大的面积。

判断原则二：当附属的建筑部件按不同方法判断所计算的建筑面积不同时，按计算结果较大的方法进行判断。

解 判断角度一：二层部位为阳台，按底板计算1/2建筑面积；一层出入口部位，利用上层阳台底板进行遮挡，不视为雨篷，不计算建筑面积。

判断角度二：一层出入口部位为雨篷，当挑出宽度在2.10m及以上时，按顶盖计算1/2建筑面积；当挑出宽度在2.10m以下时，不计算建筑面积；二层部位属于雨篷上的露台不计算建筑面积。故此判断方法可能计算1/2建筑面积或不计算面积。

两种判断角度，如挑出宽度在2.10m及以上时，均计算1/2建筑面积，结果一致；如果挑出宽度在2.10m以下时，判断角度一计算1/2建筑面积，判断角度二不计算面积，根据判断原则二，仍应选定判断角度一计算1/2建筑面积。

【例7.3】 某别墅建筑如图7.12所示。其弧形落地窗半径1500mm，为Ⓑ轴外墙外边线到弧形窗边线的距离，弧形窗的厚度忽略不计。试计算该别墅的建筑面积。

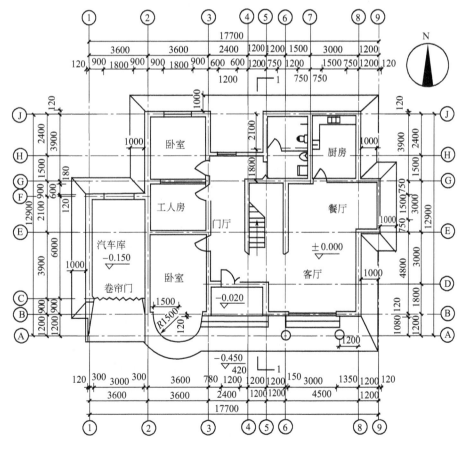

(a) 一层平面图

图 7.12

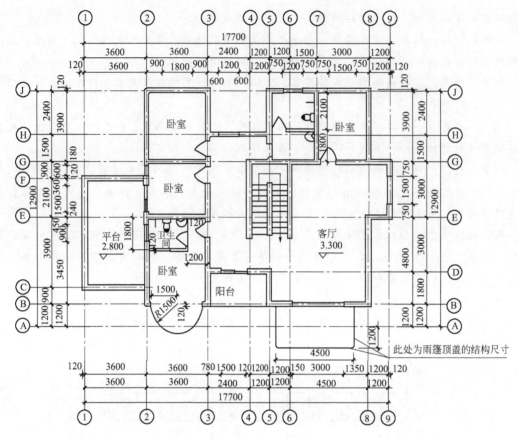

(b) 二层平面图

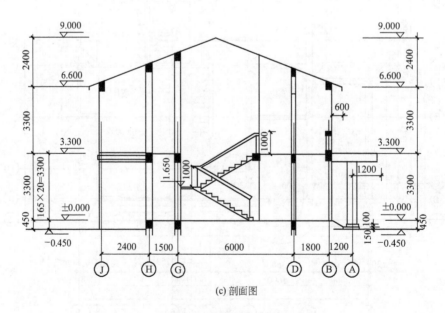

(c) 剖面图

图 7.12 别墅建筑图

分析：该别墅为两层，坡屋顶没有形成建筑空间，所以应按两层计算建筑面积，每层按外墙结构外围水平面积计算。

第一层的散水、台阶不属于建筑面积计算范围，雨篷为有柱雨篷，应按其结构板水平投影面积的1/2计算建筑面积。第二层平台位于汽车库屋顶，有门可出入，有栏杆，无盖，属于露台，不计算建筑面积。阳台属于主体结构以内阳台，应计算全面积。

解 一层建筑面积＝$3.6 \times 6.24 + 3.84 \times 11.94 + 3.14 \times 1.5^2 \times (1/2) + 3.36 \times 7.74 + 5.94 \times 11.94 + 1.2 \times 3.24 = 172.66$（m²）

二层建筑面积＝$3.84 \times 11.94 + 3.14 \times 1.5^2 \times (1/2) + 3.36 \times 7.74 + 5.94 \times 11.94 + 1.2 \times 3.24 = 150.02$（m²）

阳台建筑面积＝$3.36 \times 1.8 \times (1/2) = 6.05$（m²）

雨篷建筑面积＝$(2.4 - 0.12) \times 4.5 \times (1/2) = 5.13$（m²）

总建筑面积＝$172.66 + 150.02 + 6.05 + 5.13 = 333.86$（m²）

本章小结

本单元主要介绍工程量的概念、工程量计算依据、工程量计算方法等工程计量的基本内容以及建筑面积的计算规则和计算方法，为后期进行的工程计量和工程计价学习和工作打下基础。

思考与习题

1. 什么是工程量？
2. 工程量计算的主要依据有哪些？
3. 工程量计算应遵循哪些原则？
4. 工程量计算顺序一般有哪几种？
5. 计算建筑面积的作用有哪些？
6. 建筑面积的计算原则是什么？
7. 哪些建筑部件应计算全面积？
8. 哪些建筑部件应计算1/2面积？
9. 哪些建筑部件不计算建筑面积？

二维码19

扫码答题

参 考 文 献

[1] 中国建设工程造价管理协会. 建设工程造价管理基础知识. 北京：中国计划出版社，2010.

[2] 全国造价工程师执业资格考试培训教材编审委员会. 建设工程计价. 北京：中国计划出版社，2017.

[3] 湖北省建设工程标准定额管理总站. 湖北省施工机具使用费定额. 武汉：长江出版社，2018.

[4] 曾爱民，王春宁. 工程建设定额原理与实务. 北京：机械工业出版社，2010.

[5] 湖北省建设工程标准定额管理总站. 湖北省装配式建筑工程消耗量定额及全费用基价表. 武汉：长江出版社，2018.

[6] 陶学明，熊伟. 建设工程计价基础与定额原理. 北京：机械工业出版社，2016.

[7] 全国造价工程师执业资格考试培训教材编审委员会. 建设工程计价. 中国计划出版社，2017.

[8] 全国一级建造师执业资格考试用书编写委员会. 建设工程经济. 北京：中国建筑工业出版社，2018.

[9] 住房和城乡建设部标准定额研究所.《建筑工程建筑面积计算规范》宣贯辅导教材. 北京：中国计划出版社，2015.

[10] 全国造价工程师执业资格考试培训教材编审委员会. 建设工程技术与计量（土木建筑工程）. 北京：中国计划出版社，2017.

[11] 顾娟. 建筑工程清单计价编制实务. 北京：科学出版社，2015.

[12] 湖北省建设工程标准定额管理总站. 湖北省建筑安装工程费用定额. 武汉：长江出版社，2018.

[13] 住房和城乡建设部标准定额研究所. 全国统一建筑工程基础定额. 北京：中国计划出版社，2007.

[14] 湖北省建设工程标准定额管理总站. 湖北省房屋建筑与装饰工程消耗量定额及全费用基价表. 武汉：长江出版社，2018.